普通高等教育"十一五"国家级规划教材

Java程序设计

Java programming

主　编　江春华
副主编　吴　劲　蔡洪斌　房春兰

电子科技大学出版社
UESTCP

图书在版编目（CIP）数据

Java 程序设计 / 江春华主编.—成都：电子科技大学出版社，2009.9（2011.9 重印）

普通高等教育“十一五”国家级规划教材

ISBN 978-7-5647-0389-9

Ⅰ. J… Ⅱ. 江… Ⅲ. JAVA 语言—程序设计—高等学校—教材 Ⅳ. TP312

中国版本图书馆 CIP 数据核字（2009）第 162757 号

内 容 简 介

本书将 Java 程序设计和面向对象思想结合在一起，介绍了 Java 语言特点和功能，主要包含 Java 编程基础知识、Java 运算符、Java 编程语法、面向对象程序设计的基本概念、异常处理、多线程、输入输出流、网络编程、图形用户界面设计、多媒体技术、AWT 事件处理等。

本书有许多实例，对编程技术有详细生动展示，有利于读者对相关知识和技术的理解，培养解决实际问题的能力。

本书是高等学校面向对象程序设计的 Java 课程教材，也可作为 Java 程序设计教学参考书。

普通高等教育“十一五”国家级规划教材

Java 程序设计

主　编　江春华

副主编　吴　劲　蔡洪斌　房春兰

出　　版：电子科技大学出版社（成都市一环路东一段 159 号电子信息产业大厦　邮编：610051）
策划编辑：杜　倩
责任编辑：杜　倩
主　　页：www.uestcp.com.cn
电子邮箱：uestcp@uestcp.com.cn
发　　行：新华书店经销
印　　刷：成都中铁二局永经堂印务有限责任公司
成品尺寸：185mm×260mm　印张 22.25　字数 541 千字
版　　次：2009 年 9 月第一版
印　　次：2011 年 9 月第五次印刷
书　　号：ISBN 978-7-5647-0389-9
定　　价：39.00 元

前言

随着国家信息化步伐的加快和高等教育规模的扩大，社会对计算机专业人才的需求在数量和质量上的要求都越来越高，培养掌握新兴技术并具有研究和实践能力的高层次的计算机专业人才，已成为许多重点大学计算机专业教育的主要目标。Java 语言是 Sun 公司推出的面向对象编程语言，是广泛应用于现代软件开发与应用的编程语言，具有很好的编程思想，是计算机及软件专业学生重要的学习课程。本教材适应教育的目标需要，具有以下特点:

第一，面向计算机学科发展和内容的更新，适应当前社会对计算机专业高级人才的培养需求，本教材内容以基本理论为基础，反映基本理论和原理的综合应用，重视实践和应用环节。

第二，反映教学需要，促进教学发展。本教材适应多样化的教学需要，正确把握教学内容和课程体系的改革方向，在选择教材内容和编写体系时注意体现素质教育、创新能力与实践能力的培养，为学生知识、能力、素质协调发展创造条件。

第三，Java 语言虽然发展历史比较短，却是人们公认的一种优秀的面向对象编程语言，而且具有突出的简单性、可移植性、安全性以及支持并发程序设计等优良特性。针对这些特点在教材内容的组织上，本教材与一般 Java 图书不同的是，不仅介绍 Java 语言的语法机制，更重要的是系统地分析了 Java 语言机制的基本原理、其面向对象的程序设计思想，从而层次清晰地建立了 Java 语言的知识体系，使学生能够深入理解 Java 语言。

第四，系统性强。教材结合计算机专业的课程结构，充分结合相关课程的知识，从面向系统架构上，解决学生知识的从点到面的学习能力。

第五，面向应用。结合在开发项目中的应用，对实际问题的展开分析，剖析运用 Java 技术是如何实现对问题的解决。

第六，针对性强。本教材针对重点院校计算机相关专业的本科生，根据本科生的特点，合理安排教材内容，使教材非常时候高校教学工作的需要。

本书从Java的发展开始，逐步地展开Java语言基础、面向对象程序设计概念、异常处理、多线程技术、输入输出流、网络编程、GUI编程、多媒体应用及AWT事件处理等知识。本书着力于面向对象的Java编程思想，不刻意在Java的JDK版本上作细致的讨论。

我们多年承担面向对象程序设计的课程，对学生的学习习惯和方法能够充分的了解，在书籍的整体布局和逻辑层次上很好地适应了学习需求。虽然我们抱着严谨态度，力求对概念和方法上做到准确，由于水平和时间有限，书中可能会出现一些疏漏或缺陷，还望读者不吝赐教。若有疑惑或问题，欢迎来函。我们将努力回答好您所提出的问题。请发送电子邮件：chjiang@uestc.edu.cn。

本书由江春华、吴劲、蔡洪斌、房春兰等共同编写，其中第1章、第2章、第11章第一节由吴劲编写，第3章到第7章由江春华编写，第8章、第9章、第11章由房春兰编写，第10章、第12章、第13章由蔡洪斌编写。本书由江春华主编及审核。

在编写本书过程中，我们参阅了相关的书籍和资料，并吸取了好的思想和方法，在此对他们表示感谢！也感谢所有帮助我们完成本书的同事们和朋友们。

编　者

2009年6月

目 录

第 1 章 Java 概述

内容包含有

- ✧ Java 的发展历程
- ✧ 理解 Java 语言的特点
- ✧ 掌握 Java 语言的开发工具包：JDK 的配置和使用
- ✧ 学会编写简单的 Java Application 程序和 Java Applet 程序

1.1 Java 语言的发展历程

Java 语言是一种新型的程序设计语言，广泛地应用于 Internet 网络程序设计，它是跨平台的适用于分布式计算机环境的面向对象的程序设计语言。其“编写一次，到处运行”的跨平台优势给整个网络世界带来了巨大变革，为软件开发者提供了充分展示的舞台。

这一切都起源于 20 世纪 90 年代初期的绿色计划（Green Project）和 Oak 语言（Java 的雏形）。1990 年 12 月 Sun 的绿色计划启动，由 James Gosling 牵头，13 人参加，绿色计划不仅创建了 Oak，同时还创建了一种操作系统、一种图形用户界面和一种名为 Star7（*7）的手持设备。

1991 年 4 月，James Gosling，以 C++语言为基础，开发了一种可在不同平台上工作、可令不同设备互联的程序设计语言—Oak。为了证明这种新语言对数字设备的未来具有多么重大的影响，绿色团队瞄准数字有线电视业开发了一种交互、手持式的家庭娱乐设备控制器。但是，这种理念在当时显得太超前了，数字有线电视业对于 Java 技术能带给他们的飞跃还没有做好充分的准备。

1994 年 Web 大发展，SUN 的共同创始人 Bill Joy（Berkeley Unix 的创始者）坚信 Oak 是唯一可以令 Web 真正实现交互的途径。在他的推动下，Oak 变成了一种用来创建一种叫 Applet 小程序的语言，这些 Applet 可在任何操作系统中运行。

1995 年 1 月，Sun 公司发现 Oak 名字已经被别人注册，将 Oak 更名为 Java，绿色团队还开发了第一个支持 Java applet 的 Web 浏览器——Hotjava。

1995 年 5 月，Sun 公司在 San Francisco 举行的 Sunworld 会议上正式公布了 Java 技术。在此次会议上 Netscape 公司宣布将在其 Web 浏览器产品中支持 Java，同年冬天，Navigator 2.0 上正式支持 Java。

不久，Sun、SGI 和 Macromedia 三家公司宣布联合制定基于 Java 的开放式多媒体标准。随后许多著名大公司，如 IBM、Microsoft、Novell、Oracle、Borland 等，都相继宣布支持 Java。

1996 年 1 月，第一个 Java 开发工具包（Java Development Kit）：JDK1.0 诞生。1996 年 4 月，10 个最主要的操作系统供应商申明将在其产品中嵌入 Java 技术；1996 年 9 月，约 8.3 万个网页应用了 Java 技术来制作。

1997 年 2 月 18 日，JDK1.1 发布。1997 年 4 月 2 日，JavaOne 会议召开，参与者逾一万

人，创当时全球同类会议规模之纪录。1997 年 9 月，Java Developer Connection 社区成员超过十万。1998 年 2 月，JDK1.1 被下载超过 2,000,000 次。

1998 年 12 月 4 日，JDK1.2 隆重发布，标志着 Java2 平台的诞生。

1998 年 12 月 8 日，Java2 企业级平台 J2EE 发布。

1999 年 6 月，SUN 公司发布 Java 的三个版本：标准版、企业版和微型版（J2SE、J2EE、J2ME）。

✧ J2SE（Java 2 Standard Edition）：它是一组针对传统桌面应用的 API 和运行环境；

✧ J2EE（Java 2 Enterprise Edition）：它是 J2SE 的扩展集，主要用于在服务器端开发可伸缩、可迁移、以数据库为核心的企业级应用；

✧ J2ME（Java 2 Micro Edition）：它定义了一组针对嵌入式设备和消费电子设备的 API 和运行环境，这些设备包括无线手持设备、PDA、电视机顶盒以及其他缺乏足够的资源去支持 J2SE 的设备。

把 Java 2 平台分成三种版本使得它能够更好地满足不同目标领域中开发者的需求，同时也使 Java 技术在保持其“编写一次，到处运行”精神的同时，在不同领域得到继续发展。

2000 年 5 月 8 日，JDK1.3 发布。

2001 年 6 月 5 日，NOKIA 宣布，到 2003 年将出售 1 亿部支持 Java 的手机。

2001 年 9 月 24 日，J2EE1.3 发布。

2002 年 2 月 13 日，JDK1.4 发布。

2002 年 2 月 26 日，J2SE1.4 发布，自此 Java 的计算能力有了大幅提升。

2004 年 9 月 30 日，J2SE1.5 发布，是 Java 语言的发展史上的又一里程碑事件。为了表示这个版本的重要性，J2SE1.5 更名为 J2SE5.0。

2005 年 6 月，JavaOne 大会召开，SUN 公司公开 Java SE 6。此时，Java 的各种版本已经更名以取消其中的数字“2”：J2EE 更名为 Java EE，J2SE 更名为 Java SE，J2ME 更名为 Java ME。

现在，在它诞生后的 10 年，Java 平台已经吸引了 400 多万软件开发商，全世界的每个主要行业领域都在使用它，任何使用编程技术的设备、计算机和网络都在大范围地应用它。

事实上，Java 技术的多功能性、有效性、平台的可移植性以及安全性已经使它成为网络计算领域最完美的技术。因此到今天为止，Java 技术已经为 25 亿台设备提供支持：

✧ 7 亿台以上的 PC。

✧ 7 亿 8 百万部移动电话以及其他手持式设备。

✧ 10 亿个智能卡以及机顶盒、打印机、网络照相机、游戏、汽车导航系统、彩票终端、医疗设备、收费站等。

今天，无论是互联网和科学超级计算机还是膝上型计算机和手机，无论是华尔街的市场模拟器还是家庭游戏机和信用卡，在所有网络和设备上您都会看到 Java 技术的身影，它已经无处不在。日臻完善、极度强大而且功能繁多的 Java 技术已经成了开发商的无价之宝，利用它可以：

✧ 在一个平台上编写软件，然后在另一个平台上运行。

✧ 创建可在 Web 浏览器和 Web 服务中运行的程序。

✧ 开发适用于联机论坛、存储、投票、HTML 格式处理以及其他用途的服务器端应用程序。

✧ 将基于 Java 技术的应用程序或服务组合在一起，以生成高度自定义的应用程序或服务。

✧ 为移动电话、远程处理器、低成本的消费产品以及任何具有数字核心的设备编写强大而高效的应用程序。

1.2 Java 语言的特点

Java 并不仅仅是一种计算机语言，Java 实际上也是一个紧凑、健壮、安全、跨平台和基于网络的计算环境，Java 计算的概念，是一种 C/S、B/S 等结构的解决方案。Java 主要有两个优势，一是标准性和连接性，一是显著加快应用程序开发；由此加快了计算机化的步伐，特别是 Web 技术的推广应用。

Java 语言是一种新型的编程设计语言，广泛地应用于 Internet 网络编程设计。它是跨平台的适用于分布式计算机环境的面向对象程序设计语言。它具有简洁、安全、面向对象、动态、体系结构中立、可移植、高性能、多线程、解释执行、分布式等特性。

1.2.1 简洁性

Java 由 C++衍生而来，其语言风格与 C++十分类似，但进行了很大的简化和改进，例如，指针和多重继承常常使程序复杂化。Java 语言不支持 C++的内存单元指针，通过符号指针来引用内存，而符号指针由 Java 运行系统在运行时具体解释为实际的内存地址；Java 只支持单重继承，但支持接口（interface），一个类可以实现多个接口，利用接口可以得到多继承的优点，又没有多继承混乱、复杂的问题。

Java 采用自动内存分配和回收大大简化了程序设计者的内存管理工作，而 C++要求程序员对内存进行分配和回收。对于像 Java 这样的一门功能强大的语言而言，清晰的语法使得 Java 程序容易编写和阅读。Java 语言采用面向对象的编程在语言结构上是简洁的，另一方面它可以使编程者能够尽量避免在编程中出现错误。

1.2.2 面向对象

Java 语言具有真正的面向对象语言的特点，它完全基于类、对象，以类的形式组织代码，数据类型。它支持静态和动态的代码继承及重用，也具有面向对象所共有的特性：封装、继承、多态。

所谓面向对象是一种计算机编程方法，它是对具有相同属性和行为的现实世界中的对象抽象并映射到计算机的编程上。用数据表示属性，程序执行代码表示行为。

图 1-1 表示了类、对象、实体的相互关系和面向对象的问题求解的思维方式。在用面向对象的软件方法解决现实世界问题时，首先将物理存在的实体抽象成概念世界的抽象数据类型，这个抽象数据类型里面包括了实体中与需要解决的问题相关的数据和属性；然后再用面向对象的工具，如 Java 语言，将这个抽象数据类型用计算机逻辑表达出来，即构造计算机能理解和处理的类；最后将类实例化就得到现实世界实体的面向对象的映射——对象，在程序中对对象进行操作，就可以模拟现实世界中的实体上的问题并解决之。

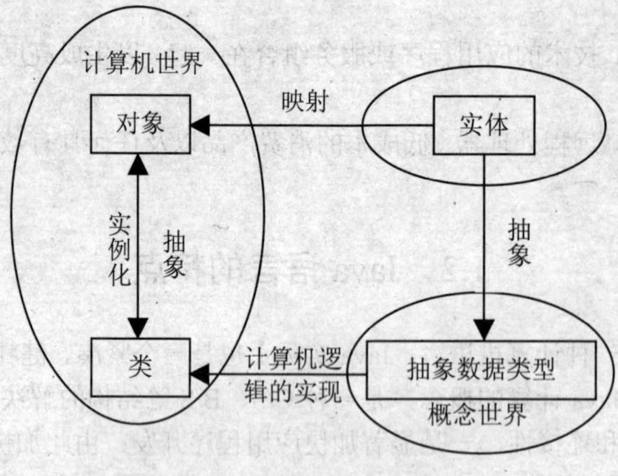

图 1-1　类、对象与实体

面向对象语言的任何方面均是基于消息或对象的。而消息是传递支持对象间所有可能的互相作用。面向对象编程就是对对象和消息编程，它支持封装、多态性和继承。封装就是将对象内的数据和代码联编起来，形成一个对象；多态性是指一个接口，有多个内在实现形式表示；继承是指某一类对象直接使用另一类对象的所有属性和行为的过程。它可以简化类的定义，即在定义某个类时，可以只定义有别于父类的属性或行为，而其他部分则可以从父类那里继承来重用。

图 1-2 举例表明了如何采用面向对象的方式解决现实世界的问题。每个类有一些方法（方法）对应可能收到的请求，当你对某个对象发出某个请求（消息），某个方法就被调用，进而执行对应的程序代码。下面以灯的行为为例来进行说明，为“灯”定义一个类 Light，然后创建一个对象 lt，你能够对 Light 的对象发出的请求是：将它打开、关闭、使之变亮、变暗。上例的第一个语句，创建了 Light 的对象 lt，用 new 运算符给 lt 开辟内存空间，并调用构造器 Light()对对象 lt 进行初始化，这实际上就是实例化一个对象；第二个语句，就是调用了对象 lt 的 on()方法，使 lt 对应的灯变亮。

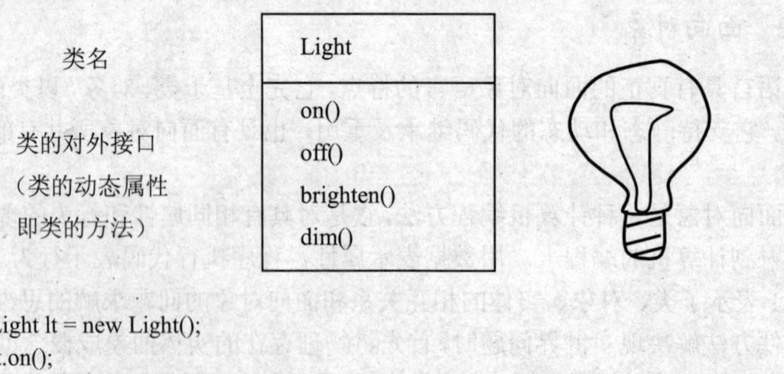


```
Light lt = new Light();
lt.on();
```

图 1-2　类的实例化

图 1-3 举例说明了面向对象的继承和多态特性。如果用 Java 来编写方法（你很快就会学到如何编写 Java 程序了）：

```
void doStuff (Shape s) {
    s.erase ();
    //…
    s.draw ();
}
```

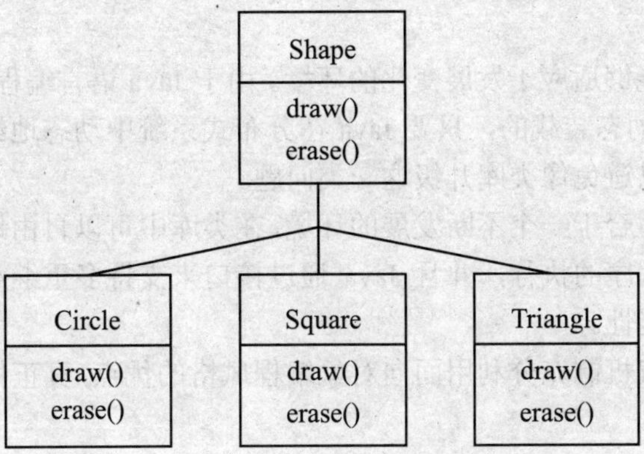

图 1-3 继承与多态性

上面的方法可以和任何 Shape 类（其他几何形状的父类）传递消息，独立于它所绘制或搽拭的任何特定子对象类别（例如圆、线、矩形），如果在程序的其他地方用到了 doStuff() 方法：

```
Circle c = new Circle();
Triangle t = new Triangle();
Square s = new Square();
doStuff(c);
doStuff(t);
doStuff(s);
```

那么当调用 doStuff()时，不论对象之实际类型是什么，都能运作无误，以 doStuff(c)语句为例来看看是如何运作的。当 Circle 的对象 c 被传入这个本来接收 Shape 对象的方法时，因为 c 是 Shape 类的子类的对象，也是一种特殊的 Shape 对象，所以它也被 doStuff()认可。把“将子类视为其父类”的现象，称为“向上转型（upcasting）”。接着来看看 doStuff()内的程序代码：

```
s.erase ();
//…
s.draw ();
```

注意：这里并非表现出面向过程编程中“如果你是 Circle，请你做这些；如果你是 Square，请你做这些；如果你是 Triangle，请你做这些；……”如果编写这样的代码，每当有新的 Shape 子类加入，都得修改这段程序代码。这里所表现的意思是“如果你是相应的 Shape 子类，你就知道调用相应子类的 erase()方法和 draw()方法。”调用 Circle 的 draw()方法，和调用 Triangle

的 draw()方法所执行的代码完全不同。

当编译器编译 doStuff()方法时，无法精确知道 doStuff()所处理的实际类型，所以它调用的父类 Shape 的 erase()方法和 draw()方法；但执行的时候可以确定是哪个 Shape 的子类，调用正确的 erase()方法和 draw ()方法。这就是多态性的神奇之处，它能轻松的实现“动态绑定（后期绑定）”。

1.2.3 动态性

Java 语言的设计能够适应于发展变化的环境。由于 Java 语言编程的基本组成单元是类，在运行中 Java 的类是动态装载的，只要 Java 在分布式系统中动态地维护应用程序和对支持类库间一致性，就可以避免像类库升级这一类问题。

Java 的设计使它适合于一个不断发展的环境，在类库中可以自由地加入新的方法和实例变量而不会影响用户程序的执行，并且 Java 通过接口来支持多重继承，使之比多重继承具有更灵活的方式和扩展性。

Java 语言滞后联编机制充分利用面向对象编程风格的优点，真正做到即插即用的模块功能。

1.2.4 安全性

Java 虚拟机对字节码进行加密传输，客户端校验以及对解释器在客户端临时分配、布置内存管理来保障其安全性。

Java 语言对内存访问都是通过对象实例变量实现的，防止用户在网络系统或分布系统环境下使用特洛伊木马等手段访问对象的私有成员。Java 语言不支持指针，从而也避免了指针操作的安全隐患，Java 语言提供的内存管理机制，有自动搜集“内存垃圾”程序。Java 在字节码的传输过程中使用了公开密钥加密机制（PKC），在运行环境中提供了四级安全性保障机制：

- ✧ 字节码校验器（ByteCode Verifier）
- ✧ 类装载器（Class Loader）
- ✧ 运行时内存布局
- ✧ 文件访问限制

1.2.5 平台无关性和可移植性

用 Java 语言编写的程序，可以不经任何改动就在不同的硬件或软件平台上执行，这是因为 Java 编译器所生成的可执行代码是基于一种抽象的处理器——Java 虚拟机（JVM：Java Virual Machine）来实现的。Java 虚拟机就是虚拟运行 Java 代码的假想计算机，它可以定义为：运行经过编译的 Java 目标代码的计算机的实现。

Java 程序的运行，首先要经过编译，再进行解释这两个过程实现的。Java 编译器所生成的代码不针对任何具体的硬件体系结构和软件平台的，这种代码被称为“字节码”，它与硬件体系结构和软件平台无关。字节码在运行过程中，是由针对于运行系统硬件体系结构和软件平台的 Java 解释器，将其转换成该系统对应的指令代码而实现运行的。

Java 体系结构的中立性，能够保证字节码文件可以在任何支持 Java 的平台上运行，也就是说 Java 程序不需要重新编译就能在任何平台上运行，因此它具有很好的可移植性。

Java 编译器将 Java 的源程序编译成 JVM 可执行的代码——字节码，而不是象 C 和 C++ 编译器，生成直接能运行于某种特定硬件平台的可执行代码。后者，在编译过程中就确定了内存分配情况；而前者，是由解释器在运行过程中创立内存布局的，这样，更加有效地保证了 Java 的可移植性和安全性。

1.2.6 高性能性

虽然 Java 是解释执行语言，但它的字节码在编译生成时，带有许多的编译信息，在 Java 字节码格式设计中充分考虑到它的机器码执行效率，很容易直接转换成对应于特定处理器的高性能机器码。因此 Java 字节码的执行效率非常接近于 C 或 C++生成的机器码执行效率。

图 1-4 说明了目前 Java 代码的有两种执行方式：

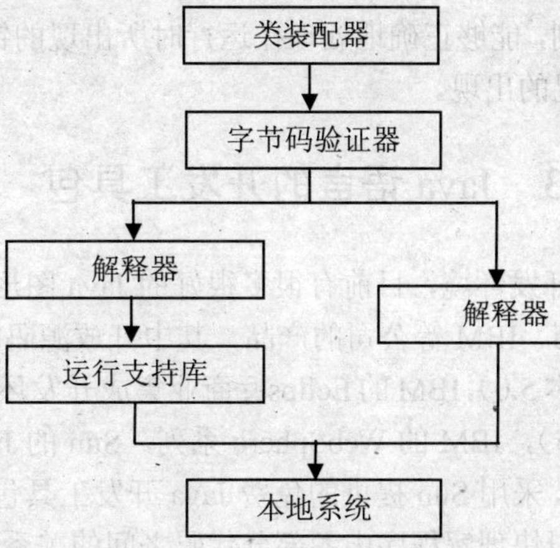

图 1-4 Java 运行系统

✧ 解释执行方式：由解释器通过每次翻译并执行一小段代码来完成字节码程序的所有操作，执行效率接近于 C 或 C++生成的机器码执行效率；

✧ 即时编译方式：由代码生成器先将字节码转换成机器码，再全速执行该机器码，执行效率可以与 C 或 C++生成的机器码执行效率媲美。

字节码在 JVM 中运行，分三个阶段：

✧ 代码的装入，是由类装载器(class loader)完成；

✧ 代码的校验，用于发现各种可能出现的错误；

✧ 代码的运行，在代码校验后就可以执行了。

1.2.7 多线程

多线程机制使应用程序能够并行执行，而且同步机制保证了对共享数据的正确操作。通过使用多线程，程序设计者可以分别用不同的线程完成特定的行为，而不需要采用全局的事件循环机制，这样就很容易地实现网络上的实时交互操作。

Java 多线程支持表现在两个方面，一个是它自身的多线程，可以利用系统的空闲执行一些常规处理等；另一方面，提供对多线程的语言级支持，提高程序执行效率。

1.2.8 分布式

Java 是一个适用于网络的语言，它的设计是分布式计算变得容易起来。它提供的类库支持对 TCP/IP 协议处理，可以通过 URL 地址访问网络上其他的对象；Java 支持 WWW 的 C/S 和 B/S 的计算机网络模型，它可以支持分布式的数据分布和操作分布。它是一门非常适合 Internet 网络和分布式环境的编程语言。

1.2.9 健壮性

Java 在编译源程序及运行程序中，对源程序中的数据和标识符等，要进行数据类型的匹配，数组下标越界检查，避免由这些错误引发的系统问题。

Java 不支持指针，并采取的保护内存数据、程序的机制以及自动内存管理，碎片收集为系统的健壮性提供了保障。

Java 提供的异常控制机制，能够正确地处理在运行时所出现的错误，使应用程序在运行中，能够更好地适应各种情况的出现。

1.3 Java 语言的开发工具包

学习 Java 需要一个程序开发环境，目前有很多很好的 Java 图形化集成开发环境（IDE）可用，包括来自 Sun、Borland、IBM 等公司的产品，其中开放源码的免费集成开发环境有：Sun 的 NetBeans（目前最新版本 5.0），IBM 的 Eclipse；商业集成开发环境有：Borland 的 Jbuilder（目前最新版本 JBuilder 2005），IBM 的 WebSphere 系列，Sun 的 Java Studio 系列。

但是，从初学者角度来看，采用 Sun 提供的免费 Java 开发工具包 JDK（Java Development Kit），来开发 Java 程序能够很快理解程序中各部分代码之间的关系，有利于理解 Java 面向对象的程序设计思想。JDK 的另一个显著特点是随着 Java（J2EE、J2SE 以及 J2ME）版本的升级而升级。

JDK 简单易学，可以通过任何文本编辑器（如：Windows 的记事本、UltrEdit、JavaFree 等）编写 Java 源文件，然后在 DOS 模式下编译和运行程序，使 Java 初学者能把精力先集中在学习 Java 程序本身，而不是先迷失在 Java 图形化集成开发环境的复杂关系之中。

1.3.1 JDK 的下载、安装和设置

1.3.1.1 JDK 的下载和安装

在 Sun 的公司的网站：http://java.sun.com/j2se/1.5.0/download.jsp，免费下载目前 JDK 的最新版本 JDK 5.0。

JDK 5.0 Update 6 includes the JVM technology

The J2SE Development Kit (JDK) supports creating J2SE applications. More info...

Download JDK 5.0 Update 6

注意：JDK 中包含 Java 运行环境（Java Runtime Environment，JRE），而 JRE 是针对特定平台，所以下载的 JDK 的时要针对平台，是 Windows 还是 Linux 或是其他平台，例如 Windows 平台的安装包为：jdk-1_5_0-windows-i586.exe。

运行下载的 JDK 安装包就可以在你的机器上安装 Java 开发环境了，假设你的安装到 C:\Program Files\Java 目录下，则会生成如图 1-5 所示的目录结构，现在就可以编写 Java 程序，并进行编译和运行。

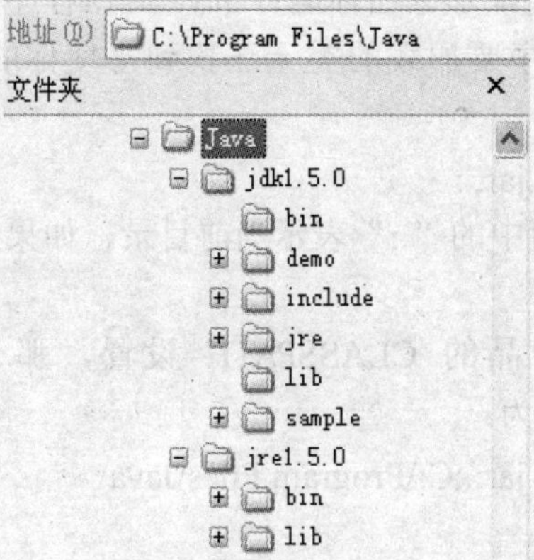

图 1-5　SDK5.0 目录结构

1.3.1.2　PATH 参数的设置

在 JDK 的安装目录的 jdk1.5.0 目录下的 bin 目录下含有编译器（javac.exe）、解释器（java.exe）等可执行文件，为了编程的方便还需要配置操作系统的环境变量 Path 参数，即把 bin 目录包含在 Path 设置中。

对于 Windows 2000 或 XP，用鼠标右键单击“我的电脑”，弹出快捷菜单，然后选择“属性”命令，弹出“系统属性”对话框，再单击该对话框的“高级”选项，然后单击“环境变量”按钮，就会弹出“环境变量”对话框。

如果环境变量中没有包含 Path 参数，单击“新建”按钮，就会弹出“新建用户变量”对话框，如图 1-6 所示填写相应文本框就可以了。

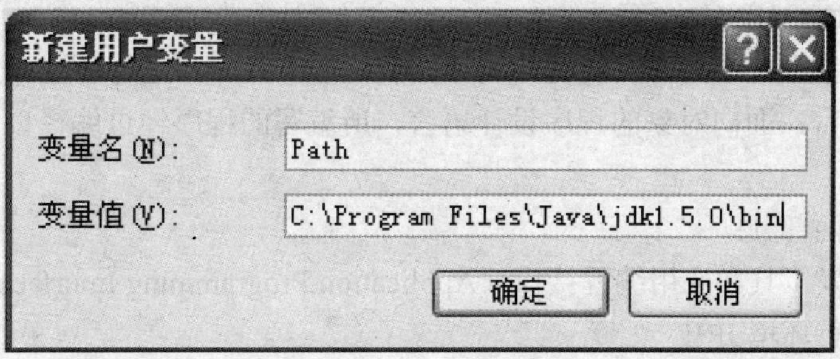

图 1-6　Path 参数设置

如果环境变量中已经包含 Path 参数，直接双击 Path 参数，就会弹出“编辑用户变量”对话框，在“变量值”文本框已有的内容后面加上“;C:\Program Files\Java\jdk1.5.0\bin”即可。

1.3.1.3 CLASSPATH 参数的设置

CLASSPATH 环境变量用于指示 JRE 搜索要运行的类文件的路径。JDK 的安装目录的下的 jre1.5.0 文件夹中包含了 Java 运行程序时所需要的 Java 核心类库和虚拟机，这些类库被包含在 jre1.5.0\lib 目录的压缩文件 rt.jar 中。

安装 JDK 一般不需要设置环境变量中的 CLASSPATH 的值，但如果你的机器中安装过一些商业化的 Java 开发工具或带有 Java 技术的产品，例如 PB、Oracle 等，这些产品安装后，可能会修改 CLASSPATH 的值，那么当你运行 Java 应用程序时，系统可能加载这些产品所带的老版本的类库而导致程序要加载的类无法找到，使你的程序运行出现错误。例如，CLASSPATH 的值被设置为：

d:\PB\jdk1.5.0\jre\lib\tools.jar;.;

注意：CLASSPATH 的值中的“.;”表示当前目录，如果有多个目录需要加入环境变量的值中，用“;”进行分割。

如果你不想删除这些产品的 CLASSPATH 设置，那么你可以重新编辑环境变量 CLASSPATH 的值，把它修改为：

d:\PB\jdk1.5.0\jre\lib\tools.jar;.;C:\Program Files\Java\
jre1.5.0\lib\rt.jar

1.3.2 JDK 的简介

Sun 公司提供了针对 JDK 最全面、权威的详细 Java 开发的 API 类库文档，为用户提供了免费下载的 Sun 公司的网站：http://java.sun.com/j2se/1.5.0/download.jsp，免费下载 JDK 5.0 Documentation。

J2SE 5.0 Documentation

JDK5.0 的体系结构如图 1-7 所示，从底部往上，该体系结构分为三层：

✧ 操作系统平台：包括 Sun 的 Solaris、Microsoft 的 windows 系列、Linux 和其他操作系统，如 IBM AIX、HP-Unix 等。

✧ JDK：包括 Java 的开发环境（编译、调试等工具）和运行环境。

✧ Java 语言：面向对象的程序设计语言，所编写的程序经过编译以后生成能被 JVM 识别的字节码。

JDK 又分为两部分：

✧ Java 开发工具和应用编程接口（Application Programming Interface，API）

✧ Java 运行环境 JRE

Java 运行环境由六层结构组成：

✧ 部署技术（Deployment Technologies）

✧ 用户接口包（User Interface Toolkits）

✧ 集成库（Integration Libraries）

✧ 其他基础类库（Other Base Libraries）

✧ 语言和实用基础类库（Lang&Util Base Libraries）

✧ Java 虚拟机（Java Virtual Machine，JVM）

对于学习 Java 程序设计的初学者而言，一般只需要了解和掌握常用命令，本小节介绍四个常用命令：

✧ javac：Java 编译器

✧ java：Java 解释器

✧ appletviewer：下载并运行 HTML 文件中的 applet 程序

✧ javadoc：Java 文档生成器

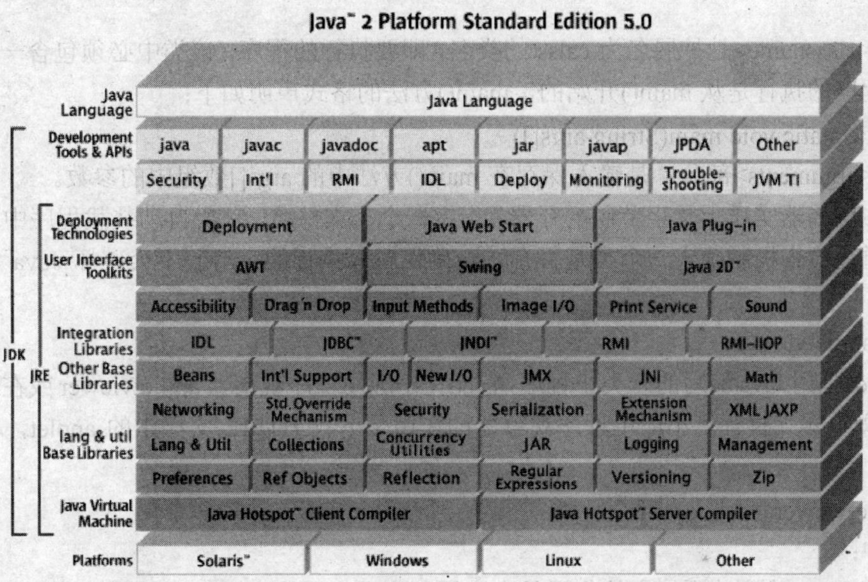

图 1-7 JDK 体系结构

1. javac

Java 编译器 javac 本身就是一个用 Java 语言编写的应用程序，它与其他的编译语言不同，它的作用是把 Java 源文件（扩展名为.java 文件）编译生成类文件，即 Java 字节码文件（扩展名为.class 文件）。这种字节代码与机器代码类似，却不针对具体的机器，由 JVM 装载和执行。

javac 的执行方式如下：

javac [<options>] <source_file>

其中：

① <options >为编译选项，它可以包括许多选项，初学者只要掌握常用选项就可以了：

-classpath <路径; 路径; ... >：指定 javac 在编译过程中，要引用类的搜索路径表，路径间以“;”分隔。

-d <目录; 目录; ... >：指定生成的类文件的存放路径，目录间由“;”分隔；注意它要与 Java 程序中的 package 联合使用，如果没有-d 选项，则生成的类文件与源文件在同一个目录下。

② <source_file>是扩展名为.java 的源文件，可以是一个源文件，或多个源文件的列表。

2．java

编译后的字节代码是不能直接在机器上运行的，是通过 Java 解释器 java 解释执行。其调用格式为：

java [<options>] <classname> [<arguments>]

其中：

① <options>包括许多选项，初学者只要掌握常用选项

-classpath <路径; 路径; . . . >：指定要运行的类文件的目录，如果有多个，路径间以“;”分隔。

② <classname>是扩展名为.calss 的类名，即要执行的程序，该类中必须包含一个 main()方法，程序的执行是从 main()开始的，main()方法的格式声明如下：

public static void main(String args[])

③ <arguments>部分，是输入保存在 main()方法中的 args[]数组中的参数。

Java 解释器实质上是字节码解释器，指定一个类文件名，它会自动装载程序中需要的类文件，通过检查机制确定一个类是否合法，确保解释执行的字节码不会破坏 Java 语言的约定。

3．appletviewer

applet 是用 Java 编写的一类小程序，它能在小应用程序观察器 appletviewer 或在支持 Java 的 Web 浏览器上执行。小应用程序观察器的作用是下载 HTML 文档中的 applet，其调用格式为：

appletviewer [-debug] urls

其中：

① -debug 为可选项，它的作用是小应用程序观察器将由 JDb 内部启动， 可以调试被 HTML 文档中所引用的 applet。

② urls 是统一资源定位符，是 Internet 网上资源的名称和地址标识。如果执行当前目录下的 HTML 文件，可以直接使用文件名。

4．javadoc

javadoc 是一个文档生成工具，它会分析 Java 源文件、并提取采用“/**注释内容*/”形式的注释，然后生成十分专业的描述类、接口、构造器、方法和属性的 HTML 格式的程序文档。

在开发大型应用时，维护和管理程序文档是非常重要且繁杂的工作，javadoc 工具能提供很好的支持，简化程序文档的生成和管理。由于本书重点不在这里，所以只是提醒大家有这样的工具，不具体介绍用法，如果有兴趣，可以查看相关文档。

1.4 Java 程序的基本结构

Java 语言的源程序是以.java 为扩展名的文件， 这些文件就是 Java 编译器 java 的编译单元。而每个单元又由 package 语句、import 语句、 类 class 声明或接口 interface 声明语句

构成。

① 包（package）是类和接口的集合，即为类库。Java 语言用类库管理类，能够方便管理，减少类名间的竞争。Java 的类都包含在类库中，package 语句可用来指定类所属的类库。

② import 语句类似 C 或 C ++语言中的 include 语句，为程序装载类或包，使程序能够使用 Java 环境下的其他类。

③ 类（class）声明语句是用来声明类的名字及相关属性等内容。

④ 接口（interface）声明语句是用来声明接口的名字及其相关属性的。

例如有如下代码，并存入文件 ClassName.java 中：

```
/**
    源程序：ClassName.java
*/
package packagename;
import OtherClassName;
class ClassName {
    public static void main(String args[]){
        ...
    }
}
```

这里 package 语句将正在创建的类 ClassName 放到包 Name_of_Package（即类库）中；

import 语句装载了一个名为 OtherClassName 的类；

class 声明语句则声明了一个类名为 ClassName 的类及其相关属性。

*public static void main(String args[])*是 ClassName 类的 main() 方法的标识，其中 main() 方法的方法标记有三个修饰符，其含义分别为：

public 表示 main()方法能被任何对象调用；

static 表示 main()方法是一个类的方法；

void 表示 main()方法不返回任何值。

另外，main()方法的参数 args[]是一个 String 类型的数组。有关 main()方法的方法体内容，将在后面的章节中进一步展开。

1.5 Java 程序的开发

Java 程序分为两大类型：

① 一类是由 Java 解释器控制执行的 Java application，它可以在任何装有 JVM 的计算机上运行。

② 另一类是嵌入到Web 页面中，由 Java 兼容浏览器控制执行的 Java applet，它是一种“寄生”运行方式，它要依赖 HTML 文件以及 Web 浏览器。

1.5.1 一个简单的 Java Application 程序

Java application 是可独立运行的 Java 程序，它由一个或多个类组成，其中必须有一个类中定义了 main()方法，main()方法就像 C 语言的 main 方法一样是 Java application 运行的起始点。

要实现 application 程序从编写到运行目的，则需要按下列步骤进行：

1．首先创建一个 Java 的 application 源程序(.java 文件)

为创建一个名为 HelloWorldApp.java 的文件，则可在任何字符编辑器上输入并保存下列 Java 源程序代码：

```
class HelloWorldApp {
    public static void main(String args[]){
        System.out.println("Hello, Java World !");
    }//end of main method
}//end of class
```

其实质是创建一个名为 HelloWorldApp 类，并把它保存在与它相同名字的文件中(即 HelloWorldApp.java 文件)。

注意：main()方法是一个特殊方法，所以它的方法头必须按下面的格式书写：

public static void main(String[] args)

上例中的 main 方法中只有一个语句：

System.out.println("Hello, Java World !");

这个语句是把字符串“Hello, Java World !”输出到系统的标准输出上，例如系统屏幕。其中 System 是系统类的对象；out 是 System 对象中的一个域，也是一个对象，表示“标准输出”；println 是 out 对象的一个方法，其作用是在系统标准输出上显示形参里指定格式的字符串，并回车换行。

2．第二步是对已创建好的 Java 源程序(.java)进行编译。

该步骤是用 Java 编译器对 Java 源程序(.java)进行编译生成对应的字节代码程序(.class)。如果编译成功，会得到一个有相同文件名的带.class 扩展名的字节码文件。

其命令格式如下：

javac HelloWorldApp.java

如果编译中不出现错误，将会得到一个名为 HelloWorldApp.class 文件。编译选项使用的是缺省方式。

3．最后就可以解释执行已编译成功的字节码程序(.class)

用 Java 解释器 java 对 Java 字节码程序(.class)解释执行。

在上例得到的 HelloWorldApp.class 文件，现在可以用 java 解释执行了，其命令格式如下：

java HelloWorldApp

运行的结果，将会在标准输出设备上输出：

Hello, Java World !

Java 解释器在解释执行时，解释处理的是类名，而不是文件名，所以在解释器 java 后面跟随的是类名，而不能写成文件名的形式(HelloWorldApp.class)。其选项也使用的缺省方式。

这就是不依赖浏览器而独立运行的 Java application 应用程序，从编写到运行的基本步骤。这里只作了个简单介绍，如果想了解更详细的内容，请参阅后面的相关章节的内容。

1.5.2 一个简单的 Java Applet 程序

Java applet 程序是在 Java 兼容浏览器上执行的，它的创建和使用操作步骤，有别于 application 的操作步骤。

1．首先创建保存 HTML 页的目录

创建的这个目录是用来保存 HTML 页的，可以取名为 HTML。基于运行的平台，有如下命令格式：

在 UNIX 系统下

```
mkdir   -/HTML
cd   -/HTML
```

在 Windows 95/NT 的 DOS 方式下

```
md   \HTML
cd   \HTML
```

如果已经有了存放 HTML 页的目录，就不需要这一步骤了。

2．创建 Java 的 applet 源程序(.java 文件)

用字符编辑器输入相应的 applet 的源程序，它的程序中并不需要一个 main()方法，但必须有一个类是系统类 Applet 的子类，就是必须有一个类的类头部分以 extends Applet 结尾，其中，Applet 是父类名，它是一个系统类；extends 是关键字，代表新定义的类是父类的子类。

系统类 Applet 中已经定义了很多域和方法，它们规定了 Applet 如何与执行它的解释器——Web 浏览器交互工作，当用户使用 Applet 的子类时，因为继承的功能，就可以拥有父类的域和方法，从而使浏览器可以顺利执行用户程序定义的功能。

下面的例子是创建并保存在 HTML 目录中的一个文件名为 HelloJavaApp.java 的 applet 小应用程序。

```
/**
    源程序：HelloJavaApp.java
*/
import java.applet.Applet;
import java.awt.Graphics;
public class HelloJavaApp extends Applet{
    public void paint(Graphics g){
        g.drawString("Hello, Java Applet World !",50,25);
    }
}
```

注意：在上面的源程序中使用了 import 语句，这是因为要使用系统提供给的 Applet 类和 Graphics 类，这两个类分别属于 java.applet 包和 java.awt 包。包（package）是类和接口的集合，在后面的章节会详细介绍包的概念。

上例中只对父类的 paint 方法进行了重载，该方法里面只有一条语句：

g.drawString("Hello, Java Applet World !",50,25);

paint 方法里有一个形式参数 g，是系统类 Graphics 的对象，drawString 是 g 对象的方法。它代表了在 Web 页面上的 Applet 程序的界面区域上，调用 g 的 drawString 方法在（50,25）的地方显示字符串“Hello, Java Applet World !”。

3．第三步是对已创建好的 applet 源程序(.java)进行编译。

用 Java 编译器对 Java 的 applet 源程序(.java)进行编译生成对应的字节代码程序(.class)。

如果编译成功，会得到一个有相同文件名的带.class 扩展名的字节码文件。这与 application 文件的编译是一样的。

其命令格式如下：

javac HelloJavaApp.java

得到一个名为 HelloJavaApp.class 文件。编译选项使用的是缺省方式。

4．第四步创建 applet 嵌入到 HTML 文档中

把编好的 applet 小应用程序，嵌入到 HTML 文档中，并保存在一个文件中。下面创建一个名为 HelloWorld.HTML 文件，并且将 HelloJavaApp.class 嵌入进去。

```
<HTML>
    <BODY>
        <APPLET CODE="HelloJavaApp.class" WIDTH=500 HEIGHT=200>
        </APPLET>
    </BODY>
</HTML>
```

5．最后加载 HTML 文件

在 Java 兼容浏览器上的 URL 处，按下例格式输入新建的 HTML 文件：

c:\HTML\HelloJava.html

运行结果如图 1-8 所示。

图 1-8　浏览器运行结果

另外，JDK 软件包中提供了一个模拟 Web 浏览器运行 Applet 的应用程序的工具 AppletViewer，使用它调式程序就不必反复调用庞大的浏览器了，其运行方式如下：

AppletViewer HelloJava.html

运行结果如图 1-9 所示。

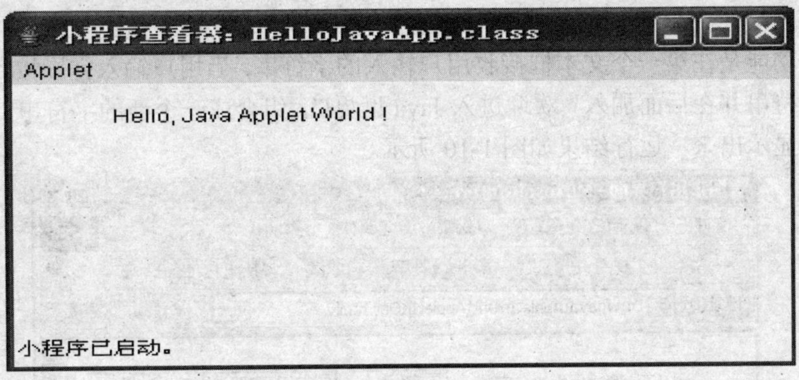

图 1-9 appletviwer 运行结果

1.5.3 Java Applet 图形界面的输入输出

Java Applet 程序需要在浏览器中运行，而浏览器本身就是图形用户界面的环境，所以 Java Applet 程序可以也只能在图形用户界面下工作。下面的例子是一个文件名为 AppletInOut.java 的 applet 小应用程序。

例 1.1 Applet 输入输出程序。

```
/**
    源程序：AppletInOut.java
*/
import java.applet.*;
import java.awt.*;
import java.awt.event.*;
public class AppletInOut extends Applet
                                        implements ActionListener{
    Label prompt;
    TextField input,output;
    public void init(){
        prompt=new Label("请输入您的名字：");//定义标签
        input=new TextField(6);//定义文本框
        output=new TextField(20);//定义文本框
        add(prompt);
        add(input);
        add(output);
        input.addActionListener(this); //向事件监听者注册
```

```
    }
    public void actionPerformed(ActionEvent e) {
        output.setText(input.getText()+",欢迎进入 Java 世界!");
    }
}
```

上例的功能是在第一个文本框接收用户输入的字符串，当用户输入完毕按回车后，程序捕获这个字符串并在后面加入“欢迎进入 Java 世界!”，组合成一个新的字符串，然后在另一个文本框中显示出来，运行结果如图 1-10 所示。

图 1-10 Java Applet 图形界面的输入输出

程序的前三行分别加载了 Java 类库的三个包：java.applet.*、java.awt.*、java.awt.event.*。凡是 Java.Applet 程序必须加载 java.applet.*包；凡是使用图形用户界面，必须加载 java.awt.*包；凡是使用图形用户界面的事件处理，必须加载 java.awt.event.*包。

第四行定义了程序中唯一的类 AppletInOut，根据 Java.Applet 程序的规定，这个类应该是 Applet 类的子类，用“extends Applet”来说明；为了能够处理图形事件，用“implements ActionListener”来实现 ActionListener 接口，使之可以监听 ActionEvent 事件。

类 AppletInOut 里面的第一、二行定义了一个标签（Label）对象 prompt 和两个文本框（TextField）对象 input 和 output。prompt 用于输入提示信息，input 用于接收用户输入的信息，output 对象用于输出程序处理的结果信息。

类 AppletInOut 里面的第三行重载了 init()方法，init()方法在浏览器调用 Java.Applet 程序时自动执行。init()方法里的第 1 到 6 行是创建 prompt、input 和 output 三个对象的实例，并把它们加入到 Applet 程序的图形用户界面上。init()方法里的最后一行是把 input 对象注册给 Action 事件的监听者，使程序能响应用户在 input 中按回车的操作。

类 AppletInOut 里面定义的另一个方法 actionPerformed(ActionEvent e)，是让动作事件的监听者使用这个方法来处理动作事件。因为在本例中只有 input 对象产生事件，所以不用判断动作事件的来源，直接用“input.getText()”方法在 input 文本框里获取用户输入的字符串，用“+”与字符串“,欢迎进入 Java 世界!”拼接在一起，并利用 output 的 setText()方法把拼接后的字符串在 output 文本框里显示出来。

通过上例可以看出，图形用户界面最基本的输入输出手段是使用标签对象或文本框对象输出数据，使用文本框对象输入数据。

1.5.4 Java Application 图形界面的输入输出

这小节编写一个图形用户界面的 Java application 程序，首先创建一个名为 AppInOut.java 的文件，其源码如下：

例 1.2 Application 编程实现的输入输出程序。

```
/**
   源程序：AppInOut.java
*/
import java.awt.*;
import java.awt.event.*;
public class AppInOut{
    public static void main(String args[]){
        new FrameInOut();
    }
}
class FrameInOut extends Frame implements ActionListener{
    Label prompt;
    TextField input,output;
    Button btn;
    FrameInOut(){
        super("图形用户界面的 Java Appliction 程序");
        prompt=new Label("请输入您的名字：");//创建标签
        input=new TextField(6); //创建文本框
        output=new TextField(20); //创建文本框
        btn=new Button("关闭");//创建按钮
        setLayout(new FlowLayout());//界面上的图形对象的布局策略
        add(prompt);
        add(input);
        add(output);
        add(btn);
        input.addActionListener(this); //向事件监听者注册
        btn.addActionListener(this); //向事件监听者注册
        setSize(300,200);
        show();
    }
    public void actionPerformed(ActionEvent e){
        if(e.getSource()==input) //判断事件源
            output.setText(input.getText()+",欢迎进入 Java 世界!");
        else{
```

```
                dispose();
                System.exit(0);
            }
        }
    }
```

然后对 AppInOut.java 文件进行编译：

javac AppInOut.java

如果编译中不出现错误，将会得到 AppInOut..class 和 FrameInOut.class 两个字节码文件文件，运行包含 main()方法的 AppInOu.class 文件其运行结果如图 1-11 所示。

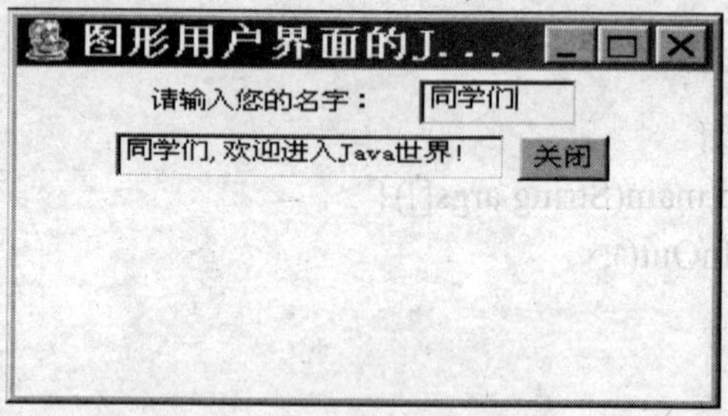

图 1-11　Application 图形界面的输入输出

在上面的 AppInOut.java 的程序中定义了两个类：FrameInOut 类是 java.awt 包中的窗框类 Frame 的子类，用于建立和使用图形用户界面；AppInOut 类是主类，它的 main 方法中创建了一个 FrameInOut 类的对象，即创建了一个图形界面的窗框。本例的功能和例 1-1 中的 Apple 程序功能基本相同，只是增加了一个"关闭"按钮。

与例 1.1 中的 init()方法类似，FrameInOut 类中的构造方法 FrameInOut()也在创建 FrameInOut 对象是自动调用执行，创建了一个标签、两个文本框和一个按钮。

由于本例中增加了一个按钮（Button）对象 btn，因此除了文本框 input 对象，按钮对象 btn 也要引发动作事件。所以在 actionPerformed 方法中，要判断动作事件的来源：如果是 input 产生的事件就获取字符串并在 output 中显示；如果是 btn 产生的事件，就关闭窗框退出程序。

通过对上面的四个例子程序的介绍，可以掌握 Java 的 Application 和 Applet 程序设计的基本方法，为后面章节的学习打下了基础。

习　题

1．下载并安装 JDK 软件包，尝试阅读其中的 JDK 文档。

2．怎样区分 Java Application 和 Applet 程序。

3．Java 语言有那些主要特点。

4．Java 包含哪三个版本，每个版本有什么功能，各个版本的应用领域？

5．编写一个 Java application，利用 JDK 软件包中的工具编译并运行这个程序，要求在屏幕上显示"Welcome to Java World！"。

6．编写一个 Java applet，使之能在浏览器窗口中显示"Welcome to Java applet World！"。

第 2 章 Java 语言基础知识

什么是 Java 编程语言?Java 是:

✧ 一种编程语言;
✧ 一种开发环境;
✧ 一种应用环境;
✧ 一种部署环境;
✧ 句法与 C++相似，语义与 Small Talk 相似。

Java 有两种开发程序：小应用程序 Applets 和应用程序 Application。

Java 语言是一种面向对象程序设计语言。它和其他计算机语言一样，都具有编程语言的最基本特点，像关键字、标识符、基本数据类型、操作符与表达式、以及流程控制语句等都是语言实现代码的语法与规范。

Java 语言代码上有很多方面类似 C 或 C++语言，其基础的代码像 C 或 C++。在本章节中，逐一展开相关概念和规范。通过列举编程的例子，更加具体地理解相关概念。在所展示的例子中，用在操作系统的控制台中实现源程序的编译 Java 的应用程序 Application 编程。本章中不使用需要在浏览器环境下运行的 Java 小应用程序 Applet 编程。Java 的应用程序 Application 和小应用程序 Applet，在概念上实际是一致的。

本章主要内容所涉及的是 Java 的关键字、基本数据类型、常量、变量创建及访问、以及表达式等规范和概念。

在本章中通过程序实例描述和讨论，期望既能体现 Java 语言的面向对象编程特性，又能展示 Java 程序代码规范和概念，以达到对相关知识的理解和掌握。为对面向对象编程技术展开奠定基础。

本章中的主要内容是代码的应用与实现的概念。虽然类和对象不是本章中的重点，但是不可避免涉及类和对象概念。本章不作深入地讨论有关类和对象的概念，在涉及时，只是使用类和对象来展示。有关类和对象的内容将在后面的章节中描述。

2.1 Java 程序基本结构

Java 语言的源程序是一个或多个以.java 为扩展名的文件，这些文件就是 Java 编译器 java 的编译单元。而每个单元又由 package 语句、import 语句、类声明或接口 interface 声明语句构成。

一个 Java 源程序文件中可包含三个基本组成部分，可根据应用情况作部分选择，这在三个基本组成是：

✧ 一个包声明 package 语句(可选);
✧ 任意数量的引入 import 语句(可选);
✧ 类和接口声明。

这三个部分必须以上述顺序出现。即，如果有包声明 package 语句，则包声明必须出现在程序的最前面，任何引入 import 语句，出现在所有类和接口声明之前。

1．包(package)是类和接口的集合，即为类库。Java 语言用类库管理类，提供了更为方便的类和接口管理，减少类名、接口名之间的重名问题。Java 的类都包含在类库中，package 语句为类、接口(或者说是字节码文件)来指定所属的类库(包)。

2．import 语句类似 C 或 C ++语言中的包括语句 include。import 语句为程序装载类库中的类，使程序能够在 Java 环境下方便地重用类库中的其他类或接口。

3．类(class)声明是用来创建类的。创建类的成员属性和行动的方法等内容。它和接口组成 Java 程序的最基本单元。

4．接口(interface)声明是用来声明接口的各种属性和行动的方法规范的。

例如 2.1 例子所示代码，源文件名为 ClassName.java。

例 2.1 Java 源程序结构组成示例。

程序代码	说明
/**	
源程序：ClassName.java	//注释
*/	
package nameOfPackage;	//包名 nameOfPackage
import example.OtherClassName;	//引入类 OtherClassName
class ClassName {	//声明创建的类 ClassName
int x, y;	//声明类的成员变量 x, y
public static void main(String args[]){	//声明创建类的成员方法 main()
System.out.println("Hello, World!");	//调用方法 println()
}	//创建方法结束
}	//创建类结束

其中：

/* ... */是 Java 语言中的注释，用于提高程序的可读性。

nameOfPackage 表示包名。它是编译源程序后，生成字节码文件 ClassName.class 指定了所存放的位置是在 nameOfPackage 包中。

example.OtherClassName 表示要引入的类 OtherClassName，是从 example 包中引入的。

ClassName 表示正在创建的类名。

package 语句将正在创建的类 ClassName 指定所存放的包。

import 语句为该类装载存放在其他包(库)中的类。

class 声明一个创建的类的名字、类的成员属性、类的方法等内容。

int x, y 语句声明了类 ClassName 的成员属性 x，y 为 int 类型的变量。

*main(String args[])*是 ClassName 类的 main()方法。这个方法是这个 Java 应用程序 Application 的运行入口。

args 是 main()方法中的一个 String 类型的一维数组参数。

*println()*是类 System 的成员属性变量 out 调用的方法，用于输出 println()方法中参数的

信息，如该例中的"Hello, World!"。

✧ System 是一个类。它是 Java 语言的基础类，存放在 java.lang 包中。

✧ out 是 System 类的成员变量，并且是可用 System 类名直接访问的类成员变量。

✧ println()是 out 的一个方法。

System.out.println()所表示的是 out 对其方法的调用。在类 System、out 和 println 之间用"·"符号来表示它们之间访问关系。

println()方法的参数"Hello, World!"是一个字符串常量。

out 有两个输出方法 println()和 print()，其中 println()是在输出后再换行。而 print()方法在输出后不换行。带"\n"参数的 print("\n")方法和 println()方法有相同的效果。

在 Java 程序中需要说明的是：

1．在一个源程序中，只能有一个包声明语句。

2．源程序中可以有任意个 import 引入语句。当源程序在编译时，会将需要的引入语句中的类引入到程序中，对不需要引入的类则不会引入，这不同于 C/C++中的 include 语句。

3．类的体是由成员变量和成员方法等组成的。如上例中的成员变量 x，y 和成员方法 main()构成类 ClassName 的体。

4．类的成员方法体现了类所定义类型的对象具有的行动。它的创建形式类似其他语言中的方法，它有名称、参数以及返回数据类型等。

5．在一个 Java 源程序中，如果有多个类创建，则只能有一个类可以被声明为 public(公共)类。若某个类中有 main()方法，则声明该类为 public 类。

6．若想创建多个 public 类，就不要把它们一个类中，应该为每一类单独地创建一个源程序。

7．应该用 public 修饰的类，即公共类作为源程序的文件名，并需要注意的是文件名要和该类名的大小写保持一致。

在应用程序 Application 中，main()方法是一个特殊的方法，是 Application 程序运行的入口，它有相对固定的声明形式和规范，所以在声明创建 main()方法时，必须遵守其固定格式：

public static void main(String args[])

main()方法中的三个修饰符含义分别为：

✧ public 表示 main()方法能被任何对象调用；

✧ static 表示 main()方法是一个静态方法或者说是一个类方法，它能够不创建类 ClassName 的实例而被直接调用；

✧ void 表示 main()方法结束返回时不返回任何值。

例 2.2 使用 main()方法的编程实例。

```
/**
    源程序：Hello.java
*/
class Hello {
    int x=10, y=100;
```

```
    int max(int a, int b) {
        return (a>b)?a:b;
    }
    public static void main(String args[])    {
        int z;
        Hello h = new Hello();
        System.out.println("h.x = "+ h.x + ",    h.y = " + h.y);
        z = h.max(h.x, h.y);
        System.out.println("Max value = "+z);
    }
}
```

运行程序：

```
java   Hello
```

结果为：

```
h.x = 10,    h.y = 100
Max value = 100
```

在该例中，Hello 类中有成员变量 x 和 y 和成员方法 max()和 main()。

程序运行的情况是：

1．程序的执行是从 main()方法开始。

int z;   //在 main()方法创建一个整型局部变量 z 。

2．Hello h = new Hello();

其中：

Hello h 声明一个 Hello 类型的对象名为 h。对象 h 有成员变量和成员方法，通过"·"运算符访问它们：

成员变量：h.x   h.y

成员方法：h.max()   h.main()

*new Hello()*则是在内存中分配一个 Hello 类型的堆空间，即 Hello 类型的存贮空间。

= 赋值运算符是将这个存储空间地址赋值给对象 h，使对象 h 对该空间引用，称之为对对象 h 的实例化。这时的对象 h 则有了可访问的成员，其中变量 x 和 y 有初值 10 和 100。只有在对象实例化后，对象才有可能访问该类的成员变量和成员方法。

1．System.out.println("h.x = "+ h.x + ",   h.y = " + h.y);

println()的参数"h.x = "+ h.x + ",   h.y = " + h.y 中，首先分别将 h.x 和 h.y 的值转换成字符串"10"和"100"，再与字符串"h.x = "和"h.y = "连接成新的字符串"h.x = 10,   h.y = 100"，然后输出方法 max()的调用。

2．由于 max()方法没有用 static 修饰，不能像有 static 修饰 main()方法是在编译中完成实例化的，所以必须在创建并实例化对象后才能由对象调用 max()方法。

z = h.max(h.x, h.y);

其中：

*h.max(h.x, h.y)*首先是对象 h 对 max()方法的调用。实际参数 h.x 和 h.y 分别有值 10 和 100。在 Java 语言中，方法调用时参数的数据传递是值传递，即将方法的实际参数值传递给方法的形式参数。在这个调用中，实际参数 h.x 和 h.y 把值分别传递给形式给方法 max()的参数 a, b，形式参数 a 和 b 此时分别有了值 10 和 100。

3．方法 max()的运行。

return (a>b)?a:b;

首先计算表达式(a>b)?a:b 中的布尔表达式 a>b 的值，因为它的值为 false（由于 10>100 不成立），则表达式的值就读取 b 的值，表达式得到值后，就作为方法的返回值，返回到 main()中，并结束 max()方法调用。

4．返回 main()方法后，变量 z 就得到 max()方法返回的值 100。

5．最后输出 z 的值。

System.out.println("Max value = " + z);

其中：

*println()*方法的参数"Max value = " + z，首先将 z 的值转换成字符串"100"，然后再与字符串"Max value = "连接。得到新的字符串"Max value = 100"。

6．最后结束程序，并得到上述运行结果。

以上大致介绍了 Java 程序的基本结构和程序的运行情况。力求建立 Java 程序结构相关的概念，为后续的学习奠定基础的认识。

2.2 Java 符号集

符号是构成程序的基本单位，不同的语言所采用的符号标准有所不同，在 C/C++等一些语言中，一般都采用 ASCII 码，而 Java 则采用的是 Unicode 码，又称统一码字符集，由于它使用的是 16 位存储空间，能够支持多种语言，更具有国际化特性。当 Unicode 中的高 8 位为 0 时，则低 8 位的编码与 ASCII 码相同。Java 语言的符号由 Unicode 字符构成。与其他语言一样，Java 的符号也分为五种类型：

- ✧ 关键字(Keywords)；
- ✧ 标识符(Identifiers)；
- ✧ 常量(Literals)；
- ✧ 运算符(Operands)；
- ✧ 分隔符(Separator)。

2.2.1 关键字

关键字是构成编程语言本身的符号，是一种特殊的标识符，又称保留字。Java 语言中关键字有 40 多个，如表 2-1 所示。

关键字对 Java 编译器有特殊的含义，它可标识数据类型或程序构造名。Java 编译器通过对关键字的检查程序的合法性等。

表 2-1 Java 语言的关键字

abstract	boolean	break	byte	case	class	continue	default
do	double	false	final	float	for	if	implements
import	instanceof	int	interface	long	native	package	private
protected	public	return	short	static	super	switch	synchronized
this	threadsafe	throw	transient	true	try	void	while

在使用关键字时，应该注意以下有关关键字的重要事项：

✧ true、false 和 null 为小写，不能大写。严格地讲，它们不是关键字，而是一种值。但是仍然把它们作为关键字使用。

✧ 无 sizeof 运算符；

所有类型的长度和表示是固定的，不能在程序的运行中改变它。

✧ Java 语言中不使用 goto 和 const 作为关键字。

关键字在语言中，有其特殊的意义，不能作为一般的标识符使用，即一般的标识符 (变量名、类名、方法名等)不能与其同名。Java 语言的关键字是由全小写字母的单词或词组构成的。

2.2.2 标识符

标识符是变量、类、对象、方法等在程序中的标识用的名字。构造一个标识符的名字，需要遵行一定的取名规则。

在 Java 语言中，标识符取名的规则是：

1．必须由字母、下划线或美元符开头的；

2．并由字母、数字、下划线和美元符组成的；

3．不能与关键字同名。

在 Unicode 字符集中，字母包括英文的 26 个字母，还包括所有十六进制值大于 00C0 的 Unicode 码的字符。允许标识符中使用来自不同字符集的字母。例如，希腊语、俄语、希伯来语等。取名除了符合上述规则外，还要注意以下几个方面：

✧ 标识符名字要具有一定的实际含义的一串字符组成，有利于增强程序的可读性；

✧ 尽量少用除英文字母、下划线、美元符以外的字母，以减少录入难度；

✧ 标识符是大小写敏感的，其最大长度没有限制；

✧ 美元符少用。由于不被熟知，因而最好避免在标识符中使用，除非有本地使用上的习惯或其他不得已的原因。

如果一个标识符由多个单词组成，有两种流行的分隔方式：

✧ 单词首字母大写

例如 creditCard、selectMenu、isEmpty

✧ 单词之间以下划线连接

例如 CREDIT_CARD、select_menu、is_empty

在编程中，应该有好的书写习惯，有助于提高开发效率。

1．类名、接口名用名词，可以大小写混用，但第一个字母大写。

例如：

```
class  WorldTool
class  DataEntity
interface  Customer
```

2．方法名用动词，同样可以大小写混用，但第一个字母小写。用大写字母将词分隔，最好不用下划线。

例如：

```
depositAccount()
addBalance()
```

3．变量名用名词或形容词等，同样也可以大小写混用，但第一个字母小写。词由大写字母分隔，最好不用下划线和美元符号，因为美元字符对 Java 中的内部类有特殊的含义。

例如：currentCustomer

变量要表达一定的含义和意图。尽量避免使用单个字符作变量名，除非是临时用变量(例如用 i, j, k 作为循环控制变量)。

4．常量符号用全部大写，并用下划线将词分隔。对象常量可大小写混用。

```
PERSON_COUNT
MAXIMUM_DATA
```

5．在控制语句的结构中，即使只有单个语句也应该使用括号 { } 将语句封闭。

例如：

```
if  (booleanExp)  {
    code1;
} else  {
    code2;
}
```

6．在一行中只有一条语句，并使用缩进空格来增强代码易读性。

7．用注释来说明不明显的代码段，对一般注释使用 // 分隔符，对多行的代码段可使用 /* */分隔符。使用 /** */形式的注释形成，有利于 javadoc 生成 HTML 文档。

例如：合法的标识符与不合法的标识符

✧ 合法的标识符：

```
Identifier
userName
User_Name
_sys_value
$change
my$Change
```

✧ 非法的标识符：

2mail

room#

class

标识符的合法性在程序编译时会得到检验，不合法的标识符是不能通过编译的。

2.2.3 程序中的注释

程序中适当的注释会大大增强程序的可读性，为程序的开发和调试提供有益的帮助。注释内容本身不对程序执行产生任何影响，只会使程序易读。

Java 语言可以用三种形式在程序中注释。前两种与 C/C++形式相同，而第三种是 Java 新增加的，这种注释为 Java 生成 JavaDoc 文档提供信息，这三种注解如下表 2-2 所示。

表 2-2 Java 语言注解

形 式	作 用
//注释内容	由//开始到行末的内容均被系统忽略
/*注释内容*/	所有处在/*到*/之间的内容均被系统忽略
/**注释内容*/	在声明之前的所有处在/**到*/之间的内容均被系统忽略

在程序中加入注释是一个好的编程习惯，它不仅对程序调试和维护有益，而且更有利于阅读程序。

2.3 数据的简单类型

在 Java 中数据类型分为两大类：简单(Primitive)类型和引用(reference)类型。

简单类型包括：整型、浮点型、字符型和布尔型等。而引用类型包括数组、类和接口，它是建立在其他类型之上的数据类型，是指向变量所代表的实际值或值的集合的引用，如下图 2-1 所示。

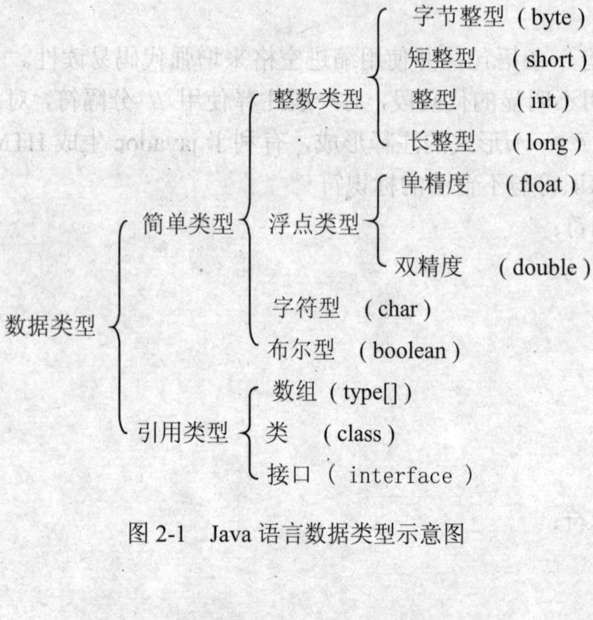

图 2-1 Java 语言数据类型示意图

简单数据类型的关键字，存储空间开销、值大小及说明如表 2-3 所示。

表 2-3 Java 语言简单数据类型及存储空间开销

类型	存储(bit)	最小值/值	最大值/值	封装器类型	说 明
boolean	1	false	true	Boolean	布尔型
char	16	Unicode：0	Unicode：2^{16}- 1	Character	字符型
byte	8	-128	+127	Byte	字节整型
short	16	-2^{15}	$+2^{15}-1$	Short	短整型
int	32	-2^{31}	$+2^{31}-1$	Integer	整型
long	64	-2^{63}	$+2^{63}-1$	Long	长整型
float	32	IEEE754	IEEE754	Float	单精度浮点型
double	64	IEEE754	IEEE754	Double	双精度浮点型
void	–	–	–	Void	无类型

Java 语言数据中的数值类型都是有符号(正负号)的，在贮存数值类型的数据时，其最高位用来表示数据的正负号。

简单类型的变量被声明时，存储空间也同时被分配。该贮存空间只占用一个单一贮存单元。对简单类型变量的访问则直接可以得到它的数据。

引用类型(如 String 或 class) 声明变量时，是不会为这个变量(即对象)分配存储空间的。要使用 new 运算符来为引用类型的变量分配贮存空间。实际上，用类来声明的变量不是数据本身，而是数据的引用(reference)。

引用——类似 C/C++中的指针(pointer)，但是又不同于 C/C++中的指针，它的引用必须由 Java 的虚拟机创建和管理。Java 语言本身不支持指针。

引用类型变量的值是一个数据的引用(即地址)。它是对占有由多个贮存单元构成的贮存空间的引用。引用类型的变量通过点“•”运算符访问它的成员。

简单数据类型还有对应的“封装器”(Wrapper)类。在对象实例中，为了把简单类型数据像对象一样处理，则需要使用简单类型对应的封装器。有关封装器的概念将在后面相关章节中讨论。

例如：

```
char a = 'A';
Character C = new Character(a);
```

也可以直接使用：

```
Character C = new Character('A');
```

在这个例子中，用封装器 Character 封装了 char 类型数据的'A'。

2.4 常 量

常量是指直接用于放入程序中的固定不变的值。它的表现形式有两种：数值和字符。

2.4.1 整数

在 Java 编程语言中有四种整数类型，其关键字 byte, short, int 和 long 分别表示字节整型、短整型、整型和长整型。所有 Java 语言中的整数类型都是带符号的数字。

Java 整数类型常量有三种形式；十进制、八进制、十六进制。

✧ 十进制整数是由不以 0 开头的，0～9 的数字组成的数据。

✧ 八进制整数是由以 0 开头的，0～7 的数字组成的数据。

✧ 十六进制整数是由以 0x 或 0X 开头，0～9 的数字及 A ～ F 的字母组成的数据。

表 2-4 中所示为三种进制表示的形式示例。

表 2-4 整数三种进制表示形式示例

十进制数	八进制数	十六进制数
0	0	0x0 或 0X0
63	077	0x3f 或 0X3f
83	0123	0x53 或 0X53

整型数的取值范围大小取决于此整数的类型，与所使用的进制形式无关。依照 Java 语言规范定义，整型类型的取值范围表示是不依赖平台。它的取值范围如表 2-3 所示。

整型数常量均为 int 类型，除非在其后有字母“L”来表示是长整型的值。在 Java 语言中使用大小写 L 都表示为长整数。鉴于小写 l 与数字 1 容易混淆，所以使用小写 l 不是好的选择，最好使用大写的 L。

例如 如下形式的 long 型表示方式。

12L　　　一个十进制数为 2 的 long 型数

067L　　　一个八进制数为 67 的 long 型数

0xA8C9L　　一个十六进制数为 A8C9 的 long 型数

2.4.2 浮点数

浮点数类型的关键字有 float 和 double 两种，float 是单精度浮点数，double 是双精度浮点数。浮点数是包括小数点或指数的，在数字后面带有字母 F 或 f（float)、D 或 d（double）分别表示单/双精度的浮点数值。浮点数中除非明确声明为 float，否则为 double，所以在数值后面不带有任何大小写字母 f 或 d 时，则表示为 double 数值。

例如 如下形式表示的单/双精度型数值。

3.14159　　　一个双精度浮点数值

3.14f　　　一个单精度浮点数值

3.12E20　　　一个带指数的大浮点数值

1.567F　　　一个单精度浮点数值

42.314E+307D　　一个带指数的双精度浮点数值

Java 浮点数是带有小数的十进制数，单精度数 float 是以 32 位形式存储，双精度数 double 是以 64 位形式存储。它们的取值范围遵从于 IEEE754 标准，如下所示。

float 取值范围：–3.40282347E+38 ～ 3.40282347E+38

double 取值范围：-1.79769313486231570E+308 ～ 1.79769313486231570E+308

2.4.3 字符型常量

字符型关键字为 char，其常量是由单引号' '包括的单个 Unicode 字符。使用 char 类型来表示单个字符。char 类型是一个 16 位无符号的 Unicode 字符。

例如 在下列的字符型常量的表示中，字符均由单引号' '包括的一个 Unicode 字符构成。

'A' 字符 A

'B' 字符 B

'q' 字符 q

在字符型常量中，也有用带"\"来表示的特殊字符，是其中的一些不可显示或有特殊意义的字符。表 2-5 列出的是 Java 语言中的一些由"\"表示的转义字符。

在'\udddd'表示方式中，dddd 应严格按照四个十六进制数字进行替换。

要注意到由""所包括的字符串是 String 类的对象，它没有字符串结束符'\0'。字符串常量是一个 String 类型的对象，不能与字符型常量相混淆。

表 2-5 Java 语言的特殊字符

字符序列	表示方法	功能
\n	Linefeed	换行符
\t	HT	水平制表符
\b	Backspace	退格符
\r	Carriage return	回车符
\f	Form feed	进纸
\\	\	反斜线
\'	'	单引号
\"	"	双引号
\ddd	0ddd	八进制位模式
\xdd	0xdd	十六进制位模式
\udddd	0xdddd	Unicode 字符

例如 下列所列出的是转义字符型常量。

'\n' 输出控制换行符

'\u0041' 表示字符'A'

2.4.4 布尔型常量

在逻辑值上有两种状态，常用"on"和"off"或"yes"和"no"或"true"和"false"表示，在 Java 语言中，是用 boolean 类型来表示的。

布尔型关键字是 boolean，它有两个常量 false 和 true，以表示"假"和"真"两种状态。它不支持像 C/C++语言中用 0 与非 0 表示"假"和"真"两种状态。false 和 true 是被列为关键字的特殊值，是不能作为一般的标识符使用的。

布尔型类型的值贮存空间开销是 1 位。

要注意的是在整型类型和 boolean 类型之间不能相互转换。有些语言（特别值得强调的是 C/C++）允许将数字值转换成逻辑值，而 Java 语言中则是不允许的。boolean 类型只允许使用 boolean 值。

2.5 变量和变量声明

变量是语言编程中用来标识贮存地址的名称。程序通过变量名访问所标识的贮存空间的数据。当变量所标识的是简单数据类型，则直接访问其值。当变量所标识的是引用类型，则变量所代表的是堆空间的地址。要存储数据，必须通过变量实现。变量是用于表示作用的实体和被作用的实体。

变量必须显式地声明变量的类型。根据需要选择标识符为变量名，并指明其类型。遵循“先声明、后使用”原则。变量声明包括两个部分：变量的数据类型和变量的名称。变量声明是通过下列形式的声明语句实现的。

type identifier[=初值] [,identifier[=初值]];

其中：

type 表示数据类型符号。它确定了变量的存储开销、数据的贮存形式，以及对变量能进行的操作。

identifier 表示标识符，即变量名字。在变量声明语句中，可以同时把多个变量声明成相同的类型，它们之间用逗号分隔。

初值 表示创建变量时所赋给变量的初值。变量取名要遵循标识符的取名规则。

下面给出声明变量类型的实例。

声明整数类型		
字节整数型：	byte	idofByteIntNum;
短整数型：	short	idofShortIntNum;
整数型：	int	idofIntNum1, idofIntNum2;
长整数型：	long	idofLongIntNum;
声明浮点数类型		
单精度浮点数类型：	float	idofSinPreFloatPoint;
双精度浮点数类型：	double	idofDouPreFloatPoint;
声明字符类型		
字符类型：	char	idofChar;
声明布尔类型		
布尔类型：	boolean	idofBool;

2.6 变量的作用域及初始化

2.6.1 作用域

变量的作用域是指能够程序执行中能够对变量访问的范围。变量一经声明，它在声明的语句块中有效，所以变量的作用域就是变量所在声明的语句块，且不允许有相同标识符的变量在同一个语句块中。依照作用域，变量可分为四类：

✧ 成员变量
✧ 方法的局部变量
✧ 语句块的局部变量
✧ 异常处理的局部变量

成员变量是类中声明的变量。它的作用域在类中是全局的，可以被该类的方法访问。所以在这个类中，也可以称它为全局变量。

方法的局部变量是方法或方法的参数所声明的变量。在方法中，该局部变量作用域是自它声明处开始，到本段代码块结束为止可以访问。

语句的局部变量，是在语句块中声明创建的变量，它的作用域也是从声明开始，到这个块结束。只有当程序执行到语句块时变量才可以访问。

异常处理的局部变量是在异常处理代码段中声明创建的变量。它的作用域也只能在相关异常程序段被访问时有效，并随着这个程序段结束而失效。

如图 2-2 所示，在这四类变量中，变量创建所处位置决定了变量的作用域。

在类 AppExa 中，声明了五个成员变量 idInt, idCh1, idCh2, idFloat, idBool 和两个成员方法 main()方法和 testProg()方法。五个成员变量 idInt, idCh1, idCh2, idFloat, idBool 的作用域在整个类的所有方法中可以访问。

在 main()方法中，有 idBool、x 及参数 arg 三个局部变量，它们的作用域是 main()方法体，同时局部变量 idBool 与成员变量 idBool 同名，则在该方法中成员变量 idBool 被局变量 idBool 隐藏，如果要在 main()中访问被隐藏的成员变量 idBool，则需要在 idBool 前加 this，即 this.idBool 表示成员变量 idBool，有关这方面的进一步概念将在类中描述。

在 main()方法中的 while 循环的程序块中，创建的块局部变量 x 和 idInt，它的作用域是在 while 循环程序块中，while 循环的局部变量 idInt 隐藏了成员变量 idInt，它的局部变量 x 也隐藏了 main()方法的局部变量 x。随着 while 循环的结束，它的变量 x 和 idInt 失效。

在 testProg()方法中，声明了局部变量 idCh3，它的作用域是在该方法中，只有当 testProog()被调用时有效，并随着方法结束而失效。

在方法中定义的参数和变量被称为局部变量，也可以被称为自动（automatic）、临时（temporary）或栈（stack）变量。

有关异常处理中的局部变量作用情况，将在异常处理的章节中讨论。

```
class AppExa{
    int idInt;
    char idCh1,idCh2;
    float idFloat;
    boolean   idBool ;
    public static void main(String arg[]){
        boolean idBool = true;
        int x = 10;
        . . .
        while (idBool) {
            int x = 11;
            int idInt=1;
            . . .
        }
        . . .
    }
    public void testProg(){
        char idCh3;
        . . .
    }
}
```

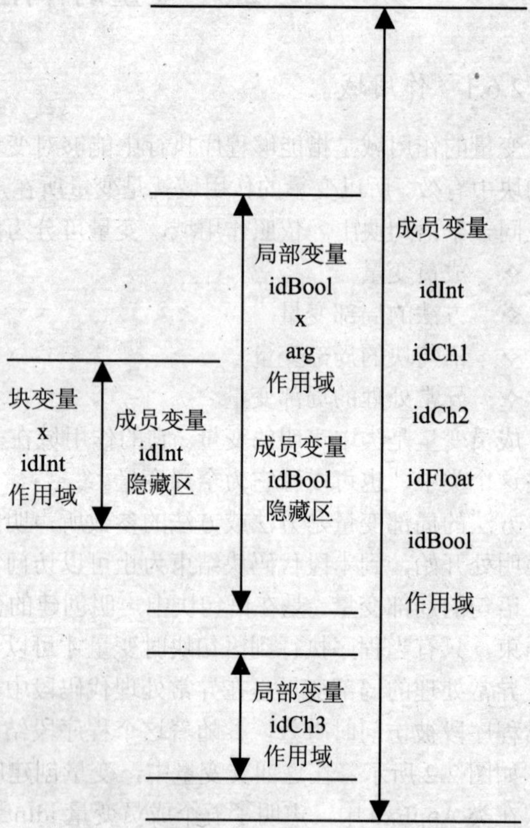

图 2-2　变量的作用域示意图

2.6.2　变量初始化

变量初始化是指在声明一个变量时给变量赋值。局部变量和成员变量在声明中可以初始化。方法的参数变量和异常处理的参数变量是不能在声明时初始化，它们在被调用时通过实际参数传递而赋值。

例 2.3 变量的初始化示例。

```
int       idInt = 100;
double    pi = 3.14159265;
boolean   idBool = false;
```

例子中，不仅创建了三个不同类型的变量，还对它们分别赋上了初始化的值。

变量初始化时所赋的值要符合变量的类型。它们的数据类型要一致或相容，否则是不能赋值的。在某些数据类型之间，可以通过对值的类型作转换，使它和变量类型一致后再赋值给变量。例 2.4 所展示的是非法与合法的赋值情况。

例 2.4 非法与合法对变量赋值。

```
int y = 3.1415926;
```

```
    //非法：3.1415926 不是整数，需转换为 int 后赋值。
int x = (int)3.1415926;
    //合法：先将 3.1415926 转换为整数 3 后赋值给 x。
boolean truth = 1;
    //非法：一般错误，不像 C/C++中对布尔型赋 1 或 0 值。
float z = 3.14156 ;
    //非法：3.14156 是双精度数，不能直接赋给 z，需转换。
float s = (float)3.14156;
    //合法：先将 3.14156 转换为 float，再赋给 s。
```

例中合法与非法在注解中做了相应说明。有关类型转换概念将在后面小节中描述。

在 Java 程序中，任何变量都必须经初始化后才能被使用。在一般情况下，Java 虚拟机自动初始化成员变量。在对象被创建时，Java 虚拟机对实例变量在分配存储空间时，自动赋给实例变量相应的默认值。这其中对简单类型中的数值型实例变量均赋给 0 值。对字符型实例变量赋给的'\u0000'值，这个值是 Unicode 中的第一字符。对布尔型实例变量赋给 false。而对所有引用类型的实例变量赋给的是 null，如表 2-6 所示。

表 2-6　变量初始化的默认值

类型	值
byte	0
short	0
int	0
long	0L
float	0.0f
double	0.0d
char	'\u0000'
boolean	false
引用类型	null

如果对 null 值的引用类型变量使用，会引起一个异常。所谓异常是指在运行时出现的错误。所以不能使用 null 值的引用类型变量。

类的实例变量在创建对象时会自动初始化。但是局部变量则必须显示地初始化，未被初始化的局部变量被访问情况是会在编译器报错。

例 2.5　在下列编码段中，类的实例变量和局部变量初始化的情况。

```
/**
    InitialTest.java
*/
class InitialTest {
    int varInstance;
    boolean bInst;
    void setData(int intV, boolean boolV){
```

```
        varInstance = intV;
        boolV = bInst;   //bInst 能自动初始化，所以不会出错。
        float x, y;
        y = x;       //编译时会出错：x 尚未初始化。
    }
}
```

其中：

varInstance,bInst 为实例变量，在创建 InitialTest 类的对象时分别自动初始化为 0 和 false；

在方法 setData()中，虽然 bInst 没有被显示初始化，也不会将其值赋给 boolV 时出现错误，因为 bInst 在创建对象时自动初始化了。

x,y 为 setData()的局部变量，由于 x 没有被初始化，而将它的值赋给 y 在编译时会出现“x 尚未初始化”错误。

2.7 运算符及表达式

Java 运算符又称操作符，它是 Java 程序对程序中的操作数(即数据或对象)实施的操作。每个运算符都有确定的操作数的数目和功能。运算符按数目可分为：

✧ 单目(一元)运算符：有一个操作数；

✧ 双目(二元)运算符：有两个操作数；

✧ 三目(三元)运算符：有三个操作数。

单目运算符，有些即可以是前缀又可以是后缀，操作数与操作符顺序任意放置。有些只能是前缀，即运算符在操作数前面，而有些只能是后缀，即运算符在操作数后面，如表 2-7 所示。

表 2-7　运算符前后缀示例

表达式	运算符	位置	说明
++i 或 i++	++	前后缀均可	变量 i 增 1
i--	--	后缀	变量 i 减 1
-x	-	前缀	变量 x 符号取反
!idBool	!	前缀	变量 idBool 的逻辑值取反

双目运算符和三目运算符只能中缀使用。运算符是在操作数的中间。

例如：

```
idInt1＋idInt2   //中缀，变量 idInt1 与 idInt2 相加
bool1&&bool2    //中缀，变量 bool1 与 bool2 求逻辑“与”操作
bool?ex1:ex2    //中缀，变量 bool 值决定表达式取 ex1 还是取 ex2 值
```

运算符操作是否能够完成，取决于它和操作数组成的操作是否符合运算规则。在有两个以上运算符时，运算符之间存在着优先级关系。

优先级是指多种(或多个)运算操作在一起时运算符操作的先后顺序。优先级高的先运算。对两个有相同的优先级的运算符操作时，根据其结合规则确定运算符优先情况，即从左

到右还是右到左的结合。为了明确某种操作顺序，可以使用小括号把想要先作操作的运算符放在其中。有关运算符优先级情况请参考表2-8。

表2-8 运算符优先级

结合规则	运算符	优先级
Separator	[] ()	高
R to L	++ -- + - ~ ! (数据类型)	↑
	new	
L to R	* / %	
L to R	+ -	
L to R	<< >> >>>	
L to R	< > <= >= instanceof	
L to R	== !=	
L to R	&	
L to R	^	
L to R	|	
L to R	&&	
L to R	||	
R to L	?:	
R to L	= op=	
Separator	,	低

其中：

Op=为扩展赋值运算符。Op表示：+、–、*、/、%、&、|、^、<<、>>、>>>。

*L to R*表示从左到右结合。*R to L*表示从右到左结合。

按运算符的功能分类，又可把运算符分为如表2-9所示类别。

表2-9 运算符功能分类

类别		运算符
算术运算符		+ - * / % ++ --
关系运算符		> >= < <= == !=
布尔运算符		! && ||
位运算符		>> << >>> & | ^ ~
赋值运算符		= Op=
条件运算符		?:
其他运算符	下标	[ ]
	实例	instanceof
	内存分配	new
	强制类型转换	(数据类型)
	方法调用	()

2.7.1 表达式

表达式是变量、常量、运算符、方法等按照一定的运算规则组成的序列，并返回一个值。表达式是运算符运算的表述，它返回值不仅与表达式中的操作数有关，而且还是运算符操作顺序有关。表达式有时也称为运算式。

在表达式运算中，运算符的操作顺序是按优先级从高到低顺序进行。在两个相同级的运算符之间，其优先级与它的结合规则有关。如表 2-8 所示。

在表达式中，用括号()显式标明运算顺序是一个好的编程习惯，这样做可以使表达式结构清楚，避免混淆和出错。

如何把一个数学代数式正确地写成一个表达式是应该注意的。虽然它们看上去想像，但是它们之间有很大的不同。如下所示，两个表达式就有很大的不同。

例如表达式： x / y * z　与　x / (y * z)

在表达式中，往往想写成后一种表达式，不小心写成了前一种表达式，它们显然是不同的两个表达式。

2.7.2 算术运算符

Java 支持的双目算术运算符有：＋、－、*、/、%。与 C 或 C++是一样的，它们代表算术运算的加、减、乘、除、取模。若以 opD1，opD2 表示两个操作数，则它们的使用方式如表 2-10 所示。

表 2-10　双目算术运算符

运算符	使用方式	说明
＋	opD1＋opD2	opD1 加上 opD2
－	opD1－opD2	opD1 减去 opD2
*	opD1*opD2	opD1 乘以 opD2
/	opD1 / opD2	opD1 除以 opD2
%	opD1%opD2	opD1 除以 opD2 的余数

与 C 或 C++不同，对取模运算符%而言，其操作数可以为浮点数，例如：

37.2 % 10 = 7.2

Java 单目算术运算符有：＋、－、＋＋、－－、～。若用 opD 表示操作数，则它们的使用方式以表 2-11 所示。

表 2-11　单目算术运算符

运算符	使用方式	说明
＋	＋opD	正号，对 opD 无影响
－	－opD	负号，对 opD 取负值
＋＋	＋＋opD，opD＋＋	opD 前缀，opD 后缀，opD 增 1
－－	－－opD，opD－－	opD 前缀，opD 后缀，opD 减 1
～	～opD	按位求补，将 opD 的每个二进制位求反

运算符＋＋和－－的前缀与后缀形式，对 opD 的值是相同的，但对这个运算式的值是不一样的。前缀式是先将 opD 的值增（或减）1，然后再把 opD 的值作为运算式的值；后缀式是先将 opD 的值作为运算式的值，然后再把 opD 的值增（或减）1。

例如：有一个整型变量 count 的值是 5，使用++运算符的前缀和后缀形式后实现运算的过程。

int a = ＋＋count；

首先读出 count 的值 5，count 再增 1 而变为 6，然后将 count 的值 6 赋给 a。变量 a 的值和 count 的值相同。

int b = count＋＋；

首先读出 count 的值 5，将 count 的值 5 赋给 b，然后 count 再增 1 而变为 6，。变量 b 的值和 count 的值不相同。

例 2.6 算术运算符操作实例。

```
/**
    源程序：ArithmeticOperand.java
*/
public class ArithmaticOperand {
    public static void main(String args[]){
        int a=5+4;          //a=9
        int b=a*2;          //b=18
        int c=b/4;          //c=4
        int d=b-c;          //d=14
        int e=-d;           //e=-14
        int f=e%4;          //f=-2
        int g=3;
        int h=g++;          //h=3, g=4
        int i=++g;          //g=5, i=5
        double j=18.4;
        double k=j%4        //k=2.4
        System.out.println(" a = " + a);
        System.out.println(" b = " + b);
        System.out.println(" c = " + c);
        System.out.println(" d = " + d);
        System.out.println(" e = " + e);
        System.out.println(" f = " + f);
        System.out.println(" g = " + g);
        System.out.println(" h = " + h);
        System.out.println(" i = " + i);
        System.out.println(" j = " + j);
        System.out.println(" k = " + k);
```

```
    }
}
```

运行程序：

    java   ArithmaticOperand

结果为：

```
a = 9
b = 18
c = 4
d = 14
e = -14
f = -2
g = 5
h = 3
i = 5
j = 18.4
k = 2.4
```

在前面已经描述过 System.out.println()方法的功能。println()方法是按字符串形式将方法的参数输出的。例中 a～i 是整型数，j、k 是双精度浮点数，println()在输出时，首先将这些数值变量转化成字符串，然后再用字符串连接符号“＋”与它前面的字符串合并成新的字符串后输出。

2.7.3 关系和布尔运算符

2.7.3.1 关系运算符

和其他语言一样，Java 的关系运算符也有六个，可以对两个操作数比较大小与是否相同。比较的结果是布尔类型的值 false 或 true。假设 opD1 和 opD2 是两个可以用于关系运算符操作的操作数，表 2-12 列出了 Java 关系运算符的使用方法。

表 2-12 关系运算符

运算符	使用方法	功能	说明
>	opD1>opD2	大于	若 opD1>opD2 成立，为 true，否则为 false
>=	opD1>=opD2	大于等于	若 opD1>=opD2 成立，为 true，否则为 false
<	opD1<opD2	小于	若 opD1<opD2 成立，为 true，否则为 false
<=	opD1<=opD2	小于等于	若 opD1<=opD2 成立，为 true，否则为 false
==	opD1==opD2	相等	若 opD1==opD2 成立，为 true，否则为 false
!=	opD1!=opD2	不相等	若 opD1!=opD2 成立，为 true，否则为 false

在 Java 语言中，任何类型的数据，无论是简单类型数据还是引用类型数据，都可以使用“==”或“!=”运算符来判断两者是否相等或相同，这与 C 或 C++的关系运算符不一样。

2.7.3.2 布尔运算符

Java 的布尔运算符是进行逻辑运算的操作符，包括有逻辑与、或、非三种操作。假设有

opB1 和 opB2 是两个可以进行逻辑运算的操作数，它们可以实现的具体逻辑运算的使用方式如表 2-13 所示。

表 2-13 布尔运算符

运算符	使用方法	功能	说 明
&&	opB1 && opB2	与	若 opB1，opB2 全 true 则为 ture，有 false 则 false
||	opB1 || opB2	或	若 opB1，opB2 全 false 则为 false，有 true 则 ture
!	! opB1	非	若 opB1 是 true 则为 false，是 false 则为 true;

Java 的布尔运算符是一种优化的运算符。使用&& 和 || 运算符的操作，并不一定对它的两个操作数都要访问，由于这两个运算符的第一操作数在某种值的情况下，就可以确定结果，就不用再去访问第二个操作数，这样简化了运算，也提高了程序的运行效率。&& 和 || 运算符的具体操作情况参照表 2-13 如下所示。

✧ &&运算符：

- ◆ 如果 opB1 值为 false，则运算式的值就是 false，无论 opB2 的值是什么。所以程序不会访问 opB2；
- ◆ 如果 opB1 值为 true，程序还需要 opB2 的值才能确定运算式的值，程序需要访问 opB2。

✧ ||运算符：

- ◆ 如果 opB1 值为 true，则运算式的值就是 true，无论 opB2 的值是什么。所以程序不会访问 opB2；
- ◆ 如果 opB1 值为 false，程序还需要 opB2 的值才能确定运算式的值，程序需要访问 opB2。

在二进制位的布尔运算符&和|的逻辑运算等同 &&和||。

通常，关系运算符和布尔运算符在一起使用，用于流控制语句的判断条件。对这种条件运算式进行运算操作时，特别要注意操作数的优先级及类型。

例 2.7 关系运算符和布尔运算符用于流控制语句中的判断条件示例。

```
/**
   源程序：RelatAndBoolOper.java
*/
public   class   RelatAndBoolOper {
   public static void main(String args[]) {
      int a=25, b=3;
      boolean d=a<b;
      System.out.println("a < b = " + d);
      int e=3;
      if ( e != 0 && a/e>5 ) {
         System.out.println("a / e = " + a/e);
      }
```

```
        int f=0;
        if ( f != 0 && a/f>5 ){
            System.out.println("a / f = " + a/f);
        } else {
            System.out.println("f = " + f);
        }
    }
}
```

运行程序：

```
java  RelatAndBoolOper
```

结果为：

```
a < b = false
a / e = 8
f = 0
```

其中：

e != 0 && a/e>5 布尔运算式的值为 true，输出结果为 a / e = 8；

f != 0 && a/f>5 布尔运算式的值为 false，执行 else 块，输出结果 f = 0。

2.7.4 位运算符

Java 语言支持整数数据类型的位运算。位运算符是对数据的二进制位操作，位运算符的操作数只能是整型的数据。可分为移位操作和逻辑运算。

位运算符有三个移位运算符：>>、<<、>>>和四个逻辑运算符：&、|、^、~。若有两个操作数 opBt1，opBt2，则有如表 2-14 所示 Java 位运算符。

表 2-14 位运算符

运算符	使用方法	说明
>>	opBt1 >> opBt2	opBt1 右移 opBt2 位
>>>	opBt1 >>> opBt2	opBt1 无符号右移 opBt2 位
<<	opBt1 << opBt2	opBt1 左移 opBt2 位
&	opBt1 & opBt2	opBt1 和 opBt2 按位与
|	opBt1 | opBt2	opBt1 和 opBt2 按位或
^	opBt1 ^ opBt2	opBt1 和 opBt2 按位异或
~	~ opBt1	opBt1 按位取反

其中：

>>运算符是右移运算符，是符号位被拷贝的右移。移位的结果是第一个操作数 opBt1 被 2 的幂除，而这个幂的指数就是第二个操作数。opBt1 在右移时，低位被截去，而高位被

符号位填充，即 opBt1>0 时，高位由 0 填充，当 opBt1<0 时，高位由 1 填充，如下例及表 2-15 所示。

例：256 >> 3 结果是 $256/2^3 = 32$。-256 >> 3 结果是 $-256/2^3 = -32$。

表 2-15　右移位运算符操作示例

运算式	结果
256	00000000000000000000000100000000
256>>3	00000000000000000000000000100000
-256	11111111111111111111111100000000
-256>>3	11111111111111111111111111100000

>>>运算符是带符号的右移运算符，其符号位不被拷贝。操作数 opBt1 在右移时，低位被截去，而高位总是被 0 填充。只有当 opBt1>0 时，结果和>>运算符一样。它主要作用在于位图，而不是一般意义上的运算，如表 2-16 所示。

表 2-16　右移位运算符操作示例

运算式	结果
256	00000000000000000000000100000000
256>>>3	00000000000000000000000000100000
-256	11111111111111111111111100000000
-256>>>3	00011111111111111111111111100000

<<运算符是左移运算符，它执行一个左移位。移位的结果是第一个操作数乘以 2 的幂，而这个幂的指数就是第二个操作数。左移位时，高位被截去，低位填充 0。

例：32 << 3 结果是 $32 \times 2^3 = 256$。

& 、|、^、~位逻辑运算符是在操作数相应二进制位上进行的逻辑运算。其中& 、| 、~运算符的操作类似布尔运算符&&、||、!。若把位上的 1 看作 true，0 看作 false，就同布尔运算符一样。

单目运算符~，是对操作数的二进制位上的值取反，若为 1 则取反为 0，若为 0 则取反为 1。

按位异或运算符^有两个操作数，如果两个相应位上的值相同，则结果为 0，否则为 1。如图 2-3 中示例所示。

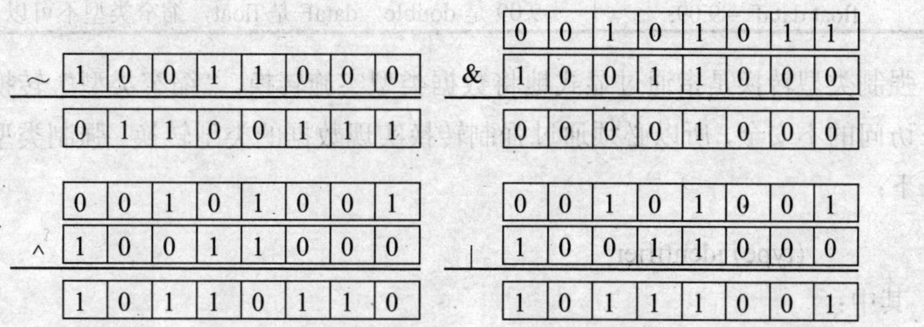

图 2-3　位运算符示例

值得注意的是，使用&和|运算符好处不大，由于它们的使用会降低程序的可读性，并且可能导致错误。布尔型数据与数值类型数据不能互相转换。

2.7.5 赋值运算符和数据的类型转换

1．赋值运算符

赋值运算符“=”的作用是将数据写入到变量的贮存单元中。在“=”运算符的左边是变量，右边则是待写入的数据值。

赋值操作必须注意：

✧ 必须是将右边的数值赋给左边的变量；

✧ 右边的数值类型要与左边的变量类型一致或相容；

✧ 当它们的类型相同时，才能将右边的数值写入变量的贮存单元。

2．数据类型转换

当二元运算符的操作数出现不同类型时，需要对操作数作相应的数据类型转换。

在 Java 语言中，由于不同类型的数值的取值范围不同，在数据类型转换时，必然会出现“拓宽类型”和“缩窄类型”情况。

“拓宽类型”是指把值范围小类型的数据转换成值范围大类型的数据。

“缩窄类型”是指把值范围大类型的数据转换成值范围小类型的数据。

针对不同类型转换情况，Java 的数据类型转换分为自动类型转换和强制类型转换两种方式：

✧ 自动类型转换是指 Java 虚拟机自动地将数据类型实施转换。由于“拓宽类型”转换，不造成数据访问的不安全，所以自动类型转换是“拓宽类型”的数据转换。如表 2-17 所示是自动类型转换示例。

表 2-17 自动类型转换示例

运算式	说明
long intL = 8;	8 是 int，intL 是 long，拓宽类型可以。
int sInt = 98L;	98L 是 long，sInt 是 int，缩窄类型不可以。
double data = 8.56F;	8.56F 是 float，data 是 double，拓宽类型可以。
float dataF = 9.09;	9.09 是 double，dataF 是 float，缩窄类型不可以。

✧ 强制类型转换是指通过显式地将数据类型实施转换。“缩窄类型”转换会造成数据访问的不安全，所以必须通过强制转换实现数据的类型转换。强制类型转换形式如下：

```
(type) identifier
```

其中：

type 表示数据类型名称。

identifier 表示将被转换的变量标识符。

例如：自动与强制类型转换示例。

```
byte   idB = 100;
int    idInt = idB;
int    idI = 100;
byte   idBy = ( byte ) idInt;
```

第一条语句，虽然常量 100 是 int 类型。Java 会自动地将 100 转换成 byte 类型，再赋值给 idB。所以 Java 允许 int 类型的常量赋值给 byte、short 和 int 类型的变量。这是自动类型转换。

第二条语句，由于 idB 是 byte 类型，首先要将 idB 转换成 int 类型，再给 idInt 赋值。这是自动类型转换。

第四条语句，由于 idInt 是 int 类型，idBy 是 byte 类型，要把 idInt 的值赋给 idBy，就必须首先将 idInt 的值转换成 byte 类型，而这个转换是“缩窄类型”转换，所以必须强制类型转换，即用显式方式(byte)idInt 实现。

在 Java 中有和 C/C++类似的扩展赋值运算符，这是由一些运算符与赋值运算符结合而组成的扩展运算。

扩展赋值运算符，又称快捷赋值运算符。它有如下形式：

var op= expression　等价于　*var = var op expression*

其中：

var 表示变量;

op 为运算符，*op=*为扩展赋值运算符;

expression 为运算式。

设有两个操作数 op1 和 op2，扩展赋值运算符以及它的等价运算式如表 2-18 所示。

表 2-18　扩展赋值运算符

运算符	使用方法	说明
+=	op1 += op2	op1=op1+op2
-=	op1 -= op2	op1==op1-op2
*=	op1 *= op2	op1=op1*op2
/=	op1 /= op2	op1=op1/op2
%=	op1 %= op2	op1=op1%op2
&=	op1 &= op2	op1=op1&op2
|=	op1 |= p2	op1=op1|op2
^=	op1 ^= op2	op1=op1^op2
<<=	op1 <<= op2	op1=op1<<op2
>>=	op1 >>= op2	op1=op1>>op2
>>>=	op1 >>>= op2	op1=op1>>>op2

例如：idA += 3; 等价 idA =idA+3；i -= 1; 等价 i = i – 1; 或 --i;

2.7.6 条件运算符

由?和:组成的三目运算符“?:”称为条件运算符。它的格式为：

expreBool ? expression1 : expression2

其中：

expreBool 为布尔运算式。它的值为 false 或 true。

expression1 和 *expression2* 则是两个相同类型的表达式。

运算式是取 expression1 的值还是取 expression2 的值，由 expreBool 的值确定。当 expreBool 的值为 true 时，则取 expression1 的值，否则取 expression2 的值。运算式 expression1 和 expression2 要有相同数据类型，保证运算的结果能赋给一个变量。

例 2.8 条件运算符使用示例。

```
/**
  源程序：TestConditionArith.java
*/
class TestConditionArith {
  public static void main(String args[]){
      int i=10;
      int j=10;
      int k=0;
      boolean test=false;
      System.out.println("k\t" + "i\t" + "j");
      k = test ? (i=1) : (j=2);
      System.out.println(k + "\t" + i + "\t" + j);
      test=true;
      k = test ? (i=20) : (j=30);
      System.out.println(k + "\t" + i + "\t" + j);
  }
}
```

运行程序：

```
java   TestConditionArith
```

结果为：

```
k      i      j
2      10     2
20     20     2
```

例中 k = test?(i=1):(j=2);由于 test 的值是 false，所以 k 取 (j=2)的值。j 的值为 2，k 的值

也是 2。而(i=1)不被访问，i 的值仍然为 10。

对于 k=test?(i=20):(j=30);由于 test 的值是 true，所以 k 取 (i=20)的值。i 的值是 20，k 的值也是 20。而 j 的值不变仍为 2。

习 题

1．Java 语言使用的是哪一种字符集，它的存储空间是多少？
2．在 Java 语言中，数据类型分为两大类，具体的类型有哪些？
3．简单数据类型所需要的存储开销各是多少？它们的值范围是什么？
4．Java 语言的逻辑运算的优化的含义是什么？
5．数据类型转换是什么含义？有哪几种？
6．变量的作用域分为几种，各有什么特点？
7．编写一个输出 9×9 乘法表的程序。

第 3 章　流程控制、数组

Java 语言中的流程控制语句提供了控制程序执行顺序的手段。流程控制是程序代码的重要部分。

语句块也称为复合语句。它是由若干条语句组成，并由大括号{}括起来。语句块结构对流程控制编程和理解是有很大帮助的。它在程序代码中具有一定的相对独立性。

程序执行的顺序称为程序流。程序流即可以是语句自然的顺序，也可以是由控制语句执行跳转的逻辑顺序。流程控制就是根据一定条件判断而选择程序执行顺序序列。程序流由语句或语句块组成。

在 Java 语言中，流控制语句分为：分支语句、循环语句、异常处理语句和跳转语句，如表 3-1 所示。

表 3-1　流控制语句

分支语句	if-else	break	switch	return
循环语句	while	do-while	for	continue
异常处理语句	try	catch	finally	throw

Java 流程控制与 C/C++相似，但它们之间也存在差异。主要表现在：

✧　分支语句 if-else 中的布尔型表达式只能有 false 和 true 两种值；

✧　多选择语句 switch 中用于判断跳转的表达式的值不能是 boolean 类型。它的值类型只能是与 int 类型相容的 byte、short、char 和 int 这四种数据类型，其使用形式如表 3-2 所示。

表 3-2　流控制语句格式

类型	用法(格式)	备注

if-else 语句	if(布尔型表达式){
	　语句块 1;
	}else{
	　语句块 2;
	　}
		当“布尔表达式”为：
		true，执行“语句块 1”
		false，执行“语句块 2”

switch 语句	switch(int 相容类型表达式){
	　case 值 1：语句块 1;
	　case 值 2：语句块 2;
	　default：语句块 n+1;
	}
		当“int 相容类型表达式”为：
		“值 1”，执行“语句块 1”;
		“值 2”，执行“语句块 2”;
		无匹配“值”，则执行
		“语句块 n+1”

for 循环语句	for(初始化；布尔表达式；迭代){
	　循环体;
	}
		当循环控制变量取得一个值后，“布尔表达式”值为 true 时，执行“循环体”，否则结束循环。

（续表）

类型	用法(格式)	备注

while 循环语句	初始化；
	while(布尔型表达式){
	循环体；
	迭代；
	}
		当循环控制变量取得一个值后，“布尔表达式”值为 true，执行“循环体”，否则结束循环。

do – while 循环语句	初始化； do { 循环体； 迭代； } while(布尔型表达式)；	先执行“循环体”，迭代后循环控制变量取得一个值，“布尔表达式”值再为 true 时，执行“循环体”，否则结束循环。

在流程控制语句中，常使用到跳转语句：break、continue 和 return，这三种跳转语句可以在相应的语句中实现跳转，结束所指明的语句块，其形式和作用如表 3-3 所示。

表 3-3 流控制语句中的跳转语句

类型	用法(格式)	备注
break 语句	break [语句标号];	结束指定的分支语句或者循环语句
contirnue 语句	continue [语句标号];	结束指定的循环语句的本次循环
return 语句	return [表达式];	结束方法调用，返回到调用程序中

异常处理语句的形式和使用将在后面的异常处理章节中讨论。

表中的[]所包括的内容是可选项，根据实际情况需要来取舍。

3.1 分支语句

Java 语言中分支语句分为两种，一种是 if-else 语句，另一种是 switch 语句。if-else 语句有两个选择出口，根据其布尔表达式的值为 false 或 true 来确定程序的流程。switch 语句有多个选择出口，根据 switch 语句控制表达式的值与 case 子句的常量值匹配情况来确定其程序流程。switch 语句控制表达式的值只能是与 int 类型相容的数据类型，即 byte、short、char 和 int 四种类型。

3.1.1 条件分支语句 if-else

条件分支语句 if-else 是根据其布尔型表达式的值来确定程序流程选择。其格式如下所示：

```
if (boolExpre){
      语句块 1；
}[else{
```

语句块 2；

}]

其中：

boolExpre 是一个布尔型表达式，它的值为 true 或 false。

*[ ]*所包括的 else 子句部分是可选的。如果有 else 子句则必须有和它配对 if，并总是与距它最近的 if 配对。

else 子句的另一种形式为 else if。

语句块 1、*语句块 2* 是两个程序块。无论有多少条语句，最好都用{}括起来。当然在只有一条语句时，也是可以省略掉{}。使用{}括号是一种好的编程习惯。

在分支语句 if-else 流程中，由布尔型表达式 booleExpre 的值决定程序流程。

当 booleExpre 的值为 true 时，则程序执行“语句块 1”；

当 booleExpre 的值为 false 时，则程序执行“语句块 2”；

例 3.1 比较两个数的大小，并按从小到大的顺序输出。

```
/**
    源程序：CompareTwoDat.java
*/
public class CompareTwoDat {
    public static void main(String args[]) {
        double douDat1=4.18;
        double doudat2=9.8;
        if (douDat1 <= douDat2)
            System.out.println(douDat1+" < = "+douDat2+"\n");
        else
            System.out.println(douDat2+" < = "+douDat1+"\n");
    }
}
```

运行程序：

```
java    CompareTwoDat
```

结果为：

```
4.18 < = 9.8
```

在程序中，由于 douDat1 <= douDat2 的值为 true，这样程序流程执行语句：

```
System.out.println(douDat1+" < = "+douDat2+"\n");
```

输出结果为：4.18 < = 9.8。

例 3.2 根据考试成绩划分等级，90 分以上为 A，80～90 分为 B，等等。

```
/**
    源程序：ScoreLevel1.java
*/
class ScoreLevel1   {
    public static void main(String args[])   {
        int testScore = 97;
        char grade = 'E';
        if (testScore >= 90){
            grade='A';
        }else if (testScore >=80){
            grade='B';
        }else if (testScore >= 70){
            grade='C';
        }else{
            grade='D';
        }
        System.out.println(testScore + "   is   " + grade + "\n");
    }
}
```

运行程序：

```
java   ScoreLevel1
```

结果为：

```
97   is   A
```

在程序中，由于 grade 有初值为'E'，由 if-else 判断 testScore 变量的值落在哪个区域，就给 grade 变量赋上相应的值。如果 grade 的值没有改变，则说明 testScore 的值<60。

3.1.2 多分支语句 switch 和中断语句 break

多分支语句 switch 与 if-else 语句一样，是根据相关表达式的值选择程序流程。在 if-else 语句，只有两种情况可供两种流程选择，而在 switch 语句中，有多种情况可供程序流程选择。它的一般形式如下所示：

```
switch  (expression){
    case value1:   statement1;
                   [break;]
    case value2:   statement2;
                   [break;]
         ...
```

```
        case valueN:    statementN;
                        [break;]
        [default:       defaultStatement;]
    }
```

其中：

expression 为 int 类型相容的数据表达式，它可以是 byte、short、char 或者 int 类型的值，特别要指出的是不能是布尔型的值。

value1~ valueN 是 case 子句中的常量表。case 子句可以不分顺序，但是其常量表中的数不能有相同的值，并且要与表达式 expression 的值类型保持一致。

statement1~statementN 和 *defaultStatement* 是 case 子句后要执行的语句。

break 语句是用于结束 switch 语句的中断语句，即 break 语句起到跳出 switch 语句的作用。break 语句不仅能用在 switch 语句，也可以用在循环语句，都同样起到结束它所在语句块流程。处在 break 语句之后的语句将会被跳过而不被执行。

switch 语句的流程是由 expression 表达式值与 case 的常量 value1～valueN 依次进行比较而确定的。

✧ 当 expression 的值与某个 case 的常量 valueI 的值相匹配，则程序流程就转入到该 case 子句后面的语句 statementI。

✧ 当没有 case 的常量 valueI 的值与 expression 相匹配，则程序流程就转入到 default 子句后面的语句 defaultStatement。

在执行完 case 或 default 子句后面的语句后，程序流程是不会自动地跳转，直到遇到 break 语句或 switch 的结束语句。

break 语句既可以用于中断或跳出它所在语句块，还可以用于中断或跳出它所指定的块。如果 break 语句中有语句标记，该语句就会中断或跳出这个语句标记所指定的块。

所谓语句标记是指在语句块的第一条语句前面加上一个标记，作为该语句的标记。语句标记是一个 Java 的合法标识符，在使用时需要在它的后面加上一个“：”。语句标记形式如下：

```
    blockLabel:  {
        codeBlock
    }
```

其中：

blockLabel 为语句标记，后面跟随一个“：”。它是 Java 的合法标识符。

codeBlock 为语句块中的语句部分。

不带语句标记的 break 语句，起到中断或跳出它所在的块作用。

带语句标记的 break 语句，起到中断或跳出语句标记指定的块作用。它的语句形式如下，要注意的是这时的语句标记不带“：”。

break blockLabel;

如下例所示，break 语句中断或跳出指定块的用法。它多用于语句块的嵌套形式中，使程序流程从相对较内层块中，中断或跳出到相对较外层块。

例如：break 语句中断或跳出指定块的用法。

```
bA:{                                    //块标记 bA
    语句 1;
    bB:{                                //块标记 bB
        语句 2;
        bC:{                            //块标记 bC
            语句 3;
            break   bB;
            语句 4;                     //将不被执行
        }
        语句 5;                         //将不被执行
    }
    语句 6;                             //将被执行
}
```

程序中有三个语句标记：bA、bB 和 bC，break 语句“break bB;”是带有语句标记的，在执行该语句时，程序流程中断或跳出 bB 标记的语句块，而后面的“语句 4”和“语句 5”不再被执行，而转到执行“语句 6”。

例 3.3 用 switch 和 break 语句，改造例 3.2 中的根据考试成绩划分等级程序。

```
/**
    源程序：ScoreLevel2.java
*/
class ScoreLevel2{
    public static void main(String args[]){
        int testScore = 97;
        int level;
        char grade = ' ';
        level = testScore/10;
        switch (level) {
            case 10:
            case 9:     grade = 'A';
                        break;
            case 8:     grade = 'B';
                        break;
```

```
            case 7:    grade = 'C';
                       break;
            case 6:    grade = 'D';
                       break;
            case 5:
            case 4:
            case 3:
            case 2:
            case 1:
            case 0:    grade = 'E';
        }
        System.out.println(testScore + "    is    " + grade + "\n");
    }
}
```

运行程序：

```
java  ScoreLevel2
```

结果为：

```
97   is   A
```

程序中首先将成绩 testScore 被 10 整除求得值赋给 level，level 值是整数。依次将分数段 100、99~90、89~80、79~70、69~60 等变换为整数 10、9、8、7、6 等，按照要求随着 level 值不同，分别赋予 grade 不同的等级值。

若对上例中使用 default 子句，程序又可改造为例 3.4 所示程序：

例 3.4 在 switch 语句中使用 default 子句划分成绩等级。

```
/**
    源程序：ScoreLevel3.java
*/
class ScoreLevel3{
    public static void main(String args[]){
        int testScore = 97;
        int level;
        char grade = ' ';
        level = testScore/10;
        switch (level) {
            case 10:
            case 9:    grade = 'A';
```

```
                break;
        case 8:  grade = 'B';
                break;
        case 7:  grade = 'C';
                break;
        case 6:  grade = 'D';
                break;
        default: grade = 'E';
        }
        System.out.println(testScore + "    is    " + grade + "\n");
    }
}
```

程序运行结果和前面一样。如果将程序中的 char grade= ' '改为 char grade = 'E'，则程序又如何改造？

3.2 循环语句

Java 程序中循环语句有三种：while语句、do-while语句和for语句。循环语句实现了一定条件下的代码重用。循环语句的结构中，程序流程从循环的开始到循环的结束都依赖于循环的控制条件判断。在每次循环时都需要对循环控制的布尔表达式运算，由这个表达式的值来确定循环是继续还是结束。循环流程总是在控制条件判断的值为 true 时，循环得以继续，控制条件判断的值为 false 时循环结束。

在循环的结构中，循环是由四个部分组成，根据不同的循环语句，它们之间执行顺序有所不同，这四个组成部分是：

- ✧ 初始化部分(initalization)：为循环设置初始量；
- ✧ 判断部分(condition)：布尔表达式，其值决定循环是否继续；
- ✧ 循环体部分(body)：循环的代码段(语句)；
- ✧ 迭代部分(iteration)：每循环一次，改变循环控制变量的值。

3.2.1 while 语句

while 循环语句的格式是：

```
[initalization]
while (expressBool){
    statements;
    [iteration;]
}
```

其中：

initalization 是初始化部分，为循环所需的某些量设置初值。它是可选部分。

expressBool 是控制条件判断部分，它是一个布尔表达式，它返回的布尔表达式的值(true 或 false)决定了循环是否能继续。

statements 是由若干条语句组成的循环体部分。

iteration 为迭代部分，它也是一个可选的。迭代部分修改着循环控制变量的值。它既可以单独编程，也可以在"判断部分"或"循环体部分"修改循环控制变量而起到迭代作用，后一种情况迭代部分可以不要。

while 语句循环执行的顺序是：

1．执行初始化 initalization(如果有)；

2．计算表达式 expressBool 的值；

3．若 expressBool 值为 true，则执行循环体 statements；

✧ 执行迭代部分 iteration(如果有)；

✧ 返回到 2；

4．若 expressBool 值为 false，则终止 while 循环。

3.2.2 do-while 语句

do-while 语句与 while 语句相似，它们不同在于 do-while 语句是先执行循环体部分，然后再作条件判断。无论如何，do-while 语句循环体至少执行一次。而 while 语句的循环体可能一次也未执行过。所以，称 while 语句为"当型"循环，而称 do--while 语句为"直到型"循环。

do-while 循环语句的格式如下所示：

```
[initalization]
do {
    statements;
    [iteration;]
} while (expressBool);
```

其中：

initalization、*expressBool*、*statements* 和 *iteration* 部分和 while 语句循环相同。

do-while 循环首先执行循环体 statements，然后再做判断。expressBool 的值若为 true，则循环继续，若值为 false，则循环结束。

在 do-while 语句中，while 后面有分号"；"，而 while 语句循环中，while 后面不能跟分号"；"，否则 while 循环的循环体为空语句。

do-while 语句循环执行的顺序是：

1．执行初始化 initalization(如果有)；

2．执行循环体 statements；

3．执行迭代部分 iteration(如果有)；

4．计算表达式 expressBool 的值；

5．若 expressBool 值为 true，返回到 2；

6．若 expressBool 值为 false，则结束 do-while 语句。

3.2.3 for 语句

for 循环语句结构清晰、标准。在 for 循环语句的开始部分()内，有除循环体外的其他三个部分，能够明确地表示循环的开始和结束时控制变量的值，甚至循环的次数。for 循环也是一种"当型"循环，它首先需要对循环条件判断，再确定循环流程。和上述的两种循环一样，在条件判断值为 true 时才继续循环，其格式如下所示：

```
for (initalization; condition; iteration) {
        statements;
}
```

for 语句循环执行的顺序是：

1．执行初始化 initalization；

2．计算表达式 condition 的值；

3．若 condition 值为 true，则执行循环体 statements；

- ✧ 执行迭代部分 iteration；
- ✧ 返回到 2；

4．若 condition 值为 false，则终止 for 语句。

for 语句中的 initalization，condition，iteration 都可以为空。当它们三个全为空时，相当于一个无限循环，如下形式所示：

```
for (  ;  ;  ) {
    statements;
}
```

下面以 while 语句、do-while 语句和 for 语句三种循环编程，输出 0℃ ~30℃ 中以 5℃ 为间隔的摄氏到华氏温度转换表。

例 3.5 使用 while 语句。为了便于说明，对程序语句行编号。

```
/**
    源程序：TempConverWhile.java
*/
class TempConverWhile {
    public static void main(String args[]){
        int fahr,cels;
        System.out.println("Celsius\tFahrenheit\n");
        cels=0;
        while (cels<=30) {
            fahr=cels*9/5+32;
            System.out.println(cels+"\t"+fahr);
```

```
12                  cels += 5;
13              }
14          }
15      }
```

源程序中，第 8 行 cels=0 为 initalization、第 9 行为 cels<=30 为 condition、第 10~11 行为循环体 statements、第 12 行 cels += 5 为 iteration。

例 3.6 使用 do-while 语句。

```
/**
    源程序：TempConverDoWhile.java
*/
class TempConverDoWhile {
    public static void main(String args[]){
        int fahr,cels;
        System.out.println("Celsius\tFahrenheit\n");
        cels=0;
        do {
            fahr=cels*9/5+32;
            System.out.println(cels+"\t"+fahr);
            cels += 5;
        } while (cels<=30);
    }
}
```

例 3.7 使用 for 语句。

```
/**
    源程序：TempConverFor.java
*/
class TempConverFor{
    public static void main(String args[]){
        int fahr,cels;
        System.out.println("Celsius\tFahrenheit\n");
        for(cels=0; cels<=30; cels += 5)    {
            fahr=cels*9/5+32;
            System.out.println(cels+"\t"+fahr);
        }
    }
}
```

运行程序(对 TempConverDoWhile 或 TempConverFor 都一样)：

```
java   TempConverWhile
```

结果为：

```
Celsius    Fahrenheit
     0          32
     5          41
    10          50
    15          59
    20          68
    25          77
    30          86
```

3.3 continue 语句

continue 语句用于循环结构中，当程序执行 contiune 语句时，程序流程就结束本次循环，在逻辑上充当了循环体的最后一条语句作用。

类似 break 语句中带语句标记的情况，continue 语句也可以带语句标记，它的作用是结束该语句标记的外层循环的本次循环。

通常，每次循环都是从循环体的第一条语句开始，一直到最后一条语句结束。当循环流程遇到 continue 语句时，continue 语句起到了循环体逻辑上的最后一条语句的作用，使得本次循环流程结束，并非一定要执行到循环体中实际的最后一条语句。

continue 语句使用格式如下：

continue   [outerLabel];

其中：

outerLabel 可选项是一个语句标记，在这是作为相对外层循环的语句标记。

continue 语句，在无 outerLabel 时，起到结束本次循环的作用。在有 outerLabel 时，则起到结束该语句标记 outLabel 指定的外层循环的本次循环。

例如：有如下程序段，外层循环标记为 outer，在内层循环中的 continue 语句带有该语句标记。程序流程展示了 continue 语句的作用。

```
outer: for (int i=0; i<10; i++){
           for (int j=0; j<20; j++){
               if (j<i) {
                   …
                   continue outer;
                   …
```

```
            }
            ...
        }
        ...
    }
```

这段程序中，内层循环的 if 语句条件判断 j<i 的值为 true 时，程序执行 continue 语句，由于该 continue 语句带有语句标记 outer，则程序流程跳转到语句标记 outer 所指定的外层循环中，并结束 outer 外层循环的本次循环，使得 outer 标记的循环进入下一次循环中。

例 3.8 求 100～200 之间的所有素数。

所谓素数是指只能被 1 和它自身整除的整数。事实上一个数只要不能被 2 到它的平方根平取整后的整数整除，即可判定这个数就为素数。

```
/**
    源程序：PrimeNumber.java
*/
class PrimeNumber{
    public static void main(String args[]){
      System.out.println("Prime numbers between 100 and 200");
      int n=0;
      outLoop: for (int i=101; i<200 ; i+=2) {
                      int k=Math.sqrt(n);
                      for (int j=3; j<=k; j+=2){
                          if ( i%j == 0){
                              continue outLoop;
                          }
                      }
                      System.out.print("  "+i);
                      n++;
                      if ( n<10 ){
                          continue;
                      }
                      System.out.println();
                      n=0;
      }
    }
}
```

运行程序：

```
java    PrimeNumber
```

结果为：

```
Prime numbers between 100 and 200
101    103    107    109    113    127    131    137    139    149
151    157    163    167    173    179    181    191    193    197
199
```

3.4 return 语句

return 语句是用在方法中的。一个方法在调用结束后会返回，并带上这个方法指定类型的数据(除非返回类型是 void)。

在返回类型为非 void 的方法中，程序流程执行 return 语句时使方法返回。方法返回所带的数据由 return 语句所带的表达式给出。

当方法返回的数据类型是 void 时，return 语句是不能带表达式。它仅仅使方法返回，并且方法不返回数据。

return 语句的格式为：

return [expression];

其中：

expression 为表达式，它将作为方法调用返回时的返回值。

Java 语言中的一个方法返回的数据类型是非 void，则在方法中必须有一个带表达式的 return 语句，这个表达式的数据类型必须和方法声明的返回类型一致。

如果方法声明的类型为 void，则方法中并不一定要有 return 语句，如果有 return 语句，则 return 语句是不能带表达式的。

return 语句在方法中，逻辑上起到方法的最后一条语句功能。在 return 语句后面的语句将不会被访问。通常会把不在最后位置上的 return 语句放在条件判断的程序块中。如例 3.9 和例 3.10 所示。

例 3.9 获取两个数中最大的数。

```
/**
    代码片段：方法 getMax(int, int)
*/
public int getMax(int a, int b){
      return   ( a > b ) ? a : b ;
}
```

方法 getMax(int, int)返回 int 类型的值，对应方法中的 return 语句所带的表达式(a > b) ? a : b 的值也是 int 类型，这个表达式的值作为方法的返回值。

例 3.10 为成员变量赋值。

```
/**
    代码片段：方法 setData(int, int)
*/
public void setData(int a, int b){
        this.a = a ;
        this.b = b ;
}
```

方法 setData(int, int)是 void 类型，说明该方法不需要返回值，所以在方法中可以没有 return 语句。如果有 return 语句，则 return 语句不能带表达式。

3.5 数组和字符串

正如前面讲述的数据类型，在 Java 中，数组是引用类型。数组类型是一种有序数据的集合，数组中在每一维上的元素具有相同的数据类型。数组通过数组名和它的下标对数组元素访问，数组元素的下标是不能越界的。数组元素数量是使用 new 运算符来确定的。

数组也是一个对象，数组声明不能创建对象本身，而创建的是一个引用，该引用可被用来引用数组。数组元素使用的实际存储器可由 new 语句或数组初始化软件动态分配。

3.5.1 数组声明

Java 的数组声明采用与 C 语言类似的形式。数组可分为一维数组和多维数组。它们的声明的形式为：

type   arrayName[][[]...];

或另一等价形式：

type[][[]...]   arrayName;

其中：

type 是 Java 语言的任意数据类型；

arrayName 为数组名，它是一个合法的 Java 标识符；

*[]*在这里表示是数组的一维，而不是表示可选；

*[[]...]*表示是数组的多维，是可选的。[]对的数量表示了数组维数的多少。

在声明数组时，“[]”对既可以放在数组名的后面，也可以放在数组名的前面。

要注意的是，“[]”对中是空的，不能有数据，这不同于 C/C++。数组的维数及元素的数量是可以通过 new 运算符确定。

对于 Java 编程人员，可能更喜欢采用把“[]”放在数组名前面的声明形式。它更加清晰，有利于程序的阅读。如下例所示：

例如：

```
int     count[];        //一维整型数组 count
char    ch[][];         //二维字符型数组 ch
float[] fNum;           //一维浮点型数组 fNum
int[] testArray(int arraySize) {
    int[] aId;
    aId = new int [arraySize];
    return aId;
}
```

在这个例子中，方法 testArray(int)返回数据类型是 int 类型的一维数组。其的局部变量 aId 也是 int 类型的一维数组，其元素的数量是参数 arraySize 的值给出。该方法返回的数组就是 aId。

在 Java 语言中，数组的声明是不能确定数组大小，因为数组声明并没有给数组分配存储单元。数组存储单元的分配可以由 new 运算符实现。在声明数组后，使用 new 运算符分配存储单元的格式如下：

arrayName[][[]...] = new type [arraySize1][[]...];

或

arrayName = new type [arraySize1][[]...];

其中：

arrayName 是声明的数组名，它是一个引用类型的变量。

arraySize1 是数组维上的元素个数。在使用 new 运算符分配存储空间时，由 arraySize1 值给出分配在这一维上的元素数量。在 “[]” 中，均可以填写一个数字来指明某维上的数组元素个数。

type 是数组声明的类型。

new 运算符是在内存中分配存储单元的操作符。这种分配存储空间的操作也可以称之为实例化。在 Java 语言中，引用类型变量的实例化都是可以通过 new 运算符实施的。

=运算符实现数组 arrayName 对 new 实例化的存储空间引用。实质上就是将这个 new 实例化的存储空间起始地址赋给了数组名 arrayName。

数组实质也是一种对象，具有对象的一些特性和处理方式。

例如：

首先声明数组：

```
int[][] score;
```

再分配存储空间并引用：

```
score = new int[3];
score[0] = new int[4];
socre[1] = new int[4];
score[2] = new int[4];
```

或另一种方式的分配存储空间并引用：

```
score = new int[3][4];
```

前部分的分配存储空间是 new 运算符首先对数组 score 的第一维分配了 3 个元素，然后对 score 在第一维上的三个元素再分别作 new 的实例化处理，既第一维上每一个元素又是一个有 4 个元素的数组。

例子后部分在 new 运算符处理中，直接分配并确定了数组 score 在 2 个维上的元素数量。

对数组的声明和数组引用 new 的实例化，既可以分成两条语句实现，也可以合在一条语句中实现，如下所示格式：

type arrayName[][[]...] = new type [arraySize1][[]...];

或

type[][[]...] arrayName = new type [arraySize1][[]...];

例如：

```
int    count[]   =   new int [10];
char[][] ch      =   new char [3][5];
float[] fNum     =   new float [20];
```

在这需要强调的是，数组使用 new 运算符实例化后，数组的元素都有了一个初始化的值，如表 2-6 所示，无论数组是成员变量还是局部变量。所以该例中数值类型的数组 count 和 fNum 的元素初始化的值分别为 0 和 0.0F，而 char 类型数组元素初始化的值为'\u0000’。

3.5.2 数组元素及初始化

数组元素是数组通过下标对数组中的存储单元访问的变量。由 new 运算符实例化数组后，可以通过“数组名”加“[]”的下标形式对元素进行访问。

在 Java 语言中，在数组的每一维上，数组元素的下标是由“0”开始，到该维的“元素的数量-1”。数组的下标是不能越界的，即：

“元素的下标”<“元素的数量”

Java 对数组元素的下标进行越界检查，是为了以确保数据的安全。

通过下标访问数组元素，就如同使用变量一样。数组元素形式如下：

arrayName[index1][[]...]

其中：

index1 是数组一个维上的下标。

对于每一个实例化的数组，都有一个长度属性，用 length 表示，length 的值取决于数组在这个维上的元素个数。length 的值随着 new 运算符实例化指定的大小而定。

例如：

```
int      count[]   =   new int [10];
char[][]   ch      =   new char [3][5];
Point[] dot        =   new Point[6];
float[]   fNum     =   new float [20];
```

数组 count 的元素有：count[0], count[1], ..., count[9];
数组 ch 的元素有：ch[0][0], ch[0][1], ..., ch[2][4];
数组 dot 的元素有：dot[0], dot[1], ..., dot[5];
数组 fNum 的元素有：fNum[0], fNum[1], ..., fNum[19]。

这三个数组的 length 属性值分别为：

count.length=10
ch.length=3
dot.length=6
fNum.length=20
ch[0].length=5，ch[1].length=5，ch[2].length=5

在例子中， ch 是二维的 char 类型数组。ch.length 是指 ch 的第一维 length 属性，而 ch[0]~ch[2]三个元素也有 length 属性，它们都是有 5 个元素的一维数组。所以 ch[0].length、ch[1].length 和 ch[2].length 都为 5。

在声明数组时，也可以用“数据列表”来初始化数组，其形式如下：

type arrayName[] = {value1, value2, ... , valueN};

其中：

value1~valueN 是初始化的值。这些值是放在“{}”中用“,”分隔的“数据列表”。

在 Java 语言中，放在“{}”中的“数据列表”就是一个实例化的数组。即“{}”的“数据列表”不仅占有了存储空间，还分别给数组元素赋了值。

当创建一个数组时，每个元素都被初始化。所有变量的初始化(包括数组元素)是保证系统安全的基础，变量绝不能在未初始化状态使用。

例 3.11 String 类型的一维数组初始化例子。

```
String[] colors = { "Red", "Green", "Blue" };
```

其结果与下列代码等同：

```
String[] colors = new String [3];
colors [0] = "Red";
colors [1] = "Green";
colors [2] = "Blue";
```

例 3.12 给数组赋值后，再将其打印出来。

```
/**
    源程序：ArrayRefer.java
*/
public class ArrayRefer{
    public static void main(String args[]){
        int arrayA[] = new int [5];
        System.out.println("Initial value:");
        for ( int i=0; i<arrayA[].length; i++){
            System.out.println("arrayA["+ i + "] = " + arrayA[i]);
        }
        for ( int i=0; i<arrayA.length; i++){
            arrayA[i] = i;
        }
        System.out.println("Refresh value:");
            for ( int i=0; i<array.length; i++){
            System.out.println("arrayA["+ i + "] = " + arrayA[i]);
        }
    }
}
```

运行程序：

```
java ArrayRefer
```

结果为：

```
Initial value:
arrayA[0] = 0
arrayA[1] = 0
arrayA[2] = 0
arrayA[3] = 0
arrayA[4] = 0
Refresh value:
arrayA[0] = 0
arrayA[1] = 1
arrayA[2] = 2
arrayA[3] = 3
arrayA[4] = 4
```

例子中的前一个 for 循环打印输出了数组实例化后的初始化值情况，而最后一个 for 循环则是打印输出重新赋值后的情况。

例 3.13　求 Fibonacci 数列。可表达为：f[1]=f[2]=1，f[n]=f[n-1]+f[n-2]，其中，n>=3。

```
/**
   源程序：Fibonacci.java
*/
pubic class Fibonacci{
    public static void main(String args[]){
        int fib[] = new int [10];
        fib[0] = 1;
        fib[1] = 1;
        for (int i = 2; i<10; i++){
            fib[i] = fib[i-1] + fib[i-2];
        }
        for (int i = 1; i <= 10; i++){
            System.out.println("Fib[" + i + "] = " + fib[i-1]);
        }
    }
}
```

运行程序：

```
java   Fibonacci
```

结果为：

```
Fib[1] = 1
Fib[2] = 1
Fib[3] = 2
Fib[4] = 3
Fib[5] = 5
Fib[6] = 8
Fib[7] = 13
Fib[8] = 21
Fib[9] = 34
Fib[10] = 55
```

3.5.3　多维数组

Java 编程语言没有提供多维数组。它是通过创建数组的数组(和数组的数组的数组)。如下例所示创建的二维数组：

```
int[][] twoDimen = new int [3][];
twoDimen[0] = new int[2];
```

```
twoDimen[1] = new int[2];
```

例中首次调用 new 而创建的对象是第一维的数组，它包含 3 个元素，每个元素对 int 类型的元素都是一个 null 引用，所以还需要对这一维上的数组元素分别初始化。

虽然在声明数组的格式中，允许方括号在数组名的左边或者右边，但这种方式不适合数组句法的其他部分。例如: new int [][3]是非法的。所以必须首先将低位维初始化，再能对它后面的各位依次初始化。如上所示例子。

利用对每维元素的分步初始化，可以创建非矩形数组的数组。也就是说，twoDimen 的元素可按如下方式初始化：

```
twoDimen[0] = new int [3]
twoDimen[1] = new int [6];
twoDimen[2] = new int [9];
```

虽然创建非矩阵数组具有很强的灵活性，但是创建矩形数组是最通用的形式。

3.5.4 字符串

字符串是一串字符组成的数据，并用""包括起来。字符串常量是 String 类型的对象。

类 String 是 Java 语言的基础数据类型，它具有一定的特殊性。

Java 编译器在对字符串数据与其他类型数据使用“+”运算符连接操作编译时，总是首先将其他类型数据转换为字符串类型，然后再进行字符串连接。

例如：

```
int weight = 60;
String message = "The weight is " + weight;
```

在字符串"The weight is "和 int 类型变量 weight 连接时，首先将 weight 的值转换为"60"，然后再连接成："The weight is 60" 。

在应用程序 Application 编程中，main()方法有一个 String 类型的一个数组 args 参数，可以用来从控制台输入设备上接收命令行字符串参数。

在前面讨论过的 System.out.println()方法中，使用字符串连接运算符“+”，可以将各种类型变量数据转换成字符串，再打印输出来。

例如：

```
int year1=1997;
int year2=2008;
System.out.println("Year: From "+Year1+" to "+Year2+"。");
```

执行这段代码后，输出结果是：

```
Year: From 1997 to 2000。
```

其中，Year1 和 Year2 是两个整型变量，在经过转换成字符串后再连接成新的字符串，然后打印输出来。

习 题

1．在 Java 语言中，流程控制分为哪些？

2．分支语句 if-else 和 switch 在断定条件上各为何种数据类型？

3．循环语句中由哪几个部分组成，各有何作用？

4．比较 break 和 continue 语句的区别。

5．数组的声明形式有哪些，其初始化是什么含义？

6．数组的 length 属性是指什么，在多维数组中如何来获取 length 的值？

7．创建一个 2×3 的二维 int 数组，并用 1 到 6 的整数作为元素的初始值。

8．编写一个类 TestArray，它只有一个 main()方法，在该方法中，创建一个 int 类型的一维数组 sim，实现结数组 sim 的元素从小到大排序，并输出排序后数组的值。

第4章 类和对象

对象是现实世界中存在的客观实体，它具有可以描述和区分的状态和行为。在面向对象的软件世界中，对象是可以用类来描述和定义的。面向对象的设计思想反映了现实世界中具有状态和行为的实体模型。

类和对象是Java语言的核心内容。它是Java语言的基础，因为类定义了对象的所具有的包括了它的状态和行为的自然属性。类中封装对象的状态和行为，对象则是类在程序中的具体实体。

本章中将介绍类的基本元素，展示如何创建类，并运用类来创建对象、访问对象，最终实现在Java语言中类和对象概念的掌握和应用。图示将使用UML常用的形式。

理解并掌握好类和对象的概念是编写好Java程序的前提。

4.1 面向对象程序设计

面向对象程序（OOP）依照现实世界的实体的特点，把复杂的现实的事物按它们所共有的状态和行为抽象并封装成类。使现实世界中的概念在计算机程序中变成模块。它包括构造程序的特征以及组织数据和算法的机制。

面向对象程序语言有三个特征：

- ✧ 封装性；
- ✧ 多态性；
- ✧ 继承性。

这三个特征与类的概念是息息相关的。

面向对象程序设计具有许多优点。与现实世界的“对象”或者“物体”相比，编程“对象”都有自己存在共通的状态和行为。

对基于“数据”本身，而非“功能”的面向对象程序设计，从抽象的概念上分析所要处理的数据是哪些类(class)，到各类数据可进行的操作方法，都是通过各个封装好的数据模块组合起来解决问题的。

一个数据模块称为一个对象(object)，它是抽象出来的某个类(class)的一个实例。类就是一个引用数据类型，对象则是这个引用数据类型的变量。对象就是经过实例化的实体的引用。

类的变量描述对象的属性，类的方法体现对象的行为。封装在类中的这些数据的变量和方法，为对象的创建提供了模板。利用这个模板实例化就可以创建一个或多个对象。

对象之间的交互作用是通过对象的消息机制实现的。所谓消息是对象对自身方法的访问，一个消息的产生就是一个对象方法的调用。

面向对象的软件是由许多的类建立起来的。每个类描述了其内部所含数据及操作方法。把代表对对象操作方式的信息，通过消息机制传送给所要访问的对象，建立对象之间的交互。

在 Java 语言中，类和对象是面向对象程序设计中的基本概念，也是面向对象程序设计中编程方法的基础。类就是 Java 的执行单位，Java 运行的就是 Java 类本身。

面向对象工具以及丰富的开发支持库，使开发过程变得更加容易和功能强大。它更有利于快捷、廉价的实现程序开发与维护。

学好面向对象程序设计技术，既要掌握创建和使用好类和对象方法及概念，又要了解和掌握 Java 开发工具所提供的包和类库，使编程效率更高。下面将对这些概念以及实现编程的形式进行分析和讨论。

为了更好地理解和掌握面向对象概念和技术，本章会从应用角度去分析和展示所谓面向对象程序开发思想，并从应用中再回到概念上来。

4.1.1 对象

在面向对象的程序设计语言中，对象是数据及相关过程的软件实体，对象是理解面向对象技术的关键所在。对象都具有两个共同的特点：状态和行为。对对象的描述也就是对它的状态和行为的描述。

在软件中的对象是现实世界事物的模型化。用变量来表示状态，用方法来实现行为。所以，对象是数据及相关方法的软件实体。在程序中，用软件对象来代表现实世界中的实体。对象中的变量和方法用于表示实体的状态和它所能完成的行为。

例如，把某一辆汽车视为一个对象，用变量表示它的状态，诸如型号、车速、油量、颜色、载重等。用方法描述行为，诸如汽车的起动、加速、刹车、转向、换档等。

正如对汽车的操作，不用关心它的机械装置是怎么起动加速的，而只需要根据它可能的行为采取相应的操作。由对象所提供的变量和方法，就可以实现对对象的访问。其细节问题被隐藏起来。如图 4-1(b)所表示的是软件对象的示意图，图 4-1(a)为 UML 图形符号所表示的类。

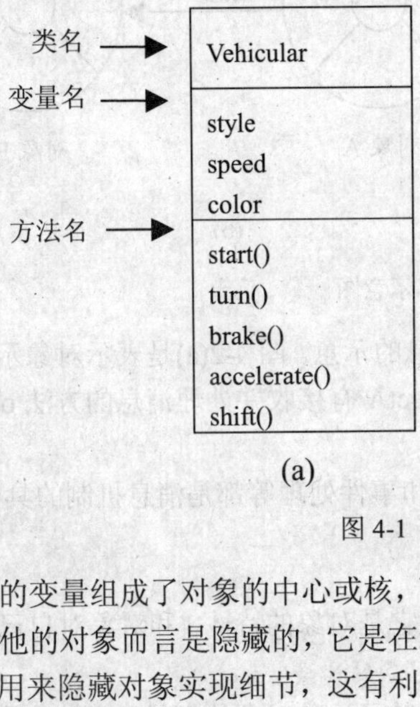

(a)

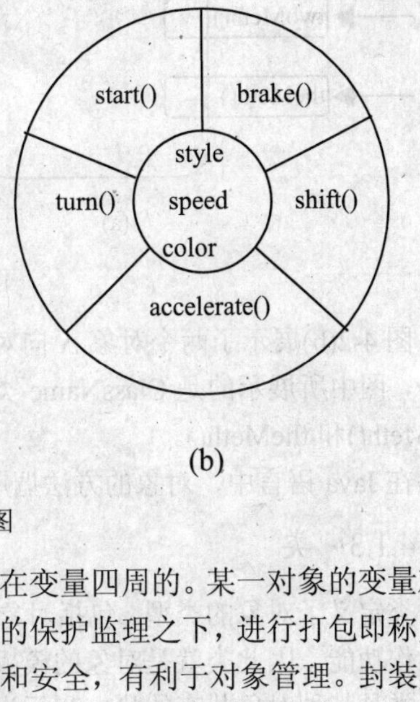

(b)

图 4-1 软件对象示意图

对象的变量组成了对象的中心或核，而方法是围绕在变量四周的。某一对象的变量对程序中的其他的对象而言是隐藏的，它是在这个对象方法的保护监理之下，进行打包即称为封装。封装用来隐藏对象实现细节，这有利于程序的移植和安全，有利于对象管理。封装具有如下优点：

✧ 把相关变量和方法封装在一个实体中，实现对象的模块化和信息的隐藏；

✧ 对象的源代码的模块化设计，使对象独立于其他对象的源代码进行编写和维护，并能很容易地在系统中使用对象；

✧ 对象既可以使用公共的接口同其他对象交互通信，也可以创建并维护对象自身私有信息和方法，在任何时候对它们的改变不会影响与其有关的对象。

4.1.2 消息

消息是软件对象之间相互作用和互相联系。对象的行为由方法来实现，消息传递是对象之间进行交互的主要方式。一个单独的对象是没有多大用途的，一个对象都是程序中许多对象中的一员，只有通过对象间的相互作用，才能完成更多更复杂的功能和行为。

消息由三个部分组成：

✧ 接收消息的对象(目标对象)；

✧ 接收者采用的方法(目标方法)；

✧ 方法所需传递的参数。

消息传递支持对象之间所有可能的相互作用。在相互之间传递消息的对象无需在同一个处理器中，甚至不在同一台机器中。例如，当对象 A 需要对象 B 完成它的一个方法时，对象 A 发送一条消息给对象 B，如图 4-2(b)所示。

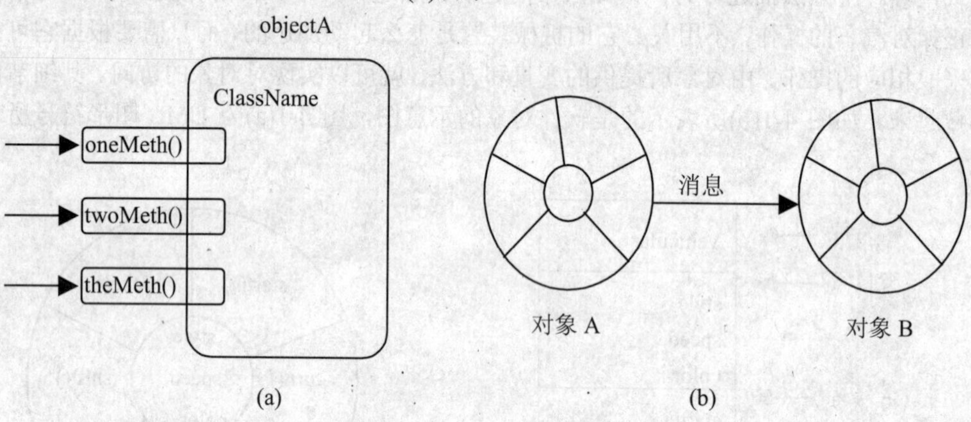

图 4-2　对象消息示意图

图 4-2(b)展示了两个对象 A 向对象 B 传递消息的示意。图 4-2(a)是表示对象示意图方式之一，图中所展示的是 ClassName 类型的对象 objectA 有接收并处理消息的方法 oneMeth()、twoMeth()和 theMeth()。

在 Java 语言中，对象的方法调用、异常处理和事件处理等都是消息机制的具体体现。

4.1.3 类

类定义了对象的类型。包括对象内部的数据，它是对象的特性，和对象对自己的数据上的操作功能。因此类就是对象的模板。

类是某种对象共有的状态和行为的原型。它封装了这种对象的变量和方法，是组成 Java

程序的基本要素。类就是对象的模板（template），而对象就是类的一个实例（instance）。既然一个对象就是一个类的实例，所以经常看到“对象”和“实例”这两个词可以互换使用。一个类可以有许多的对象，每一个对象都是这个类的一个实例，它们也就都具有相同的特征。

Java 编程语言中，类定义了对象是什么，但它本身不是一个对象。对象是以“类”(class)的形式体现的。类的两个组成元素实例“变量”和“方法”。对象变量的值是由类的每一个实例提供，即变量是在类的实例中分配存储单元的。类的对象只有实例化后，才具有可操作性。

类和对象往往容易被混淆，一定要注意到类是对象的抽象，是对象的共有的属性、状态和行为的原型；而对象是类的实例，对象是有可直接使用的变量和方法的实体，而类是实体的共性。

4.2 类的创建

类是 Java 语言的最基本概念，组成 Java 程序的基本要素。类是 Java 的执行单位，Java 运行的就是 Java 类本身。它封装了该类对象的变量和方法。

一个类包括有三个部分：
- ✧ 类声明；
- ✧ 类成员；
- ✧ 类的构造器(方法)。

类的一般格式是：

```
classDeclaration{
    classBody
}
```

其中：
classDeclaration 类声明，是由关键字 class 定义的声明。
classBody 类的体定义。包括有类的成员和类的构造器(方法)。

4.2.1 类声明

一个简单的类声明有如下格式：

```
class className  {
        ...
}
```

其中：
className 为类名，是一个合法的 Java 标识符。

实际上，类的声明中还可以有类的超类、实现的接口以及在 class 前面可使用的修饰符 public、abstract、final 等，有关这些内容，将在后面的章节中展开。

例如，声明一个员工信息名为 EmployInfo 的类。

```
public class EmployInfo {
    ...
}
```

其中：

public 是一个访问权限控制修饰符，声明的类是公共类，能在任何情况下被访问。

EmployInfo 是类名，是一种类型对象的类型名。

4.2.2 类体定义

在类的定义中，类的体分为两个部分，一个是类的成员，另一个是类的构造器(或叫构造方法)。

类的成员又包括有成员变量和成员方法，它们统称为类的成员。一般而言，变量在方法前面声明。它们定义形式如下：

```
classDeclaration {
    memberVariableDeclaration
    memberMethodDelaration
}
```

其中：

memberVariableDeclaration 为成员变量声明；

memberMethodDelaration 为成员方法声明。

1. 成员变量

成员变量是在类中创建的，不是在方法中创建的，它的作用域在类中是全局的，是能够被类中所有方法所访问。其声明格式为：

```
<type> variableList = initialValue;
```

其中：

type 表示的是变量的数据类型，既可以是简单类型，也可以是引用类型。

variableList 为变量名表，可以用逗号分隔开来同时定义多个同类型的变量。在同一个类中是不允许两个成员变量同名，但可以有某个变量与方法名同。

initialValue 为成员变量的初始化值。JVM 会给成员变量赋初始值，其自动赋的初始化值参照表 2-6 所示，对于简单类型变量赋值为 0，字符类型变量赋值为'\0000'，布尔型变量赋值为 false。而对于引用类型则赋值为 null。成员变量在定义时没有赋初始值，

例如：成员变量与方法同名。

```
class CirleArea {
    int    radius = 10;
    float  area;
```

```
    void area(){
        ...
    }
}
```

其中：

radius，*area* 是成员变量，它们在创建时有初始化值 0 和 0.0f。由于变量 radius 在声明是时赋初值 10，所以 radius 变量的值又改写为 10。；

*area()*是成员方法，它与成员变量 area 同名，这在 Java 语言中是允许的。

成员变量的定义还有许多可以加上的修饰符，用于声明成员变量的访问控制权限和使用限制。

用于类的成员访问控制权限的修饰符有 public、protected、private 等，使用限制的修饰符有 final、abstract、static、transient、volatile 等。有关访问控制修饰符的使用将在后面章节中讨论。首先讨论 final 修饰符的成员变量。

使用修饰符 final 修饰的变量就像常量一样地使用，称其为常量符号。常量符号数据只能读取，不能改变。通常常量符号标识符全用大写字母，单词间用“_”分隔。

例 4.1 常量符号与非 final 修饰的变量定义。

```
/**
  源程序：MyDate.java
*/
class MyDate {
    int month = 6;
    int day = 7;
    int year = 2008;
    int week = 6;
    final int MAX_MONTH = 12;
    final int MAX_DAY = 31;
    final int MAX_WEEK = 7;
}
```

其中：

month，*day*，*year*，*week* 是类 MyDate 的非 final 修饰的成员变量，其值可以更改。在创建时 JVM 赋有初始化值都为 0，由于赋初值又分别更改为 6，7，2008，6。

MAX_MONTH,MAX_DAY,MAX_WEEK 则是由 final 修饰的常量符号，其值不可更改。在创建时分别赋初值为 12，31，7。

2．成员方法

方法的创建分为二个部分，一个是方法声明，另一个是方法体。其格式为：

```
methodDeclaration{
        methodBody
```

```
    }
```

其中：

methodDeclaration 是方法的声明部分，它包括有方法返回的数据类型、方法名和参数这三个基本内容；

methodBody 是方法体部分，它由语句所组成，完成各种功能处理。

① 方法声明

方法声明包括方法返回的数据类型、方法名和参数表列三个基本内容，实际上在方法声明中还可以有方法的访问控制权限和使用限制等修饰符；其格式如下：

```
returnType methodName(type1 var1 [,type2 var2 ...]){
        ...
}
```

其中：

returnType 是方法返回的数据类型，它可以是 Java 语言中任意数据类型；

methodName 是方法名，它是合法的 Java 标识符；

*type1 var1 [,type2 var2 ...]*则是方法参数列表中的参数，称为形式参数，简称为形参，它指示调用方法时所需要传递的数据数量和类型。

例如：比较两个数，求其最大的值。

```
int getMax(int a, int b){
        return a>b?a:b;
}
```

其中：

int 是方法返回的数据类型。当方法调用结束后返回一个 int 类型的数据；

getMax 是方法名，它是对象调用时所访问的代码标识；

a，*b* 是方法的形式参数，它们都是整型类型，在调用该方法时所需要传递的数据都是 int 类型；

return a>b?a:b 是方法返回的数据。

② 方法体

方法体是对象行为的实现。方法体是由语句组成，它包括有：

- ✧ 局部变量声明语句；
- ✧ 赋值语句；
- ✧ 流程控制语句；
- ✧ 异常处理语句；
- ✧ return 语句。

在方法中，可以创建自身的局部变量，所以在方法中可访问的变量有：

- ✧ 成员变量；
- ✧ 形式参数；

✧ 局部变量。

在方法中，成员变量可以通过使用 this 访问。如果方法中的局部变量不与成员变量同名时，可以省略 this；如果有同名情况时则必须使用 this 来指示成员变量，否则对该标识符访问的就是局部变量，成员变量被局部变量隐藏了。

例 4.2 成员变量与局部变量同名与不同名的访问。

```
/**
    源程序：VariableCovert.java
*/
class VariableCovert{
      int globalV;
      int varCov;
      void setData(int global, int varCov){
            globalV = global;
            this.varCov = varCov;
      }
}
```

其中：

globalV，*varCov* 都是成员变量，并在类中是全局变量；

*setData(int，int)*是成员方法，它有两个 int 类型参数，其中 varCov 与成员变量同名；

globalV = global 是将参数 global 的值赋给成员变量 globalV，由于它们并不同名，成员变量 globalV 可直接访问；

this.varCov = varCov 则由于参数名与成员变量同名，所以访问成员变量 varCov 时必须加 this 以指明是成员变量，而不加 this 的 varCov 则是局部变量名；

void 是方法返回的数据类型。因为 void 类型表示方法在返回时不返回数据，所以在方法体中没有 return 语句。

③ 方法参数数据传递

在方法的调用中，通过参数实现数据的传递。这也是对象之间消息所带的数据。根据方法的形式参数的数据类型不同，实际参数与形式参数传递数据也有所不同。

在 Java 语言中，方法调用的参数数据传递总是值传递，即实际参数对形式参数的单向数据传递，形式参数的值的改变不会影响实际参数的值。下面针对形式参数的数据类型的两种情况讨论。

✧ 形式参数是简单类型

在方法调用时，实际参数将其存储单元的数据赋值给形式参数。当方法调用结束返回时，无论形式参数的值发生什么的变化都不会影响实际参数的值。

✧ 形式参数是引用类型

在方法调用时，同样实际参数将其数据传递给形式参数，但是，这个数据不再是简单的数值而是一个存储单元的地址，即传递的是实际参数的引用。当方法调用结束返回时，无论如何改变形式参数的引用都是不会改变实际参数的引用，但是是否会影响实际参数引用空间中的变量的值，则要分成两种情况来讨论。

第一种情况：在方法中，引用类型的参数没有发生引用的改变，则形式参数对引用中的变量值改变自然会影响到实际参数引用中变量的值。

第二种情况：在方法中，引用类型的参数发生了引用改变，它就不再对实际参数引用空间变量进行操作，则该引用类型的参数无论再做任何处理都不会再对实际参数引用空间的变量产生影响。

例 4.3 方法参数数据传递情况演示。

```
/**
    源程序：DataTransitiveEx.java
*/
public class DataTransitiveEx{
        public static void main(String[] args){
            Point test = new Point();
            Point result = new Point();
            result.x = 1;
            result.y = 2;
            test.setData(result);
            System.out.println("Call the setData()");
            System.out.println("result.x = " + result.x);
            System.out.println("result.y = " + result.y);
            test.setRefer(result);
            System.out.println("Call the setRefer()");
            System.out.println("result.x = " + result.x);
            System.out.println("result.y = " + result.y);
        }
}
class Point{
        int x, y;
        void setData(Point p){
            p.x = 10;
            p.y = 20;
        }
        void setRefer(Point p){
            p = new Point();
            p.x = 100;
            p.y = 200;
```

```
    }
}
```

运行程序：

```
java   DataTransitiveEx
```

结果为：

```
Call the setData()
result.x = 10
result.y = 20
Call the setRefer()
result.x = 10
result.y = 20
```

其中：

*setData(Point)*方法是类 Point 中的成员方法，其形式参数类型是一个引用类型，在该方法中由于参数 p 引用没有发生改变，所以 p 对其变量 x，y 的值改变会影响实际参数 result。

*setRefer(Point)*方法也是类 Point 中的成员方法，形式参数类型同样是引用类型，在该方法中由于参数 p 引用发生了改变，所以 p 对其变量 x，y 的值改变不会影响实际参数 result。

例 4.4 方法调用情况示例。

```
/**
    源程序：CallMethodTest.java
*/
class Location {
    int x, y;
}
class Point {
    int x, y;
    Point() {
        x = 20;
        y = 30;
    }
    void getData(int xValue, int yValue) {
        xValue = 100;
        yValue = 200;
    }
    void getLocation(Location locRef) {
        locRef.x = x;
```

```
            locRef.y = y;
        }
    }
    public class CallMethodTest {
        public static void main(String[] args){
          Point p = new Point();
          System.out.println("Object p's value:");
          System.out.println("p.x = " + p.x +"    p.y = " + p.y);
          int xVal = -1, yVal = -1;
          p.getData(xVal,yVal);
          System.out.println("Pass by value:");
          System.out.println("xVal = " + xVal +"    yVal = " + yVal);
          Location loc = new Location();
          p.getLocation(loc);
          System.out.println("Pass by reference:");
          System.out.println("xVal = " + loc.x + "    yVal = " +loc.y);
        }
    }
```

运行程序：

```
java   CallMethodTest
```

结果为：

```
Object p's value:
p.x = 20        p.y = 30
Pass by value:
xValue = -1    yValue = -1
Pass by reference:
xValue = 20    yValue = 30
```

其中：

Location、*Point* 和 *CallMethodTest* 是程序中创建的三个类；

Location 类中有两个成员变量 x，y；

Point 类中有两个成员变量 x，y 和两个成员方法 getData()和 getLocation()；

getData(int,int) 方法参数是简单类型，在方法被调用时仅仅是由实参对应传递值给形参，在方法结束调用返回时不会影响实参的数据；

*getLocation(Location)*方法参数是引用类型，在方法被调用时，实参将其引用传递给形参，形参引用实参引用空间，因为形参在方法中修改了该空间的数据，在方法结束调用返回时，实参再引用该空间时，其数据已经发生改变；

*main()*是在 CallMethodTest 类的方法，运行时首先创建了 Point 类的实例并由对象 p 引用，输出对象 p 的数据就是由实例创建时得到的数据；

在对象 p 调用 getData(int,int)方法时，因为参数是简单类型，虽然形参值发生了改变，但是返回到方法 main()时，实参 xValue 和 yValue 值不变；

在对象 p 调用 getLocation(Location)时，因为参数是引用类型，实参传递其引用给形参，在方法中，形参对引用的数据进行赋值，当方法结束返回到 main()时，结果实参 loc 引用的空间数据 x 和 y 发生改变。

④ 方法返回数据类型及 return 语句

在方法声明中，方法返回的数据类型分为两种：void 和非 void 类型。

✧ void 为无类型，表示方法不返回数据。

因为 void 类型的方法不返回数据，所以在方法体中可以没有 return 语句。如果该方法中有 return 语句，则 return 语句不能带表达式。

✧ 非 void 类型，表示方法返回时将返回某种数据类型。

因为非 void 类型的方法要返回数据，所以在方法体中必须有 return 语句，且 return 语句带表达式，该表达式的值类型要与方法返回的数据类型相容。

4.3 方法过载

方法过载也可以称为方法重载。它是指在一个类中有多个方法同名。方法过载是 Java 面向对象程序设计的多态性的一种表现。

方法过载的方法它们具有相同的方法名，但是它们的参数必须不同。对于方法的参数不同是从两个方面来区分的：

✧ 参数的数量。当两个方法的参数数量不同时，它们可以构成方法过载；

✧ 参数的对应数据类型。当方法参数数量相同时，则必须相对应的参数数据类型中至少有一个不同，它们可以构成方法过载。

方法过载中哪个方法被调用，则由调用时它们所带参数的数量和类型相匹配来确定。这是由于 Java 编译器根据方法参数的数量和类型来决定所使用的方法。过载的多个方法可以有相同返回数据类型，也可以有不同返回的数据类型。

例如：下面同名的方法 setData()可以和不可以构成方法过载的情况。

```
1．void setData(int x, int y)
2．void setData(int a, int b)        //不合法：参数同
3．void setData(int s)               //合法
4．void setData(float x, int y)      //合法
5．void setData(int x, float y)      //合法
```

其中：

第 1 个方法与第 2 个方法参数数量相同，且对应的类型也相同，它不能与第 1 个构造

方法过载；

第 3 个方法参数只有 1 个，与其他方法参数不同，可以构成方法过载；

第 4 个方法，虽然数量与第 1 个相同，但是其对应类型不同，可以构成方法过载；

第 5 个方法，也为两个参数，但是其参数与其他对应类型不同，也可以构成方法过载。

例 4.5 方法过载示例。

```
/**
    源程序：MethodOverLoadTest.java
*/
class MethodOverLoad {
    void receive(int i)    {
        System.out.println("Receive one int data");
        System.out.println("i = "+i);
    }
    void receive(int x, int y) {
        System.out.println("Receive two int datas");
        System.out.println("x = " + x + "      y = " + y);
    }
    void receive(double d) {
        System.out.println("Receive one double data");
        System.out.println("d = " + d);
    }
    void receive(String s) {
        System.out.println("Receive a string");
        System.out.println("s = " + s);
    }
}
public class MethodOverLoadTest {
    public static void main(String args[])    {
        MethodOverLoad mo = new MethodOverLoad ();
        mo.receive(1);
        mo.receive(2,3);
        mo.receive(3.14159);
        mo.receive("Very interesting, isn't it?");
    }
}
```

运行程序：

```
java MethodOverLoadingTest
```

结果为：

```
Receive one int data
i = 1
Receive two int datas
x = 2     y = 3
Receive one doublet data
d = 3.14159
Receive a string
s = Very interesting, isn't it?
```

该例中，类 MethodOverLoad 有四个 receive()方法，由于它们参数不同，而构成了方法的过载。在 main()中，MethodOverLoad 类的对象 mo 分别对这四个过载方法调用，由调用方法时参数不同来区别所调用的方法是那个。

上例演示了方法过载的创建及调用情况，其运行结果反映了调用不同方法所得到的结果。

4.4 类的构造方法

每一类都有自己的构造方法，或者称为类的构造器。构造方法是用来创建一个类的实例的。

类的构造方法具有如下特点和作用：

- ✧ 构造方法是用类名作构造方法名；
- ✧ 构造方法同其他方法一样具有参数和语句体，但是没有返回类型的声明。如果有返回类型声明，则此方法就再不是构造方法，而成为一个一般的成员方法；
- ✧ 构造方法不是类的成员方法，所以不能用对象调用它。
- ✧ 构造方法的调用是由 new 运算符实现；
- ✧ 构造方法返回的是这个类的实例的引用；
- ✧ 构造方法中的语句实现对成员变量的初始化；
- ✧ 构造方法也存在方法过载。一个类可以有多个构造方法，而形成构造方法的过载；
- ✧ 构造方法之间的相互调用，可以通过 this()形式调用。

类的构造方法又可以分为两种：默认构造方法和非默认构造方法。

- ✧ 默认构造方法是指不带参数的构造方法，该方法可以有语句，也可以没有语句；
- ✧ 非默认构造方法是指带参数的构造方法。

类创建时没有创建构造方法，则在编译时系统自动为该类添加一个没有语句的默认构造方法，即没有创建构造方法的类可以直接使用默认构造方法。

类创建时如果有任何构造方法被创建，则在编译时系统不再为该类创建默认构造方法。即创建了构造方法的类，不再自动有一个默认的构造方法，或者说默认构造方法失效，除非创建一个不带参数的构造方法。

例 4.6 构造方法示例。

```
/**
   源程序：ConstructionMethod.java
*/
class ConstructionMethod{
    int a, b, c;
    ConstructionMethod(int x, int y, int z){
        a = x;
        b = y;
        c = z;
    }
    ConstructionMethod(int x, int y){
        this(x, y, 10);
    }
    ConstructionMethod(int x){
        this(x,10);
    }
}
class DefaultMethod{
    int x, y, z;
    void setData(int a, int b, int c){
        x = a;
        y = b;
        z = c;
    }
}
```

其中：

在类 ConstructionMethod 中有三个构造方法，它们构成了构造方法的方法过载。在构造方法中使用 this()可以调用其他的构造方法。由于该类中已经创建了构造方法，所以默认构造方法失效，即不能使用不带参数的构造方法。

```
ConstructionMethod cm = new ConstructionMethod();
```

该语句在编译时，将会报错，这是由于不存在这样的构造方法。

在类 ConstructionMethod 中，如果要使用默认构造方法，则必须创建这个不带参数的构造方法。

在类 DefaultMethod 中没有创建构造方法，在编译时系统会添加默认构造方法，即可以使用不带参数且没有语句的默认构造方法。

```
DefaultMethod dm = new DefaultMethod();
```

该语句在编译时，不会报错，由于有这样的构造方法可以调用。

类的成员变量是如何初始化的？在成员变量创建时，它具有初始化的缺省值；在声明成员变量时赋值创建的构造方法中，对类的成员变量作初始化处理。由于类的实例创建、成员变量声明赋初值以及调用构造方法时都可以进行成员变量的初始化处理。那么成员变量的初始化是如何进行的？

在类的成员变量初始化中，可以分为三个步骤：

① 首先是创建成员变量分配存储空间时，赋上一个缺省的初值，如表 4-1 所示；

表 4-1 成员变量初始化的默认值

类型	值
byte	0
short	0
int	0
long	0L
float	0.0f
double	0.0d
char	'\u0000'
boolean	false
引用类型	null

② 在成员变量声明时赋的初值；

③ 在创建实例时，调用构造方法中的语句所赋值。

例 4.7 成员变量赋初值示例。

```
class VaraibleInit{
    int x = 10;
    int y = 20;
    VariableInit(int a, int b){
        x = a;
        y = b;
    }
}
public class VariableInitTest{
  public static void main(String[] args){
    VaraibleInit vi = new VariableInit(100,200);
    System.out.println("The object vi's value is ("+ vi.x + ", " + vi.y + ")");
```

```
    }
}
```

运行程序：

java VariableInitTest

结果为：

The object vi's value is (100, 200)

在 main()中，创建对象 vi 的语句：

VaraibleInit vi = new VariableInit(100,200);

首先声明对象 vi：

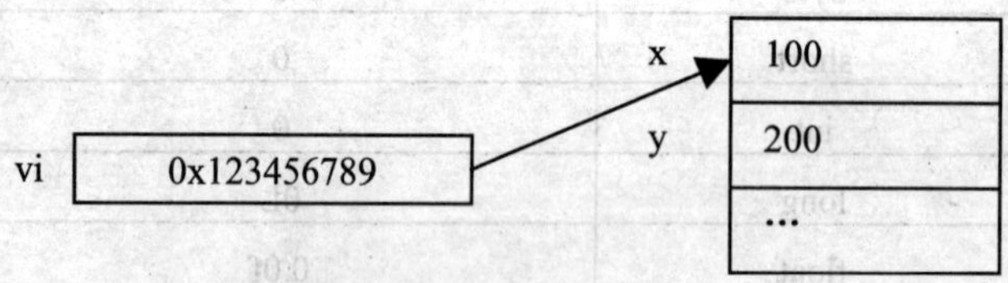

4.5 类成员和实例成员

类成员是指由 static 修饰的成员，也可以称为静态成员，它属于类而不属于对象。

实例成员是指没有用 static 修饰的成员，它是由对象引用类的实例的成员，它属于对象，为每一个对象所独有。

4.5.1 类成员

类成员由于有 statice 修饰，它在编译时就有了确定的存储空间，在运行时不会再分配存储，即类一旦装载，类成员就存在了。

类成员的访问由类名直接实施，其形式为：

<类名>.<类成员名>

类成员也是可以通过该类的对象来访问类成员的。

1. 类变量

用 static 修饰的成员变量称为类变量。它在编译时就有了确定的存储空间，一旦类装载则类变量就通过类名访问，不需要创建对该类实例的引用对象就可以访问。它为类所有，与对象无关，即可以为所有该类的对象所共有。

例如：类变量创建示例。

```
class ClassVariable{
    static int a, b;
```

```
    }
```

其中，成员变量 a，b 就是类变量，它们可以用类名访问：

```
ClassVariable.a = 10;
ClassVariable.b = 20;
```

在 Java 语言中，没有像 C/C++中有全局变量，但是它可以利用类变量实现多个对象的数据共享。

2．类方法

用 static 修饰的方法称为类方法。同类变量一样，类方法不需要创建类的实例就可以用类名直接访问。类方法主要用在不需要创建特定对象时就能访问的情况。

由于类方法在编译时就能确定它所占用存储空间，所以在类方法中，能够直接访问类中的类成员，但是不能直接访问非类成员，即不能直接访问类的实例成员。如果要在类方法中访问实例成员，则必须首先创建类的实例，通过对实例引用的对象来访问这些成员。

例如：类方法创建示例。

```
class ClassMethod{
    static int a, b;
    static int getMax(int x, int y){
        return x>y ? x : y;
    }
}
```

其中，成员方法 getMax()就是类方法，它们可以用类名访问：

```
int max = ClassMethod.getMax(10, 30);
```

类 ClassMethod 调用它的类方法 getMax()，返回的值赋值给变量 max。

4.5.2 实例成员

实例成员是没有用 statice 修饰的成员，它在程序运行中动态创建存储空间的，随着类的实例创建而实例化，所以称为实例成员。

实例成员的访问由实例引用的对象名或者实例访问，其形式为：

<对象名>.<实例成员名>

实例成员不能由该类的类名访问。

1．实例变量

没有 static 修饰的成员变量，称为实例变量。实例变量是在程序运行中动态创建其存储空间，每一个对实例引用的对象都独自占有它的实例变量。

例如：实例变量创建示例。

```
class InstanceVariable{
    int a, b;
}
```

其中，成员变量 a，b 就是实例变量，它们用对象名访问：

```
InstanceVariable    iv = new InstanceVariable();
iv.a = 10;
iv.b = 20;
```

对象 iv 独自对其变量 a，b 访问。

2．实例方法

没有 static 修饰的方法称为实例方法。由于实例方法是在程序运行中，创建类的实例时动态得到存储空间，所以该方法称为实例方法。

对实例方法的访问总是在创建类的实例后才访问的，所以在实例方法中，能够对类的所有成员直接访问。

例如：实例方法创建示例。

```
class InstanceMethod{
    int a, b;
    int getMax(){
        return a>b ? a : b;
    }
}
```

其中，成员方法 getMax()是实例方法，在该方法中对类的实例变量 a，b 访问。

例 4.8 类成员和实例成员示例。

```
/**
    源程序：ClassInstMember.java
*/
class ClassInstMember {
    static int classVar ;           //类成员变量 classVar
        int instVar;                //实例成员变量 instVar
    void setData(int c, int i){     //实例方法
        classVar = c;
        instVar = i;
    }
    static int getData(){           //类方法
        //在类方法中，直接访问的成员只能是类成员 classVar。
        classVar = 10;
        //如果要访问实例成员，则必须通过实例访问(对象访问)。
        ClassInstMember cim = new ClassInstMember();
        return    cim.instVar + classVar;
    }
}
```

其中：

在类 ClassInstMember 中有两个成员变量和两个成员方法；

classVar 和 *getData()*是类成员；

instVar 和 *setData()*是实例成员；

在类方法 getData()中，可以直接访问类变量 classVar。实例变量 instVar 则必须通过引用类 ClassInstMember 实例的对象 cim 访问。

类变量与实例变量除访问方式不同外，还要注意：

- ✧ 类变量是所有该类的对象共享的，所有该类的实例共享了类变量；
- ✧ 实例变量则只为某个对象独有。

例如：类变量和实例变量数据使用情况示例。

```
ClassInstMember   cim1 = new ClassInstMember();
ClassInstMember   cim2 = new ClassInstMember();
```

在创建对象 cim1 和 cim2 时，它们的变量都有一个初始化的值：

```
cim1.classVar = 0   cim1.instVar = 0
cim2.classVar = 0   cim2.instVar = 0
```

当对象 cim2 分别对类变量和实例变量赋值后，对对象 cim1 所产生的影响如下：

```
cim2.classVar = 110;
cim2.instVar = 220;
```

则对象 cim1 的变量值：

✧ 这是由于变量 classVar 是类变量，为所有对象所共享，它们的值都相同；

```
cim1.classVar = cim2.classVar
cim1.classVar = 110
```

✧ 变量 instVar 是实例变量，只为单个对象所独有，对象 cim1 的 instVar 值不受对象 cim2 的 instVar 影响，仍然为 0。

```
cim1.instVar != cim2.instVar
cim1.instVar = 0
```

类的完整定义形式中还包括有访问控制符和非访问控制符，如表 4-1 所示修饰符。

表 4-1　控制修饰符

类型	修饰符	说明
访问控制	public	公共成员，用于类的成员
	protected	保护成员，用于类的成员
	private	私有成员，用于类的成员

（续表）

类型	修饰符	说明
非访问控制	public	公共，用于类和接口
	abstract	抽象，用于类和方法
	final	终结，用于类、变量和方法
	static	静态，用于类的成员
	transient	临时，用于类的变量
	volatile	可变，用于类的变量
	native	本地的，用于本地的其他程序
	synchronized	同步，用于线程同步
	throws	抛出，用于方法声明异常

在类定义中，还涉及到有关超类，子类，接口，线程等概念内容，这些将在后面的章节中讲述。

4.6 对 象

经常使用到对象这个名词是与类不可分隔的两个基本概念。对象是类的实例，对象变量是对类的实例引用，类为对象的创建提供了“模板”。

对象实例的引用可分为三个阶段，即创建、使用和回收。

一个声明的对象必须对实例引用，实例的创建是通过使用 new 运算符调用构造方法得到。对象对实例的引用称为对象的实例化。

声明一个对象就是创建一个变量，其标识符的存储单元保存对类的实例引用的地址。所以通过对象的操作实现访问实例化的成员。

多个对象通过消息传递进行交互，实现任务处理。所谓消息传递是指激活指定的某个对象的方法，即对象调用其方法，以改变它的状态或使其产生一定的动作。

Java 的 JVM 会自动地对不再被对象引用的实例存储空间进行内存垃圾搜集和清除，从而为系统节省开销。

4.6.1 对象创建

对象创建是声明的对象对类的实例引用，它包含有三个方面的内容：对象的声明、类的实例创建和对象对实例引用。其格式为：

<type> objectName = new <type>([parameterList]);

其中:

*<type>*是类名；

type objectName 是对象的声明，说明了对象 objectName 是类<type>类型的对象，对象名就是一个变量标识符；

*new type([parameterList])*是使用 new 运算符调用类的构造方法，创建类的实例的存储空间；

= 运算符将实例化的存储空间地址赋值给 objectName 对象，即对象 objectName 对实例引用。

例如在例 4.9 中所示，对象 date 创建包含有对象 date 声明、创建的实例 new MyDate()和对象 date 对实例引用“=”。

例 4.9 日期类的创建和使用示例。

```
/**
    源程序：MyDateTest.java
*/
class MyDate {
    int year;
    int month;
    int day;
}
public class MyDateTest{
    public static void main(String[] args){
        MyDate date = new MyDate();
        date.year = 2008;
        date.month = 8;
        date.day = 8;
        System.out.println("The day is " + date.year
                            + "-"+ date.month + "-"+ date.day);

    }
}
```

运行程序：

java MyDateTest

结果为：

The day is 2008-8-8

4.6.2 对象使用

对象实例化后就可以实现了对对象的使用。对象使用是由对象通过运算符. 对引用的实例成员变量和方法的访问。通过对象对变量和方法的访问，实现了对象的行动。由成员访问权限修饰符限定，允许或禁止对象对它的访问。

例 4.10 对象使用示例。

```
/**
```

```
    源程序：TestPoint.java
    */
class Point {
    int x, y;
    String name = "A point";
    Point(){
        x = 0;
        y = 0;
        name = "";
    }
    Point(int x, int y, String name) {
        this.x = x;
        this.y = y;
        this.name = name;
    }
    int getX(){
        return x;
    }
    int getY() {
        return y;
    }
    void move(int newX, int newY) {
        x = newX;
        y = newY;
    }
    Point newPoint(String name) {
        Point newP = new Point(-x,-y,name);
        return newP;
    }
    boolean equal(int x, int y) {
        if (this.x == x && this.y == y)
            return true;
        else
            return false;
    }
    void print(){
        System.out.println(name + " : x = " + x + "    y = " + y);
    }
}
```

```
public class TestPoint {
    public static void main(String args[]) {
        Point p = new Point();
        p.print();
        p.move(50,50);
        System.out.println(" * * after    moving * * ");
        System.out.println(" Get    x and y    directly ");
        System.out.println("      x = "+p.x+"      y = "+p.y);
        System.out.println(" or Get x and y by calling method");
        System.out.println("      x = "+p.getX()+"      y = "+p.getY());
        if (p.equal(50,50)){
            System.out.println("I like this point! ! ! !");
        }else{
            System.out.println("I hate it! ! ! !");
        }
        p.newPoint("A new point : ").print();
        new Point(10,15,"Another new point").print();
    }
}
```

运行程序：

```
java TestPoint
```

结果为：

```
A point : x = 0      y = 0
* * after    moving * *
Get    x and y    directly
x = 50      y = 50
or Get x and y by calling method
x = 50      y = 50
I like this point! ! ! !
A new point : x = -50    y = -50
Another new point : x = 10    y = 15
```

其中：

Point 类有成员变量 x，y 和 name、成员方法 getX()，getY()，move()，newPoint()，equal()，print()；Point 类中有两个构造方法，一个不带参数，另一个带有三个参数。

TestPoint 类中 main()方法，创建了对象 p，通过 p 对成员的访问，实现了对其成员变量的赋值、输出等。

1．对象对变量的访问

对象是由·运算符对成员访问的。

对象访问变量的格式是：

objectReference.variable

其中：

objectReference 是对象名，或为类的一个实例；

variable 是成员变量名。

*newPoint()*方法返回值是一个 Point 类型的实例。在该方法中，使用带参数的构造方法创建了一个 Point 类的实例，并作为方法的返回值。

*equal()*方法由是对对象的变量 x，y 的值与参数的 x，y 的值比较是否相同，相同则返回 true，否则返回 false。

*print()*方法输出成员变量 name，x，y 组成的字符串的值。

在例 4.10 中，由 Point p = new Point();语句创建对象 p 后，可以用 p.x 和 p.y 访问变量。

```
p.x=10;
p.y=20;
```

或用 new 创建实例后直接访问：

```
new Point().x = 100;
```

2．调用对象方法

对象调用对象方法的格式是：

objectReference.methodName([parameterList]);

其中：

objectReference 是对象名，或为类的一个实例；

*methodName([parameterList])*为要调用的方法。

对象 p 调用 move()方法：

```
p.move(20,30);
```

或用 new 创建实例后直接访问：

```
new Point().move(20,30);
```

例 4.11 创建一个用字符*画的矩形对象。

```
/**
· 源程序：MakeRectangle.java
*/
class Rectangle {
    int width, height;
```

```
        int area;
        public Rectangle(int w, int h){
            width = w;
            height = h;
            area = w*h;
        }
        int getArea(int w, int h){
            int area;
            area=w*h;
            return area;
        }
        public void drawRect(){
            for (int i = width; i>0; i--){
                System.out.print("*");
            }
            System.out.println();
            for (int i = height-2; i>0; i--) {
                System.out.print("*");
                for (int j = width-2; j>0; j--){
                    System.out.print(" ");
                }
                System.out.print("*\n");
            }
            for (int i = width; i>0; i--){
                System.out.print("*");
            }
            System.out.println();
        }
    }
    public class MakeRectangle {
        public static void main(String[] args){
            if(args.length == 2){
                int w=Integer.parseInt(args[0]);
                int h=Integer.parseInt(args[1]);
                Rectangle rect = new Rectangle(w,h);
                rect.drawRect();
            }else{
                System.out.println("The Parameter is illegal!");
            }
```

```
    }
}
```

运行程序：

```
java MakeRectangle 10 6
```

结果为：

```
**********
*        *
*        *
*        *
*        *
**********
```

其中：

在 main()方法中，使用 Integer 类的 parseInt()方法。

Integer 是简单类型 int 对应的类；

*parseInt(String)*方法将字符串参数转换成对应的整数数值。

由命令行参数输入的两个数据为程序提供了打印矩形图案的宽度和高度值。

4.6.3 对象清除

Java 程序运行时系统通过垃圾收集，周期性地释放不再被对象引用所占用的内存，完成对象的清除。Java 的垃圾收集器自动扫描对象的动态内存区，对被引用的对象加标记，然后把未被引用的对象作为垃圾收集起来并释放。

Java 提供系统级线程以跟踪存储区分配。在 Java 虚拟机的空闲周期，垃圾收集线程检查并释放那些可被释放的存储器。

Java 系统的这种对存储器的跟踪管理，不需要程序员编程就能自动地完成，既减少了程序员编程的困难和负担，又提高了系统的资源利用率。

在确保对象不会遗留任何需保存的信息后，Java 的内存垃圾清理程序就可以处理了。当对象不再引用，或当前的代码段不属于对象的作用域，或者把对象的引用赋值为 null，该对象就成为一个无用的对象。

垃圾收集在 Java 程序的生命周期中自动进行，它解除了取消分配存储器的要求，并避免了存储器漏洞。

4.6.4 finalize()方法

Java 在对象作为垃圾被收集前，自动调用对象从 Object 类继承来的 finalize()方法，清除自己所占用的资源。该方法声明的格式以下：

```
protected void finalize() throws throwable
```

finalize()方法是类 java.lang.Object 的成员方法。如果要在一个类中实现该方法(即覆盖了

Object 类的这个方法)以释放其占用的资源，则在该类这个方法中要调用超类的 finalize()方法，来清除其使用所占用的所有资源，包括由超类继承关系而获得的资源。

它的通常格式为：

```
protected void finalize() throws throwable{
    ...                         //clean up code for this class
    super.finalize();
}
```

其中：

*super.finalize()*是通过 super 调用它的超类的 finalize()方法。

这里所提到的 Object 类是在包 java.lang 中，它是 Java 语言的基础类。

Object 类是 Java 语言中类层次最高层的类，在 Java 语言中的其他的所有类都是 Object 类的直接或间接子类，所有其他类都可以继承 Object 类的成员。有关类库，超类，子类等继承性概念，将在后面介绍。

例 4.12 对象的垃圾回收示例。

```
1. /**
2.      源程序：TestGarbageCollect.java
3. */
4. public class TestGarbageCollect{
5.      public static void main(String[] args){
6.          Object a = new Float(12.1f);
7.          Object[] oa = new Object[1];
8.          oa[0] = a;
9.          a = null;
10.         oa[0] = null;
11.     }
12.}
```

其中：

在程序的第 6 行，创建了对象 a；第 7 行，创建了一维数组 oa，且有一个元素；在第 8 行，数组元素 oa[0]引用了对象 a 的实例；第 9 行，对象 a 赋值 null，但是它原引用的实例仍被数组元素 oa[0]引用，所以没有垃圾收集；在第 10 行，由于 oa[0]也赋值 null，原引用的实例就不再有对象使用，所以在第 10 行后系统垃圾收集原由对象 a 引用的存储空间。

习　　题

1．面向对象程序设计的三个特性是什么？

2．如何用类的成员来表示对象的属性和行为的？举例说明。

3．类的成员变量是如何获得初始化的值的？

4．方法的数据传递方式有几种，它们各有什么特点？举例说明。

5．方法过载是指什么，创建方法时如何才能方法过载？举例说明。

6．实例成员和类成员有什么不同，它们如何使用？

7．对象与类的实例是什么关系，对象的引用是指什么？举例说明。

8．对象是如何创建和使用的，又是什么情况下回收的？

9．创建一个日期类 MyDate，要求可以设置日期、增加日期以及输出日期。

10．编写一个类 ArraySort，该类有一个 int 类型的一维数组 sim 的成员变量，和一个 setOrder()的成员方法，并有一个带有一个参数的构造方法，该参数将在构造方法中为成员变量数组 sim 作初始化。方法 setOrder()不带参数也不返回值，它将成员变量数组 sim 的元素从小到大排序。

另有一个类为 TestArray，它只有一个 main()方法，在该方法中，创建 ArraySort 类的对象，并用一个 int 类型的一维数组来实例化这个对象的成员变量数组 sim。试调用这个对象的 setOrder()方法，并输出其值。

11. 创建一个类 Point，有成员变量 x, y，它们都是 int 类型。该类有四个成员方法 setX(int)、setY(int)、getPoint()和 movePoint(int,int)。setX(int)和 setY(int)方法是设置成员变量 x 和 y 的值，getPoint()方法则获得由 x, y 构成的坐标点，movePoint(int,int)带两个 int 参数，用来修改 x，y 构成的坐标点。Point 类有一个构造方法，不带参数，为 x, y 设置原点值。

另一个类为 TestPoint，有一个 main()方法，用来对 Point 类的实例进行测试。要求为其实例设置(0,0)坐标点，再移动到(10, 20)坐标点上，并输出实例调用相应的方法的结果

第 5 章　超类、子类和继承性

继承性是面向对象编程技术的最重要的基础概念之一。在面向对象的程序设计中，类的继承性允许创建分等级层次的类。在 Java 编程中，类可以继承另一个类，这个类除了创建自己的成员外，还能够继承或扩展另一个类的成员。在这个继承关系中，被继承的类叫超类（Super class）、基类（Base class）或父类（Parent class），继承的类叫继承类（Derived class）或子类（Sub class）。因此，子类是对超类的一种扩展，它可以继承超类定义的成员变量和方法，也可以隐藏或覆盖超类的成员变量和方法，并且它也有自己的成员变量和方法。

对象通过类可以实现封装，通过子类可以实现继承。例如，对于各种用途的汽车，它们都具备汽车的共性，但是，它们各自还有着自身的特点，这些特点是由汽车的子类实现。

子类继承了超类的所有变量和方法，同时又有了自身的变量和方法。通过超类和子类构成类的层次。类的层次可以从最基本的类开始，创建一系列的子类来逐步特殊化。同时通过继承实现代码重用，减少程序的复杂性。在 Java 语言中，类只支持单一继承，接口可以实现多重继承。

在 Java 语言中，所有的类都是通过直接或间接地继承 java.lang.Object 类。子类继承了超类的状态和行动，同时又可以修改超类的状态或覆盖超类的行动，并添加新的状态和行动。

5.1　继　承　性

类的继承性表现在一个类对另一个类的成员的继承，其中继承类是对被继承类的扩展，由类的声明中的关键字 extends 指明其扩展性，继承中所对应的类分别是子类和超类。其特性如下：

- ✧ 单一继承性：子类只能有一个超类，而超类可以有多个子类；
- ✧ 子类继承超类的所有成员；
- ✧ 子类可以创建自己的成员；
- ✧ 子类不能继承超类的构造器，只能在构造器中通过 super()调用超类的构造器；
- ✧ 子类的构造器首先要调用超类的构造器；
- ✧ 多态性之一：子类的成员隐藏和覆盖超类中相同的成员；
- ✧ 多态性之二：超类的对象可以对子类的实例引用；
- ✧ 由 abstract 和 final 修饰的类指示类的是否必须或不能被继承。

5.2　创 建 子 类

类的继承性是通过在创建子类时，由声明中的关键字 extends 指示对哪一个超类继承。其格式如下：

[abstract|final] class SubClassName extends SuperClassName {

```
    SubClassBody
}
```

其中：

abstract 是可选项，由它修饰的类叫抽象类，指示其对象引用的必须是其子类实例；

final 是可选项，由它修饰的类叫终结类，指示其不能被继承，不能有子类；

SubClassName 是创建的类，称为子类；

extends 是继承性的关键字，指示两个类存在的继承关系；

SuperClassName 是 SubClassName 类的超类。如果 SuperClassName 类也有一个超类，则 SuperClassName 的超类是它的子类 SubClassName 的间接超类。

在创建类时，若缺省 extends，则该类就为 Object 类的直接子类。Object 类是 Java 语言中所有类的直接或间接超类。Object 类存放在 java.lang 包中。

子类继承了超类的所有成员，这些成员就象子类创建的成员一样的使用。但是超类的构造器是不能被继承的，它是通过在子类的构造器中 super()形式调用的，并由它来对被继承的超类成员实例化。

虽然子类可以继承所有超类的状态和行为，但是因为超类中成员的访问控制，子类无法访问某些受限的成员。子类中可以访问从超类继承下来的三种访问权限设定的成员，这三种访问控制权限的修饰符是：

- ✧ public；
- ✧ protected；
- ✧ 缺省。

在超类中，由 private 修饰的访问权限的成员变量和方法，虽然被子类继承，但是子类但不能访问。有关访问权限更详细的内容，在访问控制权限的章节中介绍。

例 5.1 类 Student 对类 Person 的继承。

```
/**
    源程序：Person.java
*/
public Person{
    String name;
    char sex;
    int age;
    Person(String name, char sex, int age){
        this.name = name;
        this.sex = sex;
        tihs.age = age;
    }
    Person(){
```

```
        this("Tom",'M',16);
    }
    void setData(String name, char sex, int age){
        this.name = name;
        this.sex = sex;
        tihs.age = age;
    }
    String getData(){
        return "Name:"+name+"\tSex:"+sex+"\tAge:"+age;
    }
}
/**
    源程序：Student.java
*/
public class Student extends Person {
    String sID;
    String speciality;
    Student(){
        super();
        sID = "0000";
        speciality = "IT";
    }
    Student(String n, char s, int a, String sID, String sp){
        super(n,s,a);
        this.sID = sID;
        this.speciality = sp;
    }
    void setData(String n, char s, int a, String si, String sp){
        setData(n,s,a);
        sID = si;
        speciality = sp;
    }
    String getData(){
        return super.getData()+"\tSID:"+sID+" \tSpeciality:"+speciality;
    }
}
```

例中类 Person 有成员变量 name、sex 和 age，成员方法 setData()和 getData()，构造器有两个，其中不带参数的构造器通过 this()调用了带参数的构造器。

类 Student 是类 Person 的子类，继承了超类 Person 的三个成员变量和带有三个参数的成员方法 setData()。类 Student 创建了自己的成员变量 sID 和 speciality，带五个参数的成员方法 setData()和不带参数的成员方法 getData()，并且成员方法 getData()与超类中有同名、同参数及同返回类型方法，出现了对超类方法的覆盖。

5.3 成员变量的隐藏和方法覆盖

在子类的创建中，如果出现了与其超类中相同的成员变量，则超类中的成员变量被子类中的成员变量所隐藏。如果出现了与超类中有相同名、同参数及同返回类型的成员方法，则超类中的成员方法被子类中的成员方法所覆盖。

例 5.2 超类的成员变量被隐藏、成员方法被覆盖示例。

```
/**
    源程序：TestCovert.java
*/
class SuperClass {
    int x;
    void setX(){
        x = 10;
    }
}
class SubClass extends SuperClass {
    int x;
    void setX() {
        x = 100;
    }
    String getMessage(){
        return "super.x = "+super.x+"\tsub.x = "+x;
    }
}
public class TestCovert{
    public static void main(String[] args){
        SubClass sc = new SubClass();
        sc.setX();
        System.out.println(sc.getMessage());
    }
}
```

运行程序：

```
java    TestCovert
```

结果为：

```
super.x = 0        sub.x = 100
```

例中子类 SubClass 有与超类 SuperClass 中同名的成员变量 x 和同名、同参数和同返回类型的方法 setX()，则在子类 SubClass 中，超类成员变量 x 被隐藏，超类方法 setX()被覆盖。

例中创建的类 SubClass 对象 sc 调用的方法 setX()是子类自身所创建的，它覆盖了超类的 setX()方法，所以它对成员变量 x 的修改，只改变了子类中的成员变量 x 的值为 100，被隐藏的超类成员变量 x 值并没有改变，仍然为其缺省的构造器赋的初始化值 0。在子类中访问超类被隐藏和覆盖的变量 x 和方法 setX()时需要使用关键字 super。

子类通过成员变量的隐藏和方法的覆盖，可以把超类的状态和行为改变成自身的状态和行为。子类和超类中覆盖的方法，要具有相同的名字，相同的参数表和相同的返回类型。

子类对超类的成员隐藏和覆盖是 Java 多态性的表现之一。

5.4 null，this 和 super

Java 语言中，每个类均有三个量：

- ✧ null
- ✧ this
- ✧ super

它们具有特别的含义及用途。在 Java 语言中它们被列在关键字表中。

5.4.1 null

null 表示变量的值为“空”，用于表示对象或数组还没有相应的实例引用。例如：

```
Point pNull = null;
```

创建的 Point 类的对象 pNull 有 null 值，即对象 pNull 还没有实例引用，pNull 相当于是个“空壳”，企图对它的变量或方法访问都是不合法的。

在方法调用中，可以把 null 作为一个参数值传递给相应的对象。例如：

```
drawPoint(null);
```

5.4.2 this

this 表示对类的实例访问，它也表示了对象对该实例引用访问。

- ✧ this 在类中可以来指向成员变量，以示区别于非成员变量；
- ✧ 在类的构造器中，可以使用 this()形式对另一个构造器的调用；
- ✧ 在类的创建中，需要表示对自身的实例访问时，要用 this 表示。

this 表示了对象对自身的访问。

例如：

```
class TestPoint {
    public static void main(String[] args) {
        Point p = new Point();
        p.oneMethod(this);
    }
}
```

例子中的 Point 类的对象 p 调用其 oneMethod()方法时，其参数 this 表示将类 TestPoint 的实例作为一个值传递给方法 oneMethod()中的参数 TestPoint 类的对象。即类 TestPoint 对它本身的一个实例引用，传递给 oneMethod()方法。

在类的方法中如果出现了与成员变量同名时，则需要使用 this 表示其为成员变量。

例如：成员变量的隐藏示例

```
/**
    源程序：HSBColor.java
*/
class HSBColor {
    int hue,sat,bright;
    HSBColor (int hue, int sat, int bright){
        this.hue = hue;
        this.sat = sat;
        this.bright = bright;
    }
}
```

例中的类的构造方法参数出现了与成员变量同名的情况，所以需要用 this 来区分参数(不带 this)和成员变量(带 this)。

5.4.3 super

子类对超类的同名成员变量和方法，分别实行隐藏和覆盖。但是，有时需要在子类中访问被隐藏的超类的变量，被覆盖超类的方法。Java 提供的 super 就可以实现这访问。

Java 中，this 用来引用当前对象，super 用来引用当前对象的超类。它的使用有三种情况：

1．访问被隐藏的超类成员变量；

例如：super.varName

2．调用超类中被覆盖的方法；

例如：super.methodName（[paramList]）

3．调用超类中的构造方法；

例如：super([paramList])

其中 paramList 为构造器的参数列表。

例 5.3 对超类的成员变量的隐藏和方法覆盖访问示例

```
/**
    源程序：TestInherit.java
*/
class SuperClassName{
    int x;
    SuperClassName(){
        x=3;
        System.out.println("In SuperClass: x = "+x);
    }
    void doSomething(){
        System.out.println("In SuperClass.doSomething()");
    }
}
class SubClass extends SuperClassName {
    int x;
    SubClass(){
        super();
        x=5;
        System.out.println("In SubClass: x = "+x);
    }
    void doSomething(){
        super.doSomthing();
        System.out.println("In SubClass.doSomething()");
        System.out.println("super.x="+super.x+" sub.x="+x);
    }
}
public class TestInherit{
    public static void main(String args[]){
        SubClass subC = new SubClass();
        subC.doSomething();
    }
}
```

运行程序：

```
java   TestInherit
```

执行的结果为：

```
In SuperClass: x = 3
In SubClass: x = 5
In SuperClass.doSomething()
In SubClass.doSomething()
super.x=3 sub.x=5
```

Java 中，通常在实现子类的构造方法时，先调用超类的构造方法。在实现子类的 finalize()方法时，最后调用超类的 finalize()方法，这符合层次化的观点，以及构造方法和 finalize()方法的特点。即初始化过程总是由高级向低级，而资源回收过程应从低级向高级进行。

5.5 运行时的多态

对于覆盖或继承的方法，Java 运行时系统根据调用该方法的实例的类型来决定选择哪个方法调用。对子类的一个实例，如果子类覆盖了超类的方法。则运行时系统调用子类的方法，如果子类继承了超类的方法（未覆盖），则运行时系统调用超类的方法。因此，一个对象可以通过引用子类的实例调用子类的方法，如 5.4 例：

例 5.4 运行时的多态，超类对象子类实例引用示例

```
/**
   源程序：TestConvert.java
*/
class ClassA{
   void callMe(){
        System.out.println("在 ClassA 中的 callMe()方法");
   }
}
class ClassB extends ClassA{
   void callMe(){
        System.out.println("在 ClassB 中的 callMe()方法");
   }
}
public class TestConvert{
   public static void main(String args[]){
        ClassA vA = new ClassB();
        vA.callMe();
   }
}
```

运行程序：

```
java  TestConvert
```

执行的结果为：

```
在 ClassB 中的 callMe()方法
```

该例中，声明了 ClassA 类型的变量 vA，然后用 new 建立子类 ClassB 的一个实例 vB，并把对该实例的一个引用存储到 vA 中，Java 系统运行时，分析该引用是子类 ClassB 的一个实例，因而调用子类 ClassB 的 callMe()方法。

用这种方式可以实现运行时的多态，它体现了面向对象程序设计中的代码复用和健壮性。已经编译好的类库可以调用新定义的子类的方法而不必重新编译，而且还提供了一个简明的抽象接口。如上例中，如果增加几个 ClassA 的子类定义，则用 vA.callMe()可以分别调用多个子类的不同的 callMe()方法，只需分别用 new 生成不同子类实例即可。

5.6 方法过载与方法覆盖区别

方法过载是指在同一个类中，用新一种方法取代原有的方法，它们的方法名字相同。通过方法过载，可以直接从原有方法中衍生能够完成所要求的功能的新的方法。在过载一个方法时，必须为过载后的方法建立新的构造方法，以初始化实例变量。

方法覆盖与过载是不同的两个概念，过载是指同一个对象层次，通过不同的参数调用同名的方法的不同实现代码。覆盖是指在子类中，利用与超类有完全相同的方法名、返回类型和参数表，重新实现超类的成员方法。

- ✧ 方法的过载在同一个类中，这些方法具有相同的方法名，却有不同的参数；
- ✧ 方法的覆盖是子类与超类中，有相同的方法名、参数、返回类型甚至方法的可访问性。

5.7 final 类和方法

final 类不能被继承(又称终结类)。由于安全性的原因或者是面向对象的设计上的考虑，有时候需要限定一些类不能被继承，例如，Java 中的 String 类，它对编译器和解释器的正常运行有很重要的作用，不能轻易改变它，因此，把它修饰为 final 类，使它不能被继承，这保证了 String 类型的唯一性。

对于一个类的定义已经很完善，不需再创建它的子类，也可以将其修饰为 final 类。定义一个 final 类格式为：

```
final class finalClassName{
    ...
}
```

同样，有些方法不能被覆盖，也可以修饰为 final 方法，其格式为：

```
final returnType finalMethod([parameterList]){
```

```
    ...
}
```

5.8 abstract 类和方法

抽象类是指由 abstract 修饰符声明的类，它的方法中有未实现的方法即抽象方法。

与 final 类和 final 方法相反，abstract 类必须被子类继承，abstract 方法则必须被子类中的方法覆盖。

当一个类的定义完全表示抽象概念时，它不能够被实例化为一个对象。例如，在 Java 中的 Number 类就是一个抽象类，它只表示抽象概念数字，而实际上在 Java 中的数字量有整数和浮点数，只有当 Number 类被整数类 Integer 或实数类 Float 等继承时，它才有实际的意义。

抽象类本身存在未实现的方法(abstract 方法)，这些方法不具备实际功能，它只能衍生出子类，抽象方法则由衍生子类时所覆盖。声明一个抽象类的格式为：

```
abstract class abstractClassName{
    ...
}
```

抽象类不能被实例化。抽象类中包含抽象方法，为所有子类定义一个统一的方法声明形式。对抽象方法只需声明，而不需实现。其格式如下：

abstract returnType abstractMethod([parameterList]);

抽象类中不一定要包含 abstract 方法，但是，一旦某个类中包含了 abstract 方法，则这个类必须声明为 abstract 类。

如果一个类中包括了带 abstract 修饰符的方法(抽象方法)，这个类就称为抽象类。abstract 类不能有自己的实例，它的对象只能对创建子类实例引用。abstract 方法是通过覆盖它得以实现对它的访问的。

在创建抽象方法时，要注意有下面三种方法不能作为抽象方法定义：

- ✧ 构造方法；
- ✧ 类方法；
- ✧ 私有方法。

例 5.5 抽象类及抽象方法的使用示例。

```
/**
   源程序：TestAbst.java
*/
abstract class AbstClass {
  abstract void callMe();
```

```
    void meToo(){
        System.out.println("在抽象类 AbstClass 中的 meToo()方法");
    }
}
class ClassD extends AbstClass{
    void callMe(){
        System.out.println("在 ClassD 中的 callMe()方法");
    }
}
public class TestAbst{
    public static void main(String args[]){
        AbstClass varC = new ClassD();
        varC.callMe();
        varC.meToo();
    }
}
```

运行程序：

```
java   TestAbst
```

执行的结果为：

```
在 ClassD 中的 callMe()方法
在抽象类 AbstClass 中的 meToo()方法
```

例中抽象类 ASbstClass 有一个抽象方法 callMe()和非抽象方法 meToo()。它的子类 ClassD，覆盖了方法 callMe()并继承了方法 meToo()。在类 TestAbst 的 main()方法中，抽象类 AbstClass 的对象 varC 引用了 ClassD 类的实例，varC 调用的方法 callMe()是在 ClassD 类中实现，meToo()方法则是 AbstClass 类中实现。

5.9 Object 类

Object 类处于 Java 开发环境的类层次树的根部，处于 Java 类层的最高层的一个类，是所有类的超类。其他所有的类都直接或间接地为它的子类。该类定义了一些所有对象的最基本的状态和行为，包括与同类对象相比较，转化为字符串等等。

Java 中类的层次如下所示：

```
java.lang.Object
    └java.awt.Component
            └java.awt.Container
```

```
                    └java.awt.Panel
                         └java.applet.Applet
```

由于所有的类都是由 Object 类衍生出来的，所以 Object 类的方法适用于所有类。Java 语言中的类都是 Object 类的直接或间接子类，它们都可以继承这些方法。

Object 类所提供的方法主要有：

1．clone()方法

这个方法作用是生成一个类的实例的拷贝，返回值就是这个拷贝的实例。

例如：

```
Point p = new Point(20,30);
Point pCopy = p.clone();
```

Point 类的对象 p 对构造器调用生成的实例引用，而对象 pCopy 则是对对象 p 的实例的拷贝的引用，即对象 p 和 pCopy 引用的是两个不同的实例，但是其内容相同。

需要注意的是 clone()方法创建一个对象的拷贝时，被拷贝的对象必须支持接口 Cloneable。接口 Cloneable 并不包括任何方法，它只是作为一个指示器来表示对象的可克隆性。上例中的 Point 类是实现了 Cloneable 接口下才能使用 clone()方法。

2．equals()方法

equals()方法用来比较两个对象类是否相同，如果相同则方法返回值 true，否则返回值 false。比较的内容是两个对象的状态和功能上的相同，不是两个对象引用上的相同。而运算符"=="则是判断对引用上的是否相同。

例如：

```
Integer one = new Integer(10), another = new Integer(10);
if (one.equal(another))
    System.out.println("Objects are equal.");
```

例中的 equals()方法返回的值是 true，因为对象 one 和 another 有相同的整数值 10，虽然它们在引用上不相同。

例 5.6 对象使用比较符和 equals()方法的示例。

```
/**
  源程序：TestCompareObject.java
 */
public class TestCompareObject{
    public static void main(String[] args){
        String s1 = new String("Hello");
        String s2 = new String("Hello");
        System.out.println("s1 == s2 ? "+(s1 == s2));
        System.out.println("s1.equals(s2) ? "+s1.equals(s2));
```

```
        String s3 = s1;
        System.out.println("s1 == s3 ? "+(s1 == s3));
        System.out.println("s1.equals(s3) ? "+s1.equals(s3));

    }
}
```

运行程序：

```
java  TestCompareObject
```

执行的结果为：

```
s1 == s2 ? false
s1.equals(s2) ? true
s1 == s3 ? true
s1.equals(s3) ? true
```

例中对象 s1、s2 和 s3 它们都有相同的值"Hello"，但是 s1 和 s3 引用的是相同实例，而 s2 则引用的是另一个具有"Hello"值的实例。

运算符"=="比较的是对象的引用是否相同，equals()方法则比较的是对象的类型和值是否相同。

3．getClass()方法

getClass()方法返回是 Class 类的一个对象。这个 Class 类的对象的内容是调用 getClass()对象的类的信息，它包含有调用 getClass()对象的类名、超类名、所实现的接口等。通过对这个 Class 对象的访问，可以很好地获得调用 getClass()对象的类的全面可用信息。

getClass()方法是 final 方法，它不能被覆盖而只能继承。getClass()方法的调用返回一个对象在运行时所对应的类的表示，从而可以得到当前对象的类描述符。

```
Point p = new Point (20,30);
System.out.println("对象 p 的类名是: "+p.getClass().getName());
```

上例中的 getName()方法是类 Class 的成员方法，它将类 Class 的对象保存的类名返回。例中的对象 p 是 Point 类型，要返回的值就是 Point。

4. toString()方法

toString()方法以字符串的形式返回当前对象的有关信息。

例 5.7 方法 toString()使用示例

```
/***
    源程序：TestToString.java
*/
```

```
public class TestToString{
    public static void main(String[] args){
        Integer a = new Integer(10);
        Character b = new Character('A');
        int[] c = {1, 2};
        Point p = new Point(100,200);
        System.out.println(a.toString());
        System.out.println(b.toString());
        System.out.println(c.toString());
        System.out.println(p.toString());
    }
}
```

运行程序：

```
java    TestToString
```

执行的结果为：

```
10
A
[I@c17164
Point@1fb8ee3
```

实际上在与字符串连接时，默认调用了 toString()将相应的其他类型数据转换为字符串类型。

在 Object 类中还其他一些成员方法，可参考 JDK Documents 文档。

习　题

1．Java 语言中类的继承性有什么特点？

2．子类可以继承超类的什么，不能继承的如何在子类中访问？

3．子类对超类的扩展表现在哪些方面？举例说明。

4．方法覆盖是指什么，它与方法过载有什么不同？举例说明。

5．在 Java 中有哪些是多态性的表现？举例说明。

6．用 final 和 abstract 修饰的类各有什么特点？

7．用 final 和 abstract 修饰的方法各有什么特点？举例说明。

8．举例说明 Object 类的方法 equals()的使用情况。

9．有两个类 Person 和 Student，它们存在继承关系。在 Person 中，有成员变量 name，sex，age 三个,它们类型分别为 String、char、int，有一个带参数的构造方法 Person(String, char, int)，用来对成员变量初始化。有成员方法 setData(String, char, int)设置成员变量 name, sex, age

的值。getData()是不带参数且返回值由 name、sex 和 age 值构成的字符串的成员方法。

Student 类是 Person 类的子类，在 Student 中，有 int 类型的 sID 和 classNo 成员变量用来表示学生的学号和班级号。它有带五个参数的方法 setData()和不带参数的方法 getData()，setData()方法设置成员变量的值，而 getData()则是返回五个成员变量的值组成的字符串。

10．抽象类 Person 如下定义：

```
abstract class Person{
    String name;
    char sex;
    int age;
    abstract void setData(String name, char sex, int age);
    abstract String   getDetail();
}
```

类 Student 和类 Teacher 均是 abstract 类 Person 的子类。类 Student 有成员变量 name，sex，age，sID，speciality，其中 sID 表示学生的学号，speciality 表示学生专业。类 Teacher 有成员变量 name，sex，age，tID，department，其中 tID 表示教师的编号，department 表示教师所在的部门。请编写出类 Student 和 Teacher 所需要的最基本构成。

第 6 章 包、访问控制和接口

本章主要任务是掌握接口和包(类库)的概念和结合机制。对象的创建，拆除，以及对象之间的继承等都与它有关系，它也是 Java 编程的人员的要掌握的最基本的知识。

接口和包是 Java 语言中的两种重要特性：接口可看作一种抽象类，它具有与类相似的形成和使用，而包则可看作是类库。接口和包体现了 Java 语言对象的重用性。

对象重用是面向对象编程的一个主要的优点。所谓对象重用，就是指同一个对象可以在多个场合被反复使用。面向对象编程的对象重用，充分体现出面向对象方法的优越性。它使得对象在多场合的反复使用显得很容易。

6.1 包

在 Java 语言中，对象是以类的形式体现的。因此，对象重用也就体现在类的重用。可以把类存放在包中，实现类在多个场合反复调用。包实际上是一组类组成的集合，也称之为类库。

包的层次结构与文件系统的文件目录结构是相似的。包名是 Java 的合法标识符，一般都用小写的字母单词表示。

Java 语言提供了一些常用的基本类包，如 java.io 和 java.lang。包 java.lang 中存放的有如 System 和 String 类等系统的基础类。编程人员也可以把开发的类存放在自已定义的包中，把相关的类集中存放在一个包中。

在 Java 语言中，包的作用不仅可以方便对类实现引用，还可以起规定类方法和变量的被引用范围。通过把具有共同特性的类放到同一个包内，类之间就可以相互访问它们的方法及变量，为成员的访问控制提供了条件。类的成员创建时由访问控制修饰符 public，private 和 protected 等修饰，对这些类的成员引用则受其控制。

由于 Java 编译器为每个类生成字节码文件与类名相同，因此，在出现同名类时，有可能发生名字的冲突。Java 提供包来管理类名，解决这一问题。包实际上提供了一种命名机制和可见性限制机制。

6.1.1 package 语句

package 语句作为 Java 源文件的第一条语句，指明该文件中定义的类所在的包，若缺省该语句，则指定为无名包。它的格式为：

package packageName1[.packageName2[.packageName3...]];

其中，packageName1～packageNameN 表示包的目录层次。它对应于文件系统的目录结构。

Java 编译器把包对应于 package 语句中指明的这种目录层次关系。例如：

```
package users.java.sample;
```

上面的这个 package 语句，为编译器指明创建一个与包名相一致的目录结构。包语句中用“ •”来间隔对应的包层次关系。

Java 编译器 javac 对源文件编译时，将创建一个 users/java/sample 目录结构(在 Unix 或 Linux 下)，并指定生成的类文件存放在这个包中。

包层次的根目录是由环境变量 classpath 来确定的。Java 语言的 JDK 提供的包有：

```
java.applet          java.awt          java.awt.image
java.awt.peer        java.io           java.lang
java.net             java.util         sun.tools.debug
```

为了使编译器能够把编译后生成的 Java 类文件.class 存放在指定的包中，在编译时可以在 javac 上带-d 选项。例如：

```
javac -d /users/java/sample/MyJavaPrg.java
```

源程序 MyJavaPrg.java 经编译后，生成的字节码文件 MyJavaPrg.class 等就会存放在包 usesr.java.sample 中。

要访问 MyJavaPrg.class 类，还需要将包 user.java.sample 所在的路径包括在 classpath 环境变量中。

6.1.2 import 语句

为了能使用 Java 中提供或用户已创建的类，可以用 import 语句来引入所需要的类。import 语句引用的格式为：

*import package1[.package2...].(className | *);*

其中，package1～packageN 为包的层次结构，它对应着要访问的类所在文件目录结构，className 则指明所要引入的类，如果要从一个包中引入多个类时，则可以用星号(*)来表示。例如：

```
import java.awt.*;
import java.lang.*;
import sun.tools.debug.*;
```

Java 编译器会自动地为所有程序引入包 java.lang，因此，在上例中的第二条语句是可不用的。但是，对于其他的包则必须用 import 语句显示地引入。

使用“*”引入语句，只表示了源程序中所需要的类会在包中找到并引入，但是对包中其他的类或它下面的包中的类并不引入。

在 Java 程序中使用类的地方，如果需要访问的类是在同一个包中，即用 package 语句指明类所在的包相同，就不必用 import 语句引入该类。否则就应该采用 import 语句方式引入。

在 Java 编程语言中，对已经编译好的包，用 import 语句将其装载到源代码中时，有如下三种方式：

① 在类名之前，带上包名作为修饰符。

例如，在包 users.java.sample 中的类 Point，可以使用下列方式访问。

```
users.java.sample.Point p=new users.java.sample.Point(20,30);
```

② 用 import 语句引入类 Poing。

例如：

```
import users.java.sample.Point;
class ImportSample{
    Point p = new Point(20,30);
    ...
}
```

③ 使用“*”引入类所在的包 user.java.sample。

例如：

```
import users.java.sample.*;
class ImportSample{
    Point p = new Point(0,0);
    ...
}
```

又如下面的例子：

```
import java.util.*;
class MyDate extends Date {
    ...
}
```

也可以直接引入该类：

```
class MyDate extends java.util.Date{
    ...
}
```

6.2 编译和运行包中的类

若有 package 语句指明一个包，则包的层次结构必须与文件目录的层次结构相同。在没有用到 package 语句，即把文件中所有的类都放在缺省的无名的包中，对应文件系统中的当前工作目录。

例如，没有包 package 语句的源程序 PointPack.java 文件，存放在 myclass 目录下，经过编译器的编译后，生成一个字节码文件 PointPack.class，是放在 myclass 目录中，这个目录是无名包。在 myclass 目录下运行：

```
java myclass.PointPack
```

则解释器返回信息：

```
Can't find class myclass/PointPack
```

即找不到包 myclass 中的 PointPack 类。其原因在于 Java 解释器是在无名包(当前目录)和 Java 类库中查找，上述命令行指明的查找意味着(在 Unix 或 Linux 下)：

```
myclass/myclass/PointPack.class
```

首先解释器在 myclass.myclass 包查找 PointPack 类找不到，然后再在由环境变量classpath 指明类库中查找。所以最后是找不到 PointPack 类的。

如果在 PointPack 类中，有包语句：

```
package mypackage;
```

编译时带-d 选项：

```
javac -d . PointPack.java
```

则在当前目录下创建一个 mypackage 包，并将生成字节码文件 PointPack.class 存放在 mypackage 中。

运行这个程序时，则：

```
java mypackage.PointPack
```

这个程序就可以正常访问并运行了。

由此可以看出，访问和运行一个包中的类时，必须指明包含这个类的包，而且，还要在适当的目录下来运行。同时也要设置好正确的环境变量 classpath，使 Java 解释器能够找到指定的类。

6.3 访问控制

类的成员变量和方法都可以有自己的访问控制修饰符，来表示其访问控制的权限。访问权限修饰符用于标明类、变量、方法的可访问程度。由于类中封装了数据和代码，包中封装了类和其他的包。Java 中提供了对类的成员的访问在四个不同范围:

- ✧ 同一类中；
- ✧ 同一包中；
- ✧ 不同的包中的子类；
- ✧ 不同包中的非子类；

访问权限又可分为四种，它们分别是：

- ✧ public //公共变量和方法；
- ✧ protected //受保护变量和方法；
- ✧ default //缺省修饰变量和方法；
- ✧ private //私有变量和方法；

这四种访问权限在四个范围的情况是不同的，如表 6-1 所示：

表 6-1　访问控制权限表

	同一类中	同一包中	不同包中子类	不同包中非子类
public	√	√	√	√
protected	√	√	√	
缺省	√	√		
private	√			

表中的“√”说明的是某种访问权限在这个范围内是可以访问的，否则是不能访问。例如：

```
public       void demo(){ ... }
protected int width,height;
             int count(){ ... }
private    int varNum;
```

其中：

*demo()*方法是公共型，可在任何类、任何情况下访问；

width,height 是两个保护型的实例变量，可以由同包中的类及子类访问；

*count()*方法是缺省型，可以由同一包中的类访问；

varNum 是私有变量，只能它所在的类中访问。

变量和方法访问修饰符体现了面向对象编程中的封装原则，正是这个原则，对象应该尽可能地限制在它的可访问的程度。

Java 语言中，类的成员变量和方法无访问控制修饰(即缺省修饰符)，表示它只能由同一包中的类访问。任何类都可用 protected 修饰。由 public 修饰的类，可以被任何其他的类所访问。

6.3.1　公共型 public

可访问性最大的是 public 访问权限修饰符，类的成员由 public 修饰，则可以被任何类访问。对于访问成员时，不会造成恶果才能声明为 public 成员。

例如：

```
package greek;
class Alpha {
    public int iAmPublic;
    public void publicMethod(){
        System.out.println("PublicMethod.");
    }
}
```

Alpha 类中的成员变量 iAmPublic 和成员方法 publicMethod()都是公共型，它们可以被任何其他的类所访问。

6.3.2 保护型 protected

由 protected 修饰的成员，允许类中、子类(包括在或不在同一包中)和它所在包中的类所访问。当类的子类访问成员时，可使用保护访问类型，以限制与当前类无关的类对这些成员的访问。

例如：

```
class Beta{
    protected int proVar;
    protected void proMethod() {
        ...
    }
}
```

类 Beta 中的成员变量和方法都由 protected 修饰，它们则可以在不同的包中子类，或同一包中的类访问。虽然可以访问其超类中限制为 protected 的成员，但是，访问者必须具有子类的类型，而不是超类的类型。

6.3.3 缺省型

类中的成员没有任何访问控制修饰符，则表示其成员是缺省的访问控制。早期的 JDK 把它称为友元型，它可以被类自身和同一个包中的类访问。这也是 Java 的缺省型访问控制。

例如：

```
class Gama{
    int iAmDefault;
    void defaultMethod(){
        System.out.println("Default Method.");
    }
}
```

类 Gama 中的成员 iAmDefault 和 defaultMethod()是缺省访问控制，它能被与 Gama 同一包中的其他类所访问。

例如，有 Alpha 和 Beta 两类均在同一个包 onepack 中，则：

```
package onepack;
class Beta{
    void someMethod() {
        Alpha aVar = new Alpha();
        aVar.iAmDefault = 10;
        aVar.defaultMethod();
    }
}
```

6.3.4 私有型 private

限制最强的是 private 修饰符。私有成员只能在它自身的类中访问，即这些成员只能在类中使用。这个限制可以最大限度地保持好类中敏感变量和方法，避免对象对这些类的成员访问时带来危害。

使用 private 修饰符，能够很好地封装类的数据和行为，保障数据和行为安全性。对不稳定的或是需保密的成员，可以加上 private 进行限制。

例如：

```
class PrivTest {
    private int iAmPrivate;
    private void privateMethod() {
        ...
    }
}
```

类 PrivTest 有私有成员 iAmPrivate 和 privateMethod()。这些成员只能在类中访问，而其他类或它的对象都不能直接访问。如果需要访问类的这些成员，则必须通过这个类的其他非 private 型的成员方法间接访问。

例如：

```
class AccessTest {
    private int iPrivate;
    int getIPrivate(){
        return iPravate;
    }
}
```

类 AccessTest 中由 private 修饰的成员变量 iPrivate 的值，可以通过访问非 private 型的方法 getIPrivate()获得。

对于构造方法，也可以使用 private 限定。若使用了 private 的构造方法，则其他类不能生成该类的实例。

在项目中，一般为了设计的需要实现一些特定的功能，使用访问控制符实现的一个功能：使一个类既不能创建对象也不能被继承。实现的方法是将该类中只实现一个构造方法，而且将该构造方法的访问权限设置为私有的。

```
/**
 * 不能创建对象且不能被继承的子类
 */
public class PrivDemo {
    private PrivDemo(){}
}
```

在该示例中，PrivDemo 类只有一个构造方法，且该构造方法为私有。创建对象时构造方法无法调用构造方法，所以无法创建对象。在子类的构造方法中也无法得到调用超类的构造方法，所以该类也不可以有对应的子类。

总之，访问控制符通过控制声明的内容的访问权限，实现对于内容的隐藏，从而使代码的耦合性降低，也降低项目的复杂度，方便代码的维护。

6.4 访问控制示例

例 6.1 四种访问控制修饰的类 Oriagal 的成员，在类中、同一包中和具有继承关系的子类中访问的情况示例。

```
/**
   源程序：AccessControl.java
*/
package pack1;
class Original{
   private      int nPrivate          =   1;
                int nDefault          =   2;
   protected int nProtected           =   3;
   public       int nPublic           =   4;
   void access() {
         System.out.println("** 在类中，可以访问的成员: **");
         System.out.println("    Private member = "+nPrivate);
         System.out.println("    Default member = "+nDefault);
         System.out.println("    Protected member = "+nProtected);
         System.out.println("    Public member = "+nPublic);
   }
}
class Derived extends Original{
   void access(){
         System.out.println("** 在子类中，可以访问的成员: **");
//       System.out.println("    Private member = "+nPrivate);
         System.out.println("    Default member = "+nDefault);
         System.out.println("    Protected member = "+nProtected);
         System.out.println("    Public member = "+nPublic);
   }
}

class SamePackage{
   void access(){
```

```
        Original o = new Original();
        System.out.println("** 在同包的类中,其对象可访问的成员: **");
//      System.out.println("   Private member = "+o.nPrivate);
        System.out.println("   Default member = "+o.nDefault);
        System.out.println("   Protected member = "+o.nProtected);
        System.out.println("   Public member = "+o.nPublic);
    }
}
public class AccessControl1{
    public static void main(String[] args){
        Original o = new Original();
        o.access();
        Derived d = new Derived();
        d.access();
        SamePackage s = new SamePackage();
        s.access();
    }
}
```

运行程序：

```
java    pack1.AccessControl1
```

结果为：

```
** 在类中，可以访问的成员: **
   Private member = 1
   Default member = 2
   Protected member = 3
   Public member = 4
** 在子类中，可以访问的成员: **
   Default member = 2
   Protected member = 3
   Public member = 4
** 在同包的类中,其对象可访问的成员: **
   Default member = 2
   Protected member = 3
   Public member = 4
```

从程序的运行的结果中可以看到：

✧ 同 Original 类中，它的成员方法可以访问所有的成员；
✧ 同一包中 Derived 类和 SamePackage 类，无论是否有继承性都能访问除 private 修饰的成员外的 Original 类所有成员。

例 6.2 四种访问控制修饰的类 Oriagal 的成员，在不同包中具有继承关系的子类中和没有继承关系的类中访问的情况示例。

```
/**
  源程序：AccessControl2.java
*/
package pack2;
import pack1.Original;
class Derived extends Original{
  void access() {
      System.out.println("** 在不同包的子类中,可访问的成员: **");
//      System.out.println("   Private member = "+nPrivate);
//      System.out.println("   Default member = "+nDefault);
      System.out.println("   Protected member = "+nProtected);
      System.out.println("   Public    member = "+nPublic);
  }
}
class AnotherPackage{
  void access() {
      Original o = new Original();
      System.out.println("** 在不同包的类中,可访问的成员: **");
//      System.out.println("   Private member = "+o.nPrivate);
//      System.out.println("   Default member = "+o.nDefault);
//      System.out.println("   Protected member = "+o.nProtected);
      System.out.println("   Public member = "+o.nPublic);
  }
}
public class AccessControl2{
  public static void main(String[] args){
      Derived d = new Derived();
      d.access();
      AnotherPackage s = new AnotherPackage();
      s.access();
  }
}
```

运行程序：

java pack2.AccessControl2

结果为：

```
** 在不同包的子类中,可访问的成员: **
    Protected member = 3
    Public member = 4
** 在不同包的类中,可访问的成员: **
    Public member = 4
```

从程序的运行的结果中可以看到：

- ✧ 不同的包中的有继承关系的子类 Derived 可以访问 protected 和 public 修饰的 Original 类成员；
- ✧ 不同包中非子类 AnotherPackage 只能访问 public 修饰 Original 类成员。

6.5 接 口

Java 是通过接口使得处于不同类层次，甚至互不相关的类可以具有相同的行为。接口是方法定义（没有实现）和常数变量的集合。在类层次的任何地方都可以使用接口定义一个行为的协议实现它。

在来自不同类的层次的不同部分的类有类似的行为方法。

例如，要编写一个 SpreadSheet 程序，包括含有值的单元的列表集合，希望把 String、Float、Dates、Integers、Equations 等，都放在 SpreadSheet 单元中。为做到这一点，String、Float、Dates、Integers、Equations 等都要实现同一个方法。要达到这个要求的方式是找到这些类的共同超类，并在超类中实现所需要的方法，但是，由于 Object 经常是共同的超类，而使这种解决方式不现实。事实上，除了通过 Object，所想做到放在 spreadSheet 的单元中对象在类层次上是无关的，可是 Object 是不能修改的。事实上，Java 语言提供了一个更好的方式，那就是接口。

接口是方法定义（没有实现的）和常量的集合。

Java 接口主要用于：

- ✧ 通过接口可以实现不相关类的相同行为，而不需要考虑这些类之间的层次关系。即捕获不相关类间的类似性，而无须强调类关系；
- ✧ 通过接口可以指明多个类需要实现的方法。由声明一个或多个对象来实现方法；
- ✧ 通过接口可以了解对象的交互界面，而不需要了解对象所对应的类。它展现对象的编程接口，而无须展现对象（这样的对象称为匿名对象）。

在 Java 中，接口是引用数据类型，即可以在可使用类的地方使用，例如在方法参数和变量声明中。

接口与抽象类的比较

- ✧ 接口中的方法都是由 public、static 和 abstract 修饰的抽象方法，而抽象类中则即可以有抽象方法，也可以含有非抽象方法；
- ✧ 接口中的变量都是由 public、final 和 static 修饰的常量，而抽象类中即可以有一般的成员变量，也可以自己声明的常量；
- ✧ 接口可以用 extends 关键字实现多重继承，而抽象类继承性是类的单一继承，同时也可以实现接口；
- ✧ 接口实现的类由关键字 implements 声明，而抽象类的子类由关键字 extends 声明；
- ✧ 实现接口的类必须实现接口中的所有方法，而抽象类的子类(非抽象类)只必须实现抽象类中的全部的抽象方法；
- ✧ 接口中的变量(即常量)可以用接口名直接访问，而抽象类的变量则不完全可以用类名直接访问；
- ✧ 接口不是类分级结构的一部分。而没有联系的类可以执行相同的接口。

Java 不提供多重继承，接口通常被称为多重继承的替代物，然而，接口的实现功能比多重继承更强。Java 接口把方法的定义和类的层次区分开来，通过它可以在运行时动态地定位所调用的方法。同时，也可以实现“多重继承”，且一个类可以实现多个接口。正是这些机制使得接口提供了比多重继承更简单，更灵活，而且更强健的功能。

6.5.1 接口的定义

接口的定义格式与类相似，具有成员变量和成员方法。但是接口中的所有方法都是 abstract 方法，这些方法是没有语句。

```
interfaceDeclaration{
    interfaceBody
}
```

其中：

interfaceDeclaration 为接口声明部分；

interfaceBody 为接口体部分。

1．接口声明部分

最简单的接口声明如下：

```
interface InterfaceName{
    ...
}
```

通常，接口以 able 或 ible 结尾，表明接口能完成一定的行为。接口声明中还可以包括对接口的访问权限以及它的超接口列表。

完整的接口声明是：

```
[public] interface InterfaceName[extends SuperInterfaceList]{
    ...
```

}

其中：

public 指明任意类均可以使用这个接口。在缺省情况下，只有与该接口定义在同一个包中的类才可以访问这个接口。

interface 是接口创建的关键字。

InterfaceName 是接口名，如同类名，也常用第一字符用大写的字母来表示。

extends 是表示接口继承关系，这与类声明中的 extands 基本相同，不同的是一个接口可以有多个超接口。

SuperInterfaceList 是它的超接口列表，它可以是一个接口也可以是多个用逗号分隔的接口。接口是多重继承，而类是单一继承。子接口继承超接口中所有成员变量和成员方法。

2．接口体的定义

接口体中包括常量定义和方法定义，其格式如下所示：

type constantName = value;

returnType methodName([paramList]);

其中：

type constantName=Value；语句为常量定义部分。type 可以是任意类型，constantName 是常量名，名称中的字母一般都采用大写形式。value 是常量值；

在接口中定义的成员变量都是常量，具有 pubilc，final 和 static 属性，在创建这些变量时可以省略这些修饰符。这些常量会被实现该接口的多个类共享。

returnType methodName([parameterList])；为方法定义部分。接口中方法是抽象方法，只有方法声明，而无方法实现，所以它的方法定义是没有方法体，且用分号（;）作为结束。接口中声明的方法具有 public，abstract 属性。

另外，如果在子接口中定义了和超接口同名的常量或相同的方法，则超接口中的常量被隐藏，方法被覆盖。

例 6.3 有接口 Collection，它有一个成员变量和四个成员方法。

```
/**
    源程序：Collection.java
*/
interface Collection {
    int MAX_NUM=100;
    void add (Object objAdd);
    void delete (Object objDelet);
    Object find (Object objFind);
    int currentCount();
}
```

接口 Collection 中声明的成员变量 MAX_NUM 是具有 public、final 和 static 修饰的常量，所以用全大写的字母作标识符。它的四个成员也具有 public 和 abstract 属性，所以它们没有方法体。这个接口可以由队列、堆栈、链表等来实现其增加(add)对象、删除(删除)对象、查找(find)对象和当前对象数量统计(currentCount)。

6.5.2 接口的实现

接口的方法必须由类的非抽象实现。在类的声明中，如果用 implements 子句就可以声明这个类对接口的实现。关键字 implements 不同于 extends，它表示类对接口的实现而不是继承，并且一个类可以实现多个接口。

实现了接口的类可以访问接口中的所有成员变量，而且必须实现接口中的所有成员方法。类实现的多个接口，在 implements 子句中用逗号分隔。

例 6.4 类 FIFOQueue 实现接口 Collection。

```
/**
   源程序：FIFOQueue.java
*/
class FIFOQueue implements Collection {
    public void add (Object objAdd){
        //add object code
    }
    public void delete (Object objDelet){
        //delete object code
    }
    public Object find (Object objFind){
        //find object code
    }
    public int currentCount(){
        //count object code
    }
}
```

类 FIFOQueue 实现了接口 Collection 的四个成员方法。在这些方法的声明中必须与接口中所声明形式要一致。特别是要有 public 修饰符。

在这些实现方法中，最少要有一对“{}”号。实际上接口中的方法强制地要求了所有实现它的类都具有这些相同的方法，无论这些类是否存在联系。

6.5.3 接口的类型

接口可以作为一个引用类型来使用。任何实现该接口的类的实例都可以存储在该接口类型的变量中，通过这些变量可以访问类所实现接口中的方法。在程序运行时，Java 动态地确定需要使用那个类中的方法。

基于接口的特性，可以把接口作为一个数据类型看待。在不需要明确对象所对应的具体的类，用接口表示对象所具有的行为。

例 6.5 把 Collection 作为引用类型变量访问示例。

```
/**
    源程序：TestFIFOQueue.java
*/
class TestFIFOQueue{
    public static void main(String args[]){
        Collection cVar = new FIFOQueue();
        Object objAdd = new Object();
        ...
        cVar.add(objAdd);
        ...
    }
}
```

接口 Collection 类型的变量 cVar 对实现它的类 FIFOQueue 实例引用，cVar 访问的方法 add()是类 FIFOQueue 实现的成员 add()方法。cVar 对这个方法的访问是在其明确引用实例后动态加裁的。

6.6 完整的 Java 源文件

```
package    packageName;
//指定文件中类所在的包，可选。
import packageName.[className | *];
//指定引入的类，可以有任意个。
public classDefinition
//定义类的属性为 public，可选。
interfaceDefinition and classDefinition
//接口或类定义，可以是任意个。
```

Java 源程序包括有：

- ✧ 最多可以有一条 package 语句，并且放在除注解外的第一条语句的位置上；
- ✧ 可以有任意条 import 语句，并处在 package 语句之后(如果有)；
- ✧ 可以定义任意个类，如果没有接口时则至少有一个类的定义；
- ✧ 可以定义任意个接口，如果没有类时则至少有一个接口的定义；
- ✧ 如果在 Applicatoin 编程中，则把包括有 main()方法的类声明为 public；
- ✧ 在一个源程序中，只能有一个类可以被声明为 public；
- ✧ 用 public 声明的类名作为源程序的文件名(注意大小写一致)且以.java 作为后缀；
- ✧ 如果源程序中只有接口定义，则用接口名作源文件名；
- ✧ 在一个源程序中定义的所有类和接口，在成功编译后都将生成一个对应的字节码文件，这些字节码文件的名是类名或接口名，并以.class 为扩展名。

例 6.6 源程序组成示例。

```
/**
   源程序：TestInt.java
*/
package sample;
    interface One{
        int MAX_INT = 100;
        void setData(int a, int b);
        int getMax();
    }
    class Int implements One{
        int x, y;
        public void setData(int a, int b){
            x = a;
            y = b;
        }
        public int getMax(){
            return x>y?x:y;
        }
    }
    public class TestInt{
        public static void main(String[] args){
            Int i = new Int();
            i.setData(10,50);
            System.out.println("Return max value = "+i.getMax());
        }
    }
```

- ✧ 该源程序中有一条 package 语句，没有 import 语句；
- ✧ 接口 One 有一个常量(成员变量)，二个成员方法；
- ✧ 类 Int 实现了接口 One，它有自己两个成员变量 x,y 和实现接口的两个方法；
- ✧ 在包括有 main()方法的类 TestInt 定义为 public；
- ✧ 源文件名为 public 的类 TestInt.java；
- ✧ 在编译成功后，生成了 One.class、Int.class 和 TestInt.class 三个字节码文件。

习　　题

1．Java 语言中的包是什么含义，它如何使用？

2．package 语句和 import 语句的作用是什么？举例说明。

3．Java 源程序的组成中至少要有一个什么定义？举例说明。

4．Java 语言中对成员的访问有几种情况？举例说明。

5．Java 语言中有几种对成员访问控制的修饰符，它们是如何使用的？

6．接口与抽象类的主要区别在哪些方面？

7．创建一个接口 Print，在其中定义一个打印方法 print()。再创建两个类实现这个接口。

8．创建 Person 接口(即“人”)，它有 setData()和 getData()方法对“人”属性 name、sex 和 birthday 赋值和获得这些属性组成的字符串信息。创建类 Student 实现 Person 接口，并对自己的“学生”属性的成员变量 sID、speciality 设置值和获得它们值所组成的字符串信息。

第7章 异常处理

异常就是程序执行过程中出现的不正常现象。任何一个程序都可能出现异常，如要打开的文件不存在、内存不够、数组访问超界等。Java 作为一种面向对象语言，它设计了很多标准的异常处理类，采用 throw-catch（抛出 - 捕获）方式，捕获并处理异常。Java 使异常处理标准化，使程序设计思路更清楚，理解更容易。本章将介绍异常处理方法。

7.1 异常类的层次

Java 定义的异常类有自己的类层次，如图 7-1 所示。所有异常类都是 Throwable 类的子类。Throwable 属于 java.lang 包，在程序中不必使用 import 语句引入即可使用。Throwable 类中定义了与异常处理相关的一些方法，而其子类一般没有定义新的方法。

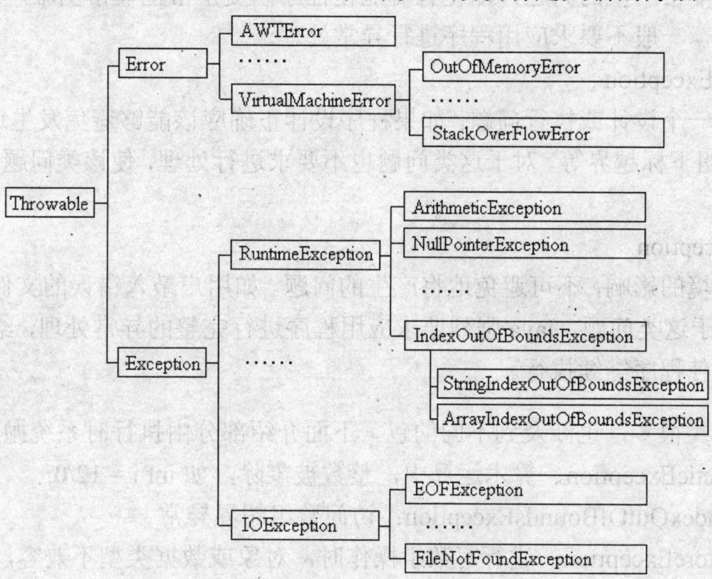

图 7-1 异常类层次结构示意图

Throwable 类的定义如下：

```
public class Throwable extends Object implements Serializable{
    public Throwable();
    public Throwable(String message);
    public String getMessage();

    public String getLocalizedMessage();
    public String toString();
    public void printStackTrace();
```

```
    public void printStackTrace(PrintStream s);
    public void printStackTrace(PrintWriter s);
    public native Throwable fillInStackTrace();
}
```

其中比较常用的方法有：

- ✧ getMessage()：获得更详细的异常信息，但并非每个异常都有详细信息。如果没有详细信息，该方法调用后返回空值。
- ✧ toString()：获得异常的简短描述。
- ✧ printStackTrace()：打印异常发生处堆栈跟踪的信息，包括异常的类名、方法名及所在程序的行数。

Throwable 类有三个最基本的子类：Error, Exception 和 RuntimeException 类，它们代表了三种不同形式的异常：

1．Error

表示产生了非常严重的问题，即使有可能使程序恢复正常也非常困难，如内存不足等。对于这一类问题，一般不要求应用程序进行异常处理。

2．RuntimeException

表明产生了一个设计或执行问题，如果程序设计正确应该能够避免发生这类问题，如在访问数组时，数组下标越界等。对于这类问题也不要求进行处理，使该类问题能够暴露出来，从而改正程序。

3．其他 Exception

由于执行环境的影响，不可避免地将产生的问题。如用户敲入错误的文件名而导致文件没有找到等。对于这类问题，Java 强烈要求应用程序进行完整的异常处理，给用户友好的提示，或者修正后使程序继续执行。

Java 的异常类很多，也涉及到不同的包。下面介绍部分由执行时系统抛出的异常：

- ✧ ArithmeticException：算术运算中，整数被零除，如 int i = 12/0;
- ✧ ArrayIndexOutOfBoundsException：访问数组超界异常
- ✧ ArrayStoreException：进行写数组操作时，对象或数据类型不兼容，导致异常。
- ✧ ClassCastException：当试图把对象 A 转换为对象 B 时，如果对象 A 既不是对象 B 的同类，又非对象 B 的子类，将产生该异常。
- ✧ IllegalArgumentException：在方法的参数表中，如果参数无效，将产生异常。
- ✧ IllegalThreadStateException：非法改变线程状态，如启动已执行线程，导致异常。
- ✧ IndexOutOfBoundsException：是 ArrayIndexOutOfBoundsException 类的超类，它是抽象类。
- ✧ NegativeArraySizeException：创建数组时，规定数组大小的参数是负数，产生异常
- ✧ NullPointerException：试图访问空对象的变量、方法或空数组的元素，产生异常。
- ✧ NumberFormatException：试图把一字符串非法转换成数组（或相反），导致该异常
- ✧ SecurityException：Applet 试图执行被 WWW 浏览器安全设置所禁止的操作，产生异常。

- ✧ IncompatibleClassChangeException：有两种情况抛出该异常，一是某成员变量的声明被从静态改变为非静态，但其他引用了这个变量的类却没有重新编译，或者相反。二是删除了类声明中的某一域或方法，但没有重新编译那些引用了这个域或方法的类。
- ✧ OutOfMemoryException：表示“内存不足”异常。
- ✧ NoClassDefException：Java 执行时找不到所引用的类，产生该异常。
- ✧ IncompatibleTypeException：试图实例化一个接口，产生该异常。
- ✧ UnsatisfiedLinkException：所调用的方法是 C 方法，但执行时无法连接这个方法，将产生该异常。
- ✧ InternalException：是系统内部故障所导致的异常。

7.2 异常处理

当程序发生异常时，就会抛出一个异常，这个异常可以被程序捕获，进行相应处理。最基本的异常处理结构形式如下：

```
try {
        正常程序段;
}
catch(异常类1    异常变量) {
        与异常类1有关的处理程序段;
}
catch(异常类2    异常变量) {
        与异常类2有关的处理程序段;
}
......
finally {
        退出异常处理程序段;
}
```

在这个结构中使用了三个关键字：try, catch, finally。try 后大括号中的程序段称为保护代码(protected code)，可能产生某种异常。如果这些异常是 Java 定义的标准异常，如 FileNotFoundException，IndexOutOfBoundsException 等，将由 Java 自动抛出这个类的一个对象。如果是应用程序自己设计的异常，必须使用throw 语句抛出自定义的异常对象，无论是哪种情况发生，在 try{}中都不进行任何异常处理。紧接 try 之后的是一系列 catch 语句，这才是处理异常的正确地方。catch 与一个方法定义相似，需要一个参数，该参数必须是 Throwable 类或其子类的一个对象，或一个接口。catch 的作用是当系统或应用程序抛出一个异常后，通过与 catch 的参数比较，如果相匹配，就执行 catch 方法中的异常处理程序段，否则与一下 catch 继续进行相匹配的比较。相匹配的含义指符合下列三种情况之一：

- ✧ 被抛出的异常类与 catch 参数指定类是同一类。

✧ 被抛出的异常类是 catch 参数指定类的子类。

✧ 如果 catch 参数是一个接口，而被抛出的异常类实现了这个接口。

catch 检查匹配是顺序进行的，当程序中包含多条 catch 语句时，如果 catch 安排的顺序不当，可能导致某些 catch 后的处理程序段永远不会被执行，例如下面的程序段：

```
catch (IOException e) {
        异常处理 1;
}
catch (FileNotFoundException e) {
        异常处理 2;
}
```

如果程序产生了一个 FileNotFoundException 异常，在进行第一次匹配比较时，根据匹配的第二条含义，Java 认为它们已经匹配，则执行异常处理 1，而异常处理 2 永远不会被执行。所以在使用 catch 语句时，应该清楚所有参数所属类的层次，以便正确安排 catch 语句的顺序。如果出现这种错误，javac 编译器会发出错误信息：catch not reached。

finally 后面的程序段在程序控制转到这个编程结构外面之前执行，无论 try 是否抛出异常，还是某个 catch 进行了异常处理，finally 后的程序段总要被执行一次。唯一不被执行的情况是 try 或 catch 中执行了 System.exit()，则程序立即中止。

在 try-catch-finally 这个编程结构中，catch 语句和 finally 语句是可选的，但至少使用其中一个语句。

例如 7.1 下面的程序说明 try-catch-finally 的使用方法。

```
/**
    源程序: TryTest1.java
*/
public class TryTest1 {
   public TryTest1() {
    try {
        int a[] = new int[2];
        a[4]= 3;
        System.out.println("在异常处理后，会返回到这吗?");
    }catch(IndexOutOfBoundsException e) {
        System.err.println("Exception msg: " + e.getMessage());
        System.err.println("Exception string: " + e.toString());
        e.printStackTrace();
    }
    finally{
        System.out.println("-------------");
        System.out.println("finally");
```

```
    }
    System.out.println("No exception?");
  }
  public static void main(String[] args){
    new TryTest1();
  }
}
```

运行程序：

```
java  TryTest1
```

结果为：

```
Exception msg: 4
Exception string: java.lang.ArrayIndexOutOfBoundsException: 4
java.lang.ArrayIndexOutOfBoundsException: 4
        at TryTest1.<init>(TryTest1.java:5)
        at TryTest1.main(TryTest1.java:19)
-------------
finally
No exception?
```

程序设计了一个数组超界异常。用 catch 语句捕获异常，在处理异常中使用了上面提到的三个方法 getMessage(), toString(), printStackTrace()来显示错误信息。从程序的运行结果可知，当 catch 捕获到异常，进行处理后，程序并没有恢复到产生异常的地方，而是执行 try-catch-finally 结构外紧跟着的下一条语句。

7.3 嵌套的异常处理

在 try-catch-finally 结构中，可以使用嵌套形式，即在捕获异常处理过程中，可以继续抛出异常。在这种嵌套结构中，产生异常后，首先与最内层的 try-catch-finally 结构中的 catch 语句进行匹配比较。如果没有相匹配的 catch 语句，该异常情况可以被抛出，让外层的 try-catch-finlly 的结构重复进行匹配检查。这样从最内层到最外层，逐一检查匹配，直到找到一个匹配为止。如果所有的 try-catch-finally 结构中都没有找到一个与异常匹配的 catch，则 Java 系统会打印一个与该异常相关的信息并显示异常发生时的堆栈状态。

例如 7.2 使用了异常处理的嵌套结构程序。

```
/**
    源程序: TryTest2.java
*/
public class TryTest2 {
```

```
    public TryTest2() {
        for(int i=0; i<2; i++) {
            int k;
            try {
                System.out.println("\nOuter try block; Test Case #"+i);
                try {
                    System.out.println("\tInner try block");
                    switch(i) {
                        case 0:
                                    int zero = 0;
                                    k = 8/zero;
                                    break;
                        case 1:
                                    int[] c = new int[3];
                                    k = c[5];
                                    break;
                    }
                }catch(ArithmeticException e){
                    System.out.println("\tInner> " + e);
                }catch(IndexOutOfBoundsException e){
                    System.out.println("\tInner> " + e);
                    throw e;
                }
                finally{
                    System.out.println("\tInner finally block");
                }
            } catch(ArrayIndexOutOfBoundsException e) {
                System.out.println("Outer> " + e);
            }
            finally {
                System.out.println("Outer finally block");
            }
        }
    }
    public static void main(String[] args) {
        new TryTest2();
    }
}
```

运行程序：

java TryTest2

结果为：

```
Outer try block; Test Case #0
        Inner try block
        Inner> java.lang.ArithmeticException: / by zero
        Inner finally block
Outer finally block

Outer try block; Test Case #1
        Inner try block
        Inner> java.lang.ArrayIndexOutOfBoundsException: 5
        Inner finally block
Outer> java.lang.ArrayIndexOutOfBoundsException: 5
Outer finally block
```

程序用循环语句设计了对两个异常进行捕获和处理：算术异常和数组超界异常。程序使用了内外两层 try-catch-finally 结构，内层捕获 ArithmeticException 和 IndexOutOfBounds Exception，外层捕获 ArrayIndexOutOfBoundsException。由于 ArrayIndexOutOfBounds Exception 是 IndexOutOfBoundsException 的子类，为了保证外层能够正确捕获异常，内层捕获 IndexOutOfBoundsException 后，使用throw 语句再抛出异常。

从执行结果可知：内外层 try-catch-finally 结构都正确地捕获了数组超界异常。

7.4 throw 语句

上面的程序都是关于如何捕获被 Java 系统抛出的异常，然后进行处理，这样可以给用户提供更多的、更友好的错误信息。但是在一个实际的应用程序中，除了可能产生 Java 的标准异常外，还可能产生应用程序的特定异常，这时应用程序应该给用户提供明确的指示，帮助用户正确理解和使用该应用程序。

throw 语句可以抛出一个异常，其格式为

throw 表达式;

其中表达式是 Throwable 类或其子类的一个对象。例如，下列语句抛出一个 I/O 异常，错误信息为 "Cannot find the directory" ：

```
throw new IOException("Cannot find the directory");
```

应用程序可以使用 throw 抛出自己定义的异常，如何来设计这种程序呢？要设计这种程序应该完成以下三件事：

✧ 生成 Throwable 类或其子类的一个子类。

✧ 在可能发生异常的地方，判断是否发生异常，如果发生异常，则用 throw 抛出异常。
✧ 用 try-catch-finally 结构来捕获异常，进行处理。

例如 7.3 创建并使用自己的异常类处理异常程序。

```
/**
    源程序: ThrowTest.java
*/
import java.awt.*;
import java.awt.event.*;
import java.applet.*;
public class ThrowTest extends Applet implements ActionListener{
   Label label1, label2;
   int[] mark = new int[50];
   int i = 0;
   TextField textfield = new TextField(20);
   public void init() {
       setLayout(new BorderLayout());
       Panel np = new Panel();
       np.setLayout(new GridLayout(1,2));
       np.add(new Label("请输入分数: ", Label.RIGHT));
       np.add(textfield);
       textfield.addActionListener(this);
       add("North", np);
       Panel cp = new Panel();
       cp.setLayout(new GridLayout(2, 1));
       label1 = new Label(" ", Label.CENTER);
       label2 = new Label("Exception Message: No", Label.CENTER);
       label1.setFont(new Font("TimesRoman", Font.BOLD, 20));
       label2.setFont(new Font("Courier", Font.PLAIN, 14));
       cp.add(label1);
       cp.add(label2);
       add("Center", cp);
       Button average = new Button("平均分");
       average.addActionListener(this);
       add("South", average);
       validate();
       textfield.requestFocus();
   }
   public void actionPerformed(ActionEvent ae) {
```

```
            int aver = 0;
            Integer x;
            String arg = ae.getActionCommand();
            try {
                if(arg.equals("平均分")) {
                    for(int k=0; k<i; k++) {
                        aver += mark[k];
                    }
                    aver = aver/i;
                    label1.setText(i + "个学生的平均分为: " + aver);
                    i = 0;
                    textfield.requestFocus();
                } else {
                    x = new Integer(arg);
                    mark[i] = x.intValue();
                    if(mark[i] > 100 || mark[i]<0)
                        throw new IllegelMarkException();
                        i++;
                        textfield.setText("");
                    }
                } catch(ArrayIndexOutOfBoundsException e) {
                    label2.setText("程序只能输入 50 个分数!");
                } catch (ArithmeticException e) {
                    label2.setText("没有输入分数!");
                } catch (IllegelMarkException e) {
                    label2.setText("不合法的分数: " + mark[i] +
                                        "  分数应该在: 0 -- 100 之间");
                }
            }
        }
        class IllegelMarkException extends Throwable {
            IllegelMarkException() {}
        }
```

7.5 throws 语句

在异常处理时，抛出异常和处理异常可在同一个方法中，但有时要求抛出异常的方法并不处理该异常，而是由调用该方法的另一方法来处理，那么这时可以使用 throws 语句给方法声明一个例外情况，其声明格式为：

方法 throws 异常类1, 异常类2, ...

例如 int marks(int m) throws IOException 这条语句表明方法 marks()中如果产生一个IOException 类异常，它并不处理该异常，只是抛出这个异常。那么在调用 marks()的方法中，应该用 try-catch-finally 结构来捕获 IOException 异常，进行处理。使用 throws 语句可以把方法中产生的多个不同异常，集中起来，在调用该方法的另一方法中进行异常处理。这样可以进一步把正常程序和异常处理程序分开，有利于增加程序的可读性和可维护性。

在 throws 声明的异常类中，不包括 Error 类或 RuntimeException 类及它们的子类，即这些异常类即使没有在方法中用 throws 声明，如果发生异常也可以抛出该异常情况。

例如 7.4 使用 throws 子句声明程序示例。

```
/**
    源程序: ThrowsTest.java
*/
import java.awt.*;
import java.awt.event.*;
import java.applet.*;
public class ThrowsTest extends Applet implements ActionListener{
    Label label1, label2;
    int[] mark = new int[50];
    int i = 0;
    String str = "";
    TextField textfield = new TextField(20);

    public void init() {
      setLayout(new BorderLayout());
      Panel np = new Panel();
      np.setLayout(new GridLayout(1,2));
      np.add(new Label("Please input marks: ", Label.RIGHT));
      np.add(textfield);
      textfield.addActionListener(this);
      add("North", np);

      Panel cp = new Panel();
      cp.setLayout(new GridLayout(2, 1));
      label1 = new Label(" ", Label.CENTER);
      label2 = new Label("Exception Message: No", Label.CENTER);
      label1.setFont(new Font("TimesRoman", Font.BOLD, 20));
      label2.setFont(new Font("Courier", Font.PLAIN, 14));
      cp.add(label1);
      cp.add(label2);
      add("Center", cp);
```

```
    Button average = new Button("Average");
    average.addActionListener(this);
    add("South", average);

    validate();
    textfield.requestFocus();
  }
  public void actionPerformed(ActionEvent ae) {
    Integer x;
    String arg = ae.getActionCommand();
    try {
      if(arg.equals("Average")) {
          label1.setText(i + "个学生的平均分为: " + calculate());
          i = 0;
          textfield.requestFocus();
      } else {
          x = new Integer(arg);
          mark[i] = x.intValue();
          exam(mark[i]);
          i++;
          textfield.setText("");
          str = "第"+i+"个成绩为："+arg;
          label1.setText(str);
      }
    } catch(ArrayIndexOutOfBoundsException e) {
        label2.setText("程序只能输入 50 个分数!");
    } catch (ArithmeticException e) {
        label2.setText("没有输入分数!");
    } catch (NegativeMarkException e) {
        label2.setText("负分非法: " + mark[i] +"  应该在:0--100");
    } catch (OutofMarkException e) {
        label2.setText("不合法的分数: " + mark[i] +"   分数应该在: 0 -- 100 之间");
    }
  }
  int calculate() {
     int aver = 0;
     for(int k=0; k<i; k++) {
          aver +=mark[k];
     }
     return aver=aver/i;
```

```
    }
    void exam(int mark) throws NegativeMarkException, OutofMarkException {
        if(mark < 0) throw new NegativeMarkException();
        if(mark> 100) throw new OutofMarkException();
    }
}
class NegativeMarkException extends Throwable {
    NegativeMarkException() {}
}
class OutofMarkException extends Throwable {
    OutofMarkException() {}
}
```

这个程序是上面程序的翻版，它定义了两个方法 exam()和 calculate()，分别完成判断分数正确与否和计算平均成绩的工作。exam()方法可能产生应用程序自定义的两种异常，但它并没有处理这两种异常，而是用 throws 声明抛出异常。calculate()方法计算平均成绩，可能产生算术异常，但它并不处理异常，也没有用 throws 声明抛出异常，因为它产生的算术异常即使不声明也将被抛出。这两个方法是产生异常的地方，却都没有处理异常，而是在调用这两个方法的地方用 try-catch 捕获异常，进行处理。

总　结

Java 的异常处理机制非常独特，它把正常程序和异常处理程序分开处理，从而保证了正常程序设计清楚，具有很强的可读性和可维护性，同时，强大的异常处理机制，使异常处理更加方便，使系统更强壮。

所有错误和异常类的根是 Throwable 类。Java 可以自动抛出它定义的标准异常，应用程序也可以生成自己的异常类，来增加异常处理的灵活性。

try-catch-finally 是异常处理的基本形式，用 try 测试保护代码是否产生异常，如果发生异常，则用 catch 捕获异常，进行处理，不管是否发生异常都将执行 finally 后的程序段。这种异常处理形式是一种可嵌套结构。

throw 语句可以抛出异常情况，借助它可以抛出应用程序自己的异常，然后捕获异常，进行处理。

如果方法用throws 语句声明异常，则意味着该方法不进行异常处理，仅仅抛出异常，那么调用该方法的其他方法则应该负责处理异常，这样有利于集中处理异常，进一步提高程序的可读性和可维护性。提高程序可读性和可维护性。

习　　题

1．Java 语言中的异常处理是什么含义？

2．在异常处理的中由哪些部分组成，它们各有什么作用？

3．在异常处理的 catch 语句中，异常类在安排次序是有什么要注意的？

4．什么情况下必须使用 throw 语句？举例说明。

5．throws 子句在什么位置使用，它表示什么含义？举例说明。

6．编写一个含有 ArithmeticException、IndexOutOfBoundsException 和 NullPointer Exception 异常处理程序。

第 8 章 多线程设计

Java 语言从设计之初，就考虑到对多线程的支持，因而在系统级和语言级均提供了对多线程的支持。线程有时也称小进程，是一个大进程里分出来的小的、独立的进程，Java 提供的多线程功能使得在一个程序里可同时执行多个小任务。多线程带来的好处是更好的交互性能和实时控制性能，当程序中有多个可执行线程时，能够充分利用系统资源，提高程序执行效率。本章介绍多线程应用程序的设计方法。

8.1 多线程机制

8.1.1 线程的基本概念

线程就是应用程序中的一个可执行线索，多线程就是同一个应用程序中有多个可执行线索，它们可以并发执行。

为了更好的理解线程，可以用办公室工作人员作比喻。办公室工作人员就像 CPU，根据上级指示做工作，就像执行一个线程。在单线程环境中，每个程序编写和执行的方式是任何时候程序只考虑一个处理顺序。打个比方，就像给办公室某个工作人员只安排做一个工作，那么他在完成这个工作的过程中从头到尾都不会受到打扰，也就不会分心。当然，实际生活中工作人员很难一次只有一个任务，更常见的是他同时要做几件事。领导将工作交给工作人员，希望工作人员既要做这个工作，又要做那个工作，等等。如果一个任务无法做下去了，比如工作人员需要等待另一部门的信息才能继续，则工作人员将这个工作放在一边，转入另一个工作。一般来说，领导希望工作人员手头的各个任务每一天都有一些进展。这样就引入了多线程的概念。多线程编程环境与这个典型的办公室非常相似，同时给 CPU 分配了几个任务或线程。和办公室人员一样，计算机 CPU 实际上不可能同一时间做几件事，而是把时间分配到不同的线程，使每个线程都有点进展。如果一个线程无法进行，比如线程要求的键盘输入尚未取得，则转入另一线程的工作。通常，CPU 在线程间的切换非常迅速，使人们感觉到好像所有线程是同时进行的。

前面几章介绍的所有例程都是单线程的，即一个应用程序只存在一个可执行线索。在执行过程中，如果某部份代码因为等待某个 I/O 操作而受阻， 则程序的其他部分即使与此无关也不能执行，这样就严重地浪费了 CPU 资源。多线程机制的提出就是为了解决这个问题。回忆一下多进程并行执行的情况，在 CPU 上执行的某个进程因为等待某种资源而受阻时，多任务操作系统可以使该进程挂起（暂停执行），而根据某种调度原则启动另外一个不同的进程执行，直到前一进程获得其所需资源，才唤醒该进程，让它继续执行。这样，在多任务操作系统的调度下，可以让多个进程并行执行，能够较好地利用 CPU 资源，但仍然难以满足现代应用程序的需要。例如，需要在同一应用程序中完成声音播放、图像显示、网络文件下载等多项工作，如果使用传统的单线程程序，就只能顺序的逐一实现，而使用多线程方法则可以并发实现。多线程就是同一程序中多个任务的并发实现。

可以说，线程与进程相似，是一段完成某个特定功能的代码，是程序中单个顺序的流控制；但与进程不同的是，同类的多个线程是共享一块内存空间和一组系统资源，而线程本身的数据通常只有微处理器的寄存器数据，以及一个供程序执行时使用的堆栈。所以系统在产生一个线程，或者在各个线程之间切换时，负担要比进程小的多，正因如此，线程被称为轻负荷进程（light-weight process）。一个进程中可以包含多个线程，一个线程是一个程序内部的顺序控制流。它与进程有相似之处，可以动态的生成或销毁等，它们之间的差别主要体现在如下两个方面：

- ✧ 作为基本的执行单元，线程的划分比进程小，因此，支持多线程的系统要比只支持多进程的系统并发程度高。
- ✧ 进程把内存空间作为自己的资源之一，每个进程均有自己的内存单元。线程却共享内存单元，通过共享的内存空间来交换信息，从而有利于提高执行效率。

由于线程划分更小，涉及的资源更少，因而使用更加灵活、方便。

8.1.2 线程的三个部分

在 Java 中建立线程并不困难，所需要的三件事：执行的代码、代码所操作的数据和执行代码的虚拟 CPU。

Java 内在支持多线程，它的所有类都是在多线程下定义的，Java 利用多线程使整个系统成为异步系统。Java 中的线程由三部分组成：

1．虚拟的 CPU，封装在 Java.lang.Thread 类中；
2．CPU 所执行的代码，传递给 Thread 类；
3．CPU 所处理的数据，传递给 Thread 类。

建立 Thread 对象时，必须提供执行的代码和代码所处理的数据。JAVA 的面向对象模型要求程序代码只能写成类的成员方法。数据只能作为方法中的自动（或本地）变量或类的成员存在。这些规则要求为线程提供的代码和数据应以类的实例的形式出现。

例 8.1 一个建立线程的例子。

```
/**
    源程序：SimpleRunnable.java
*/
public class SimpleRunnable implements Runnable{
      private String message;
      public static void main(String args[]){
            SimpleRunnable r1=new SimpleRunnable("Hello");
            Thread t1=new Thread(r1);
            t1.start();
      }
      public SimpleRunnable(String message){
```

```
        this.message = message;
    }
    public void run(){
        for(;;){
            System.out.println(message);
        }
    }
}
```

线程开始执行时，它在 public void run()方法中执行。这种方法是定义的线程执行的起点，就像应用程序从 main()开始、小程序从 init()开始一样。线程操作的本地数据是传入线程的对象的成员。

首先，main()方法构造 SimpleRunnable 类的实例。注意，实例有自己的数据，这里是一个 String，初始化为“Hello”.由于实例 t1 传入 Thread 类构造器，这是线程运行时处理的数据。执行的代码是实例方法 run()。

8.2 多线程实现方法

创建新线程有两种方法：

✧ 生成 Thread 子类

✧ 生成一个类，声明实现 Runnable 接口

下面分别介绍这两种方法的使用情况。

8.2.1 创建 Thread 类子类方法

用这种方法生成新线程，可以按以下步骤进行：

✧ 生成 Thread 类的子类。

✧ 在子类中覆盖 run()方法。

✧ 生成子类的对象，并且调用 start()方法启动新线程。

这三个步骤可以用 Java 语言表述为：

```
class NewThread extends Thread {
    ...
    public void run() {
        ...
    }
}
```

在需要创建 NewThread 这个线程的类或方法中，生成 NewThread 对象。即

```
NewThread thread = new NewThread();
thread.start();
```

在创建新线程时，必须使用与上面类似的代码。

经过这三步后新线程处于可执行状态。start()方法将调用 run()方法执行线程。run()方法就是新线程完成具体工作的地方，run()方法是 Java 执行时为了启动线程而调用的第一个用户定义方法，就好象 main()是 Java 执行时为了启动 Application 程序而调用的第一个用户定义方法一样。

例 8.2 演示用生成 Thread 子类的方法来创建新线程。

```
/**
  源程序：ThreadTest1.java
*/
public class ThreadTest1 {
    public ThreadTest1() {
        FirstThread first = new FirstThread();
        SecondThread second = new SecondThread();
        first.start();
        second.start();
    }
    public static void main(String[] args) {
        new ThreadTest1();
    }
}
class FirstThread extends Thread {
    public void run() {
      try{
        System.out.println("First thread starts running.");
        for(int i=0; i<10; i++) {
            System.out.println("First " + i);
            sleep(1000);
        }
        System.out.println("First thread finishes running.");
      } catch (InterruptedException e) {}
    }
}
class SecondThread extends Thread {
    public void run() {
      try{
        System.out.println("\tSecond thread starts running.");
        for(int i=0; i<10; i++) {
          System.out.println("\tSecond " + i);
```

```
            sleep(1000);
         }
         System.out.println("\tSecond thread finishes running.");
      } catch (InterruptedException e) {}
   }
}
```

程序设计了两个线程 FirstThread 类和 SecondThread 类，它们都是 Thread 类的子类，覆盖了 run()方法，在其中分别进行打印数值的工作。除了这两个线程外，还有一个线程在执行，就是启动类线程，称它为主线程，它负责生成另外两个线程，再用 start()方法启动这两个线程。线程 first 和 second 启动后，并发执行。观察执行结果会发现两个线程交替打印数据，而不是一个线程完成了所有打印工作后，另一个线程才开始打印工作，这就是多线程的本质。

提示：线程在调用 Thread 类方法 sleep()睡眠时，有可能产生异常，要求应用程序用 try-catch 捕获这个异常，如果不用 try-catch，程序将出错。

例 8.3 用 Thread 类的其他线程控制方法创建新线程。

```
/**
   源程序： ThreadTest2.java
*/
public class ThreadTest2 {
   public ThreadTest2() {
      FirstThread first = new FirstThread();
      SecondThread second = new SecondThread();
      first.start();
      second.start();
      try {
         System.out.println("Waiting for first thread to finish");
         first.join();
         System.out.println("Waking up second thread...");
         second.resume();
      } catch (InterruptedException e) {}
   }
   public static void main(String[] args) {
      new ThreadTest2();
   }
}
class FirstThread extends Thread {
   public void run() {
      try {
```

```
                System.out.println("First thread STARTS running.");
                for(int i=0; i<6; i++) {
                    System.out.println("First " + i);
                    sleep(1000);
                }
                System.out.println("First thread FINISHES running.");
            } catch (InterruptedException e) {}
        }
    }
    class SecondThread extends Thread {
        public void run() {
            try{
             System.out.println("\tSecond thread STARTS running.");
             for(int i=0; i<6; i++) {
                if(i == 4) {
                 System.out.println("\tSecond thread SUSPENDS itself.");
                 suspend();
                }
                System.out.println("\tSecond " + i);
                 sleep(1000);
               }
              System.out.println("\tSecond thread FINISHES running.");
            } catch (InterruptedException e) {}
        }
    }
```

运行程序：

```
java    ThreadTest2
```

结果为：

```
First thread STARTS running.
        Second thread STARTS running.
Waiting for first thread to finish
        Second 0
First 0
        Second 1
First 1
        Second 2
```

```
First 2
          Second 3
First 3
          Second thread SUSPENDS itself.
First 4
First 5
First thread FINISHES running.
Waking up second thread...
          Second 4
          Second 5
          Second thread FINISHES running.
```

程序仍然使用两个线程打印数据，不同的是 second 线程在打印数据过程中，发现是数值 4，则调用 suspend()方法，暂停本身的执行。主线程用 join()方法等线程 first 执行结束后，用 resume()方法来唤醒 second 线程，second 线程被唤醒后，将继续完成打印工作。

提示：join()也将出现 InterruptedException 异常，所以必须捕获异常。

这种方法简单明了，符合大家的习惯，但是，它也有一个很大的缺点，那就是如果的类已经从一个类继承（如小程序必须继承自 Applet 类），则无法再继承 Thread 类，这时如果又不想建立一个新的类，应该怎么办呢？

可以用另一种方法：不创建 Thread 类的子类，而是直接使用它，那么只能将的方法作为参数传递给 Thread 类的实例，有点类似回调方法。但是 Java 没有指针，只能传递一个包含这个方法的类的实例。那么如何限制这个类必须包含这一方法呢？ Java 提供了接口 java.lang.Runnable 来支持这种方法。

8.2.2 创建实现接口 Runnable 的方法

使用这种方法创建新线程，要完成以下几步：

- ✧ 程序中某个类声明实现 Runnable 接口，并且在这个类中实现 run()方法。
- ✧ 生成这个类的对象。
- ✧ 用 Thread(Runnable target)构造器生成 Thread 对象，其中 target 是声明实现了 Runnable 接口的对象，并且用 start()方法启动线程。

这三个步骤用 Java 语言表述为

```
class NewThreadRun implements Runnable {
    ...
    public void run() {
        ...
    }
}
```

用下面的代码创建并执行新线程。

```
NewThreadRun n=new NewThreadRun();
Thread thread =new Thread(n);
thread.start();
```

Runnable 是 java.long 包中的一个接口。任何一个类都可以实现这个接口，从而实现创建和执行线程的功能。实现 Runnable 接口的类必须覆盖接口中定义的 run()方法，它仍然是完成具体任务的地方。

例 8.4 下面的程序说明如何用这种方法来创建线程。

```
/**
   源程序： RunTest.java
*/
public class RunTest {
    public RunTest() {
        FirstThread first = new FirstThread();
        SecondThread second = new SecondThread();
        Thread thread1 = new Thread(first);
        Thread thread2 = new Thread(second);
        thread1.start();
        thread2.start();
    }
    public static void main(String[] args) {
        new RunTest();
    }
}
class FirstThread implements Runnable {
    public void run() {
        try {
            System.out.println("First thread starts running.");
            for(int i=0; i<6; i++) {
                System.out.println("First " + i);
                Thread.sleep(1000);
            }
            System.out.println("First thread finishes running.");
        } catch (InterruptedException e) {}
    }
}
class SecondThread implements Runnable {
    public void run() {
        try {
```

```
            System.out.println("\tSecond thread starts running.");
            for(int i=0; i<6; i++) {
                System.out.println("\tSecond " + i);
                Thread.sleep(1000);
            }
            System.out.println("\tSecond thread finished.");
        }catch(InterruptedException e) {}
    }
}
```

运行程序：

```
java  RunTest
```

结果为：

```
First thread starts running.
First 0
        Second thread starts running.
        Second 0
First 1
        Second 1
First 2
        Second 2
First 3
        Second 3
First 4
        Second 4
First 5
        Second 5
First thread finishes running.
        Second thread finished.
```

这个程序与 ThreadTest1.java 有相同的功能，只不过现在用实现 Runnable 接口的方法来创建和执行线程。在这个程序中应该注意的是：使用 Thread 类的所有方法时，必须用对象名或类名加以限制，如程序中 thread1.start()、Thread.sleep()。因为不加限制地引用方法，表示缺省使用 this 引用，即自己或父类定义的方法，但 FirstThread 类和 SecondThread 类在这个程序中不是 Thread 类的子类。

以上两种方法都可以创建和执行线程，前一种方法要求一定是 Thread 类的子类，后一种方法可以不是 Thread 类的子类，但必须实现 Runnable 接口，这种方法使用更加灵活，有时还只能使用后一种方法，如某类已经定义为 Applet 类的子类，由于 Java 不允许多重继承，这时不能再定义它为 Thread 类的子类，此时只有声明其实现 Runnable 接口来创建和执行新线程。

严格地说，创建 Thread 子类的实例也是可行的，但是必须注意的是，该子类必须没有覆盖 Thread 类的 run 方法，否则该线程执行的将是子类的 run 方法，而不是用以实现 Runnable 接口的类的 run 方法。使用 Runnable 接口来实现多线程使得能够在一个类中包容所有的代码，有利于封装，它的缺点在于，只能使用一套代码，若想创建多个线程并使各个线程执行不同的代码，则仍必须额外创建类，如果这样的话，在大多数情况下也许还不如直接用多个类分别继承 Thread 来得紧凑。

8.3 多线程状态及调度

8.3.1 线程的状态

一个线程被创建以后，它就有了生命期，在生命期内，可以用来完成一项任务。线程在创建后到销毁之前总处于以下四种态之一：

1．新生态：线程生成之后立即进入这个状态。这时，线程对象已被分配内存空间，其私有数据已被初始化，但该线程还未被调度，可用 start()方法调度，或用 stop()方法中止。新生线程一旦被调度，就将切换到可执行状态。

2．可执行态：处于可执行环境中，随时可以被调度而执行。它可细分为两个子状态：执行状态，已获得 CPU，正在执行；就绪状态，只等待处理器资源。这两个子状态的过渡由执行调度器来控制。

3．阻塞态：由某种原因引起线程暂停执行的状态。

4．停止态：线程执行完毕或另一线程调用 stop()方法使其停止时，进入这种停止状态，它表示线程已退出执行状态，并且不再进入可执行状态。

在 Java 线程类中分别定义了相应的方法，可以在应用程序中对线程状态进行管理。

8.3.2 线程的优先级及调度

应用程序中的多个线程能够并发执行，但从系统的内部来看，所有线程仍然是串行的一个一个地执行，那么如何来决定哪一个线程先执行，哪一个线程后执行呢？Java 引入了优先级的概念，优先级就是线程获得 CPU 而执行的优先程度，优先级越高，获得 CPU 的权力越大，执行的机会越多，执行的时间也越长。Java 把优先级划分为 10 级，用 1 至 10 的整数表示，数值越大，优先级越高。在创建线程时，可以为线程分配优先级。在 Thread 类中定义了三个优先级常量：MIN_PRIORITY, MAX_PRIORITY 和 NORM_PRIORITY，其值分别为 1, 10, 5。在为线程分配优先级时，其值应该在 1 至 10 之间，否则将出错，如果应用程序没有为线程分配优先级，则 Java 系统为其赋值为 NORM_PRIORITY。可以通过 Thread 类的 setPriority(int a)方法来修改系统自动设置的线程优先级。

线程运行的顺序以及从处理器中获得的时间数量主要取决于开发者，处理器给每个线程分配一个时间片，而且线程的运行不能影响整个系统。处理器线程的系统或者是抢占式的，或者是非抢占式的。抢占式系统在任何给定的时间内将运行最高优先级的线程，系统中的所有线程都有自己的优先级。Thread 类的 Thread.NORM_PRIORITY 属性是线程的缺省值，Thread 类提供了 setPriority 方法和 getPriority 方法来设置和读取优先权，使用 setPriority 方法能改变 Java 虚拟机中的线程的重要性，它调用一个整数，类变量 Thread.MIN_PRIORITY 属性和 Thread.MAX_PRIORITY 属性决定这个整数的有效范围。Java 虚拟机是抢占式的，它能保证运行优先级最高的线程。在 JAVA 虚拟机中把一个线程的优先级改为最高，那么他将取代当前正在运行的线程，除非这个线程结束运行或者被一条休眠命令放入 waiting 状态，否者将一直占用所有的处理器的时间。如果遇到两个优先级相同的线程，操作系统可能影响线程的执行顺序。

调度就是分配 CPU 资源，确定线程的执行顺序。Java 采用抢占式调度方式， 即高优先级线程具有剥夺低优先级线程执行的权力。如果一个低优先线程正在执行，这时出现一个高优先级线程，那么低优先级线程就只能停止执行，放弃 CPU，推回到等待队列中， 等待下一轮执行，而让高优先级线程立即执行。如果线程具有相同的优先级，则按“先来先服务”的原则调度。理解了 Java 的抢占式调度策略后，在设计程序时，应该让高优先级线程执行一段时间后，能够交出使用权，放弃 CPU。有两个方法可以达到这一目的：

一是调用 sleep()方法，暂时进入睡眠状态，从而让出 CPU，使有相同优先级线程和低优先级线程有执行的机会。

二是调用 yield()而放弃 CPU，这时和它有相同优先级的线程就有执行的机会。

8.3.3 线程的控制

为了控制线程的运行策略，Java 定义了线程调度器来监控系统中处于就绪状态的所有线程。线程调度器按照线程的优先级决定那个线程投入处理器运行。在多个线程处于就绪状态的条件下，具有高优先级的线程会在低优先级线程之前得到执行。线程调度器同样采用“抢占式”策略来调度线程执行，即当前线程执行过程中有较高优先级的线程进入就绪状态，则高优先级的线程立即被调度执行。具有相同优先级的所有线程采用轮转的方式来共同分配 CPU 时间片。

线程的状态转换关系如图所示：

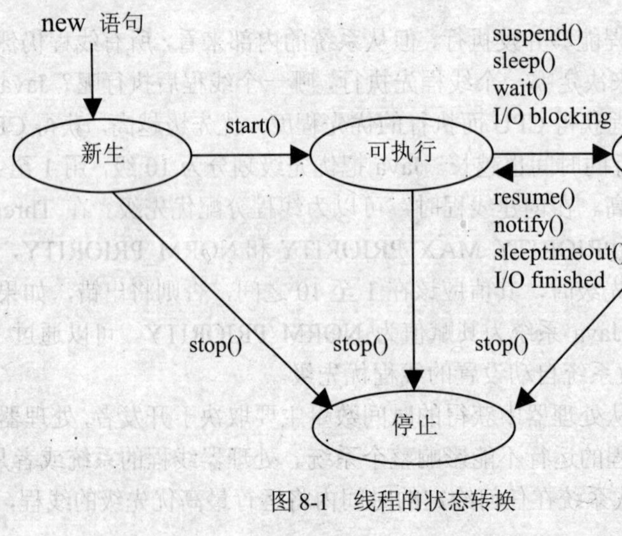

图 8-1 线程的状态转换

为控制线程的状态转换，Thread 类定义了许多控制线程执行的方法，如下某些成员：

```
public class Thread implements Runnable {
    public final static int MIN_PRIORITY;
    public final static int NORM_PRIORITY;
    public final static int MAX_PRIORITY;
    public Thread();
    public Thread(Runnable target);
    public Thread(ThreadGroup group, Runnable target);
    public Thread(String name);
    public Thread(ThreadGroup group, String name);
    public Thread(Runnable target, String name);
    public Thread(ThreadGroup group, Runnable target,
                                  String name);
    public void run();
    public synchronized native void start();
    public final void stop();
    public final synchronized void stop(Throwable o);
    public static native void yield();
    public static native void sleep(long millis)
                          throws InterruptedException;
    public static void sleep(long millis, int nanos)
                          throws InterruptedException;
    public final void suspend();
    public final void resume();
    public final synchronized void join(long millis)
                          throws InterruptedException;
    public final synchronized void join(long millis, int nanos)
                          throws InterruptedException;
    public final void join() throws InterruptedException;
    public void interrupt();
    public static boolean interrupted();
    public boolean isInterrupted();
    public void destroy();
    public final native boolean isAlive();
    public final void setPriority(int newPriority);
    public final int getPriority();
    public final void setName(String name);
    public final String getName();
    public final ThreadGroup getThreadGroup();
```

```
    public static native Thread currentThread();
    public static int activeCount();
    public static int enumerate(Thread tarray[]);
    public native int countStackFrames();
    public static void dumpStack();
    public final void setDaemon(boolean on);
    public final boolean isDaemon();
    public void checkAccess();
    public String toString();
}
```

程序中经常使用下面的方法，对线程进行控制：

- ✧ start()：用于调用 run()方法使线程开始执行。
- ✧ stop()：立即停止线程执行，其内部状态清零，放弃占用资源。
- ✧ wait()：使线程处于等待状态。线程等待某个条件调用 wait()方法。
- ✧ notify()：使线程脱离阻塞状态。在线程等待一个条件而调用 wait()后，则在条件变量所在的对象中调用 notify()方法即可使线程脱离阻塞状态。
- ✧ sleep()：调整线程执行时间，所需参数是指定线程的睡眠时间，以毫秒为单位。
- ✧ join()：调用线程等待本线程执行结束。
- ✧ yield()：暂停调度线程并将其放在等待队列末尾，等待下一轮执行，使同优先级的其他线程有机会执行 。

8.4 线 程 同 步

8.4.1 线程同步

一个 Java 程序的多线程之间可以共享数据。当线程以异步方式访问共享数据时，有时候是不安全的或者不合逻辑的。比如，同一时刻一个线程在读取数据，另外一个线程在处理数据，当处理数据的线程没有等到读取数据的线程读取完毕就去处理数据，必然得到错误的处理结果。这和前面提到的读取数据和处理数据并行多任务并不矛盾，这指的是处理数据的线程不能处理当前还没有读取结束的数据，但是可以处理其他的数据。

如果采用多线程同步控制机制，等到第一个线程读取完数据，第二个线程才能处理该数据，就会避免错误。可见，线程同步是多线程编程的一个相当重要的技术。

在 Java 的执行环境中，线程是从相同内存空间开始执行的，它们共享对类变量和方法的访问权，则并发执行的两个线程有可能同时访问同一变量或执行同一对象的同一方法。一旦发生这种情况，程序数据必然遭到破坏。必须提供一种机制使线程之间能够保持同步，保证同一时刻只有一个线程访问这些资源。

先用一个例程来了解线程不同步时可能发生的问题。下面的程序模拟存款情况。设计了两线程同时存款，每次存款时，首先应取得原有余额，假设这一过程将等待 5 秒钟， 然后把余额和存款相加得到最新结余，存入账户上，假设这一过程也等待 5 秒。

例 8.5 设计了两线程同时模拟存款程序。

```
/**
   源程序：  Example.java
*/
class Example {
  static int balance = 1000;
  Example() {
      DepositThread first, second;
      first = new DepositThread(this, 1000, "#1");
      second = new DepositThread(this, 1000, "\t\t\t\t#2");
      first.start();
      second.start();
      try {
            first.join();
            second.join();
      } catch(InterruptedException e) {}
      System.out.println("-----------------------------");
      System.out.println("Final balance is " + balance);
  }
  synchronized void Deposit(int amount, String name) {
      int bal;
      System.out.println(name + " trying to deposit " + amount);
      System.out.println(name + " getting balance...");
      bal = getBalance();
      System.out.println(name + " balance got is " + balance);
      bal += amount;
      System.out.println(name + " setting balance...");
      setBalance(bal);
      System.out.println(name+" new balance set to "+balance);
  }
  int getBalance(){
      try {
            Thread.sleep(5000);
      } catch(InterruptedException e) {};
      return balance;
  }
  void setBalance(int bal){
      try {
            Thread.sleep(5000);
```

```
        } catch(InterruptedException e) {};
        balance = bal;
    }
    public static void main(String[] args) {
        new Example();
    }
}
class DepositThread extends Thread {
    Example account;
    int Deposit_amount;
    String message;
    DepositThread(Example account, int amount, String message){
        this.message = message;
        this.account = account;
        this.Deposit_amount = amount;
    }
    public void run() {
        account.Deposit(Deposit_amount, message);
    }
}
```

运行程序：

```
java    Example
```

结果为：

```
#1 trying to deposit 1000
                        #2 trying to deposit 1000
                        #2 getting balance...
#1 getting balance...
                        #2 balance got is 1000
                        #2 setting balance...
#1 balance got is 1000
#1 setting balance...
                        #2 new balance set to 2000
#1 new balance set to 2000
---------------------------------
Final balance is 2000
```

程序假设原有余额为 1000，两个线程各存入 1000，最后结果应该是 3000，但程序计算为 2000。为什么会出错呢？因为，两个线程并发执行，它们共享原有余额这个数据，余额不加保护地使用，所以导致错误发生。因此应该对共享数据有一定的保护措施。

8.4.2 同步锁

Java 用锁标志(lock flag)的手段，对被访问的数据进行同步限制， 从而实现对数据的保护。把所有被保护资源都加上锁标志，线程必须取得锁标志才能访问被保护的资源。如果多个线程想同时访问该资源，则只有一个线程能获得并持有锁标志，即只有一个线程访问资源，其他线程只好等待，直到持有锁标志的线程完成对资源的使用，将锁标志交还给 Java 后，其他线程才能有机会访问被保护资源。

在 Java 中，使用修饰符 synchronized 来为被保护资源加锁。synchronized 只能用来说明方法和代码段，不能用它来说明类和成员变量。用 synchronized 修饰的方法和代码段称为方法同步和代码段同步，它意味着同一时刻该方法或代码段只能被一个线程执行，其他想执行该方法或代码段的线程必须等待。

方法同步仅在该方法前加上 synchronized 修饰符即可。如上例中要使 deposit()成为被保护资源，保证同一时刻只有一个线程调用该方法，只需为 deposit()加上 synchronized 修饰符即可，即：

```
synchronized void deposit (int amount, String name) {
    ...
}
```

再执行程序，其结果如下：

```
#1 trying to deposit 1000
#1 getting balance...
#1 balance got is 1000
#1 setting balance...
#1 new balance set to 2000
                    #2 trying to deposit 1000
                    #2 getting balance...
                    #2 balance got is 2000
                    #2 setting balance...
                    #2 new balance set to 3000
-----------------------------------
Final balance is 3000
```

第二个线程只有等待第一个线程执行结束后才开始执行，这样就能得到正确的结果。

代码段同步，必须用{}把代码段括起来，并且在前加上 synchronized(对象名)。这里的对象名是必不可少的。它告之 Java，要执行该代码段必须持有该对象名的锁标志，如用代码段同步的方法来使 deposit()同步，则可进行如下修改：

```
void Deposit(int amount, String name) {
```

```
        int bal;
        System.out.println(name + " trying to deposit " + amount);
        synchronized(this) {
            System.out.println(name + " getting balance...");
            bal = getBalance();
            System.out.println(name +" balance got is " + balance);
            bal += amount;
            System.out.println(name + " setting balance...");
            setBalance(bal);
            System.out.println(name+" new balance set to "+balance);
        }
    }
```

再执行程序，其结果如下：

```
#1 trying to deposit 1000
                    #2 trying to deposit 1000
#1 getting balance...
#1 balance got is 1000
#1 setting balance...
#1 new balance set to 2000
                    #2 getting balance...
                    #2 balance got is 2000
                    #2 setting balance...
                    #2 new balance set to 3000
-----------------------------------
Final balance is 3000
```

两个线程同时执行，但当第二个线程试图去取存款结余时，受同步限制而处于等待状态，直到第一个线程结束后，第二个线程才开始进行其后的工作，这样也可以得到正确的结果。

同步操作是以牺牲 CPU 资源为代价的。因此，在设计程序时，应该仔细规划， 只针对那些必须保护的资源使用同步方法，如到处都使用同步，则多线程就变成了单线程，而失去了多线程的优点。正确使用同步可以减少线程间的相互干扰，提高程序的稳定性和可靠性。

Java 程序中多个线程可以通过消息来实现互动联系的，例如定义一个对象的 synchonized 方法，同一时刻只能够有一个线程访问该对象中的同步方法，其他线程被阻塞。通常可以用 notify()或 notifyAll()方法唤醒其他一个或所有线程。而使用 wait()方法来使该线程处于阻塞状态，等待其他的线程用 notify()唤醒。这几种方法实现了线程间的消息发送，达到了实现线程间通信的目的。

8.5 线程通信

8.5.1 wait 方法和 notify 方法

Java 程序中多个线程是通过消息来实现互动联系的，这几种方法实现了线程间的消息发送。例如定义一个对象的 synchonized 方法，同一时刻只能够有一个线程访问该对象中的同步方法，其他线程被阻塞。通常可以用 notify()或 notifyAll()方法唤醒其他一个或所有线程。而使用 wait()方法来使该线程处于阻塞状态，等待其他的线程用 notify()唤醒。

wait 与 notify 是 Java 同步机制中重要的组成部分。结合与 synchronized 关键字使用，可以建立很多优秀的同步模型。

同步分为类级别和对象级别，分别对应着类锁和对象锁。类锁是每个类只有一个，如果 static 的方法被 synchronized 关键字修饰，则在这个方法被执行前必须获得类锁；对象锁类同。

首先，调用一个 Object 的 wait 与 notify/notifyAll 的时候，必须保证调用代码对该 Object 是同步的，也就是说必须在作用等同于 synchronized(obj){......}的内部才能够去调用 obj 的 wait 与 notify/notifyAll 三个方法，否则就会报错。

在调用 wait 的时候，线程自动释放其占有的对象锁，同时不会去申请对象锁。当线程被唤醒的时候，它才再次获得了去获得对象锁的权利。

所以，notify 与 notifyAll 没有太多的区别，只是 notify 仅唤醒一个线程并允许它去获得锁，notifyAll 是唤醒所有等待这个对象的线程并允许它们去获得对象锁，只要是在 synchronied 块中的代码，没有对象锁是寸步难行的。其实唤醒一个线程就是重新允许这个线程去获得对象锁并向下运行。

notifyall 虽然是对每个 wait 的对象都调用一次 notify，但是这个还是有顺序的，每个对象都保存这一个等待对象链，调用的顺序就是这个链的顺序。其实启动等待对象链中各个线程的也是一个线程，在具体应用的时候需要注意。

8.5.2 状态转换图

在 synchronized 代码被执行期间，线程可以调用对象的 wait()方法，释放对象锁标志，进入等待状态，并且可以调用 notify()或者 notifyAll()方法通知正在等待的其他线程。

带有 wait 方法和 notify 的线程状态转换图如下所示：

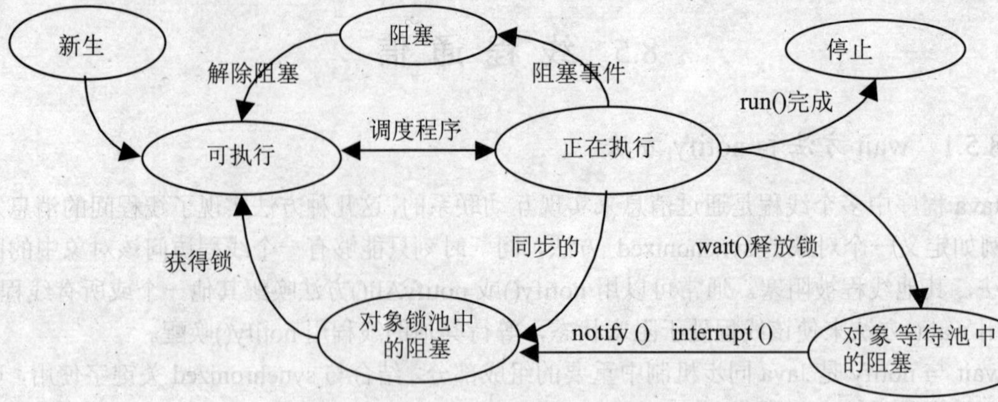

图 8-2　带有 wait 方法和 notify 方法的线程状态转换图

8.5.3　wait 和 notify 的应用示例

本例子实现两个线程，每个线程输出 1 到 100 的数字。

第一个线程输出 1~10，停止，通知第二个线程 输出 1～10 第二个线程停止 通知第一个线程 输出 11~20 ...

实现的要点是在 Java 中，每个对象都有个对象锁标志(Object lock flag)与之想关联，当一个线程 A 调用对象的一段 synchronized 代码时，它首先要获取与这个对象关联的对象锁标志，然后执行相应的代码，执行结束后，把这个对象锁标志返回给对象；因此，在线程 A 执行 synchronized 代码期间，如果另一个线程 B 也要执行同一对象的一段 synchronized 代码时（不一定与线程 A 执行的相同），它要等到线程 A 执行完后，才能继续。

例 8.6 设计实现两个线程，每个线程输出 1 到 100 的数字。

```
/**
  源程序：DemoThread.java
*/
import java.lang.Runnable;
import java.lang.Thread;
public class DemoThread implements Runnable{
   public DemoThread() {
      TestThread testthread1 = new TestThread(this,"1");
      TestThread testthread2 = new TestThread(this,"2");
      testthread2.start();
      testthread1.start();
   }
   public static void main(String[] args) {
      new DemoThread();
   }
   public void run(){
```

```
TestThread t = (TestThread) Thread.currentThread();
try{
    if (!t.getName().equalsIgnoreCase("1")) {
      synchronized(this) {
          wait();
      }
    }
    while(true){
      System.out.println("@time in thread"+ t.getName()
                                   + "="+ t.increaseTime());
      if(t.getTime()%10 == 0) {
        synchronized(this) {
          System.out.println("****************************");
          notify();
          if ( t.getTime()==100 ) break;
          wait();
        }
      }
    }
  }catch(Exception e){e.printStackTrace();}
 }
}
class TestThread extends Thread{
    private int time = 0 ;
    public TestThread(Runnable r,String name){
        super(r,name);
    }
    public int getTime(){
        return time;
    }
    public int increaseTime (){
        return ++time;
    }
}
```

小结：线程就是程序中的执行线索。多线程可以在一个程序中同时并发执行。当多个线程争夺 CPU 时，Java 调度按优先级仲裁，让高优先级线程获得 CPU 而执行，如果线程的优先级相同，则按“先来先服务”的原则调度。Java 的调度策略采用抢占式调度，即高优先级线程可以随时抢夺低优先级线程的执行权。

创建线程有两种方法：生成 Thread 类的子类和声明实现 Runnable 接口，它们都要求覆盖 run()方法。run()方法是用户完成具体任务的地方，也线程开始执行的第一个用户定义方法。新线程总是通过调用 Thread 类的 start()方法开始执行。

同步是一种避免由于多线程同时访问数据而引起数据混乱的方法。Java 使用锁标志来保证同一时刻只有一个线程使用被保护资源。同步可以提高程序的稳定性和可靠性。

Java 用锁标志(lock flag)的手段，对被访问的数据进行同步限制， 从而实现对数据的保护。

Java 程序中多个线程间通信，是通过消息来实现互动联系的。定义一个对象的 synchonized 方法，使同一时刻只能够有一个线程访问该对象中的同步方法，其他线程被阻塞。用 notify()或 notifyAll()方法可以唤醒其他一个或所有线程，而使用 wait()方法来使该线程处于阻塞状态，等待其他的线程用 notify()唤醒。wait 与 notify 是 java 同步机制中重要的组成部分。结合与 synchronized 关键字使用，可以建立很多优秀的同步模型。

多线程应用程序可以充分利用资源，同时能方便地实现多媒体应用。

习　题

1．先读一段程序：

```
public class Multithreading {
public static void main(String[] args) {
    Test he=new Test();
    new Thread(he).start() ;
    new Thread(he).start() ;
    new Thread(he).start() ;
    new Thread(he).start() ;
    new Thread(he).start() ;
    new Thread(he).start() ;
    new Thread(he).start() ;
    new Thread(he).start() ;
}
}
class Test implements Runnable{
int top=1;
public void run(){
  while(top>0){
    try{
        Thread.sleep(1);
    }catch(Exception e){}
    System.out.println(Thread.currentThread().getName()
                              .toString()+"is running:top="+top--);
```

```
        }
      }
    }
```

请分析，为什么当top取值为1时，线程按顺序执行，top取其他值时，没有这种现象？

2．试编写一个多线程的程序：启动4个线程。其中两个循环10次，每次将某全局变量加1，另两个循环10次，每次将此变量减1。请输出该变量的变化结果。

3．请写一程序，用wait()和notify()方法控制线程序间通信。

4．用java多线程序机制模拟生产者和消费者的关系。

5．多线程程序读写缓冲区时会遇到这样的问题。多个“读者”线程可以同时读取同一个缓冲区，但当有“写者”线程对缓冲区进行写操作时，具有排他性质，其他的“读者”线程都不能读取这个缓冲区，其他的“写者”线程也不能写这个缓冲区。试用Java实现读写同步。

6．利用多线程编写一个可以同时显示3个不同时区的时钟程序。

第 9 章　输入输出流

计算机不仅对各类信息具有强大的处理能力，而且还能管理各种外部设备，如键盘、串行口、显示器等，它们都是通过 I/O 端口与计算机相连。计算机要对外设进行有效控制，必须编写相应的外设驱动程序，由于 I/O 设备性质各不相同，且不断更新换代，增加了计算机管理外设的难度。为了实现对外设的统一管理，屏蔽不同外设的差异，Java 用 java.io 包实现上层软件与硬件的隔离，引入流的概念，抽象地把产生数据的源和使用数据的目的联系起来。实际应用时，把流分为输入流和输出流，输入流连在某个产生数据的设备上，输出流连在某个接收数据的设备上，这样计算机在处理输入输出时，只是从输入流中读取数据，把结果写出到输出流中，而不必过问与流相连的具体设备。

9.1　I/O 基本原理

9.1.1　基本概念

流式输入输出是一种很常见的输入输出方式。流（stream）是指在计算机的输入与输出之间运动的数据序列。流序列中的数据既可以是未经加工的原始的二进制数据，也可以是经一定编码处理后符合某种格式规定的特定数据。

Java 程序通过流来完成输入/输出。流通过 Java 的输入/输出系统与物理设备链接。尽管与它们链接的物理设备不尽相同，所有流的行为具有同样的方式。这样，相同的输入/输出类和方法适用于所有类型的外部设备。这意味着一个输入流能够抽象多种不同类型的输入：磁盘文件，键盘或网络套接字。同样，一个输出流可以输出到控制台，磁盘文件或相连的网络。Java 中流的实现是在 java.io 包定义的类层次结构内部的。

在 Java 中，把不同类型的输入、输出源（键盘、文件、网络等）抽象为流（Stream），而其中输入或输出的数据则称为数据流（Data Stream），用统一的方式来表示，从而使程序设计简单明了。

流的方向是重要的，根据流的方向，流可分为两类：输入流和输出流。输入流只能从中读取数据，而不能向其写出数据；输出流只能向其写出数据，而不能从中读取数据。

流是一个形象的概念，当程序需要读取数据的时候，就会开启一个通向数据源的流，这个数据源可以是文件，内存，或是网络连接。类似的，当程序需要写入数据的时候，就会开启一个通向目的地的流。这时候你就可以想象数据好像在这其中“流”动一样，如图 9-1 所示。

实际上，对于流的源端和目的端可简单地看成是字节的生产者和消费者，对输入流，可不必关心它的源端是什么，只要简单地从流中读数据，而对输出流，也可不知道它的目的端，只是简单地往流中写数据。

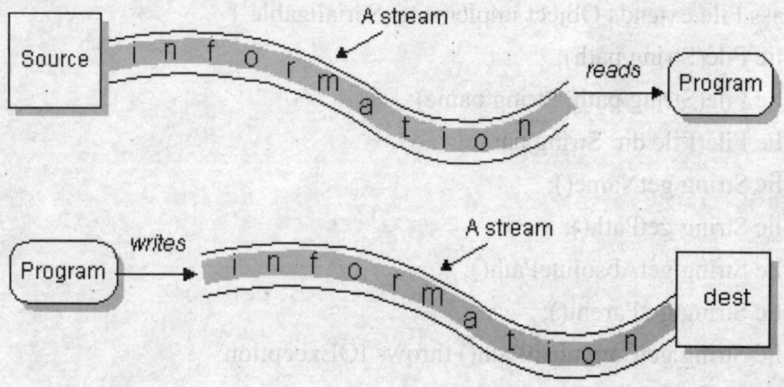

图 9-1 流的原理示意图

9.1.2 流的分类

流按照其流向分输入流和输出流。

此外，流序列中的数据按照读写操作的单位又分为：字节类和字符类。

字节流（byte stream）对数据以字节为单位进行读写，既可以一个字节一个字节的读写数据，也可以一次读写的是任意长度的字节块（即字节数组）。字节流为处理字节的输入和输出提供了方便的方法，例如，使用字节流读或写二进制数据。

字符流（character stream）在读写流内数据时是以字符为单位，一次一个字符，或者一次一个字符块。字符流为字符的输入和输出处理提供了方便。由于采用了统一的编码标准，因而可以国际化。当然，在某些场合，字符流比字节流更有效。

在最底层，所有的输入/输出都是字节形式的。基于字符的流只为处理字符提供方便有效的方法。

还有一种流的分类方式是从逻辑上划分，分为：节点流和过滤器。

节点流(node stream)是指直接从指定的位置（如磁盘文件或内存区域）读或写。其他的流则称为过滤器(filters)。过滤器输入流往往是以其他输入流作为它的输入源，经过过滤或处理后再以新的输入流的形式提供给用户，过滤器输出流的原理也类似。

9.2 文件及文件 I/O

操作系统的文件管理是向应用程序提供的最基本服务之一，但在计算机的发展过程中，形成了众多的操作系统，它们都能管理任意复杂的分层目录系统结构和几乎任意长度的文件（4GB 是一个文件的常见极限）。用户不用关心文件的存储位置，只需简单地使用文件名，即可访问文件。虽然这些操作系统已经具备了如此强大的功能，但它们互不兼容，给用户编程留下了相当大的困难，Java 为消除这种不兼容提供了很好的解决方案。

9.2.1 File 类

File 类能够处理由本地文件系统维护的具体文件，它提供独立于平台的文件处理方法，其定义如下：

```
public class File extends Object implements Serializable {
    public File(String path);
    public File(String path, String name);
    public File(File dir, String name);
    public String getName();
    public String getPath();
    public String getAbsolutePath();
    public String getParent();
    public String getCanonicalPath() throws IOException;
    public boolean exists();
    public boolean canWrite();
    public boolean canRead();
    public boolean isFile();
    public boolean isDirectory();
    public boolean isAbsolute();
    public long lastModified();
    public long length();
    public boolean renameTo(File dest);
    public boolean equals(Object obj);
    public boolean mkdir();
    public boolean mkdirs();
    public boolean delete();
    public String[] list();
    public String[] list(FilenameFilter filter);
    public int hashCode();
    public String toString();
}
```

File 类提供了很多实用方法，下面用实例程序来说明如何使用其主要的方法。

1．文件路径和属性

- getPath()和 getAbsolutePath()方法返回 File 对象的路径和绝对路径。路径是在生成 File 对象时给定的字符串参数，它可能是目录名，也可能是文件名，Java 并不区分目录名和文件名，只是原样返回。绝对路径虽然也不区分目录名和文件名，但它却是从根目录到给定文件名或目录名的完整路径。
- getName()方法返回 File 对象的文件名或目录名，与 getPath()的含义不同，getName()方法要检查给定字符串中是否含有路径分隔符，如果包含路径分隔符，则取最后一个分隔符后的字符串作为文件名返回给调用者，如果不包含路径分隔符，则 getName()和 getPath()返回相同的字符串。

说明：不同操作系统有不同的路径分隔符，如 Windows 95 用"\"，UNIX 用"/"等。

✧ getParent()返回 File 对象的父目录，这里 Java 所指的父目录并非 File 对象所在目录的父目录，它与生成 File 对象时给定的字符串有关，getParent()分析字符串，如果字符串中包含路径分隔符，则把最后一个路径分隔符之前的字符串作为父目录返回给调用者，如果字符串中没有包含路径分隔符，则返回 null。例如，如果生成 File 对象时使用“c:\java\bin”字符串，则 getParent()返回父目录为“c:\java”，如果使用的字符串为“bin”，则返回 null。

另外，在 File 类中还有几个方法用于说明文件的属性或状态，包括有方法 exist()，canWrite()，canRead()，isFile()，isDirectory()，isAbsolute()都返回 boolean 型数据，分别表示文件是否存在，是否写保护，是否读保护，是文件还是目录，是否使用绝对路径。

Java 只能查询上述文件属性，其他属性则不能查询，如隐藏、系统、归档等属性则无法查询。File 类的平台独立性，以放弃某些系统的个性为代价。

例如：程序判断给定文件是否存在，如果存在则显示文件路径、绝对路径等，查询文件的属性。

```
/**
  源程序： FileTest1.java
*/
import java.io.*;
class FileTest1 {
  public static void main(String[] args) {
    String path;
    if(args.length != 1) {
      System.err.println("Usage:java FileTest1 <File or Dir>");
      System.exit(-1);
    }
    File f = new File(args[0]);
    if (f.exists()) {
      System.out.println("---------------------------- ");
      System.out.println("Absolute Path:"+f.getAbsolutePath());
      System.out.println("File Path: " + f.getPath());
      System.out.println("File Name: " + f.getName());
      System.out.println("Parent Dirtory: " + f.getParent());
      System.out.println("---------------------------- ");
      String canRead = f.canRead()      ? "Yes" : "No";
      String canWrite = f.canWrite() ? "Yes" : "No";
      String isFile = f.isFile()          ? "Yes" : "No";
      String isDir = f.isDirectory() ? "Yes" : "No";
      String isAbs = f.isAbsolute()     ? "Yes" : "No";
      System.out.println("Readable:              "+canRead);
```

```
            System.out.println("Writable:           "+canWrite);
            System.out.println("Is directoty:       "+isDir);
            System.out.println("Is file:            "+isFile);
            System.out.println("Is absolute path:"+isAbs);
        }else
            System.out.println("Cannot found file: " + args[0]);
    }
}
```

这是一个 Application 程序，用命令行参数接受输入文件名。读者可以用不同的命令行参数来执行上面的程序，体会上述方法的区别。

2．创建目录和删除文件

✧ mkdir()和 mkdirs()用于创建目录。创建目录的位置完全取决于 File 对象的路径。

✧ delete()用于删除文件或目录，删除目录时，应该保证所删目录是一个空目录，否则删除操作失败。

例 9.1 程序创建了两个子目录。

```
/**
    源程序：  FileTest2.java
*/
import java.io.*;
class FileTest2 {
    public static void main(String[] args) {
        File dir, subdir;
        if(args.length != 1) {
            System.err.println("Usage: java FileTest2 <newDirPath>");
            System.exit(-1);
        }
        dir = new File(args[0]);
        if(dir.exists())
            System.out.println(dir.getPath() + " already exist!");
        else{
            if(dir.mkdirs()) {
                System.out.println("Created directory:" + dir.getAbsolutePath());
                subdir = new File(dir, "newSub");
                if(subdir.mkdir()) {
                    System.out.println("Created subdirectory:" + subdir.getAbsolutePath());
```

```
                subdir.delete();
            }else
                System.out.println("Could not create subdirectory:"
                                    + subdir.getAbsolutePath());
            dir.delete();
        }else
            System.out.println("Could not create directory " + dir.getAbsolutePath());
        }
    }
}
```

3．文件更名

✧ renameTo()方法不但可以给文件更名，而且可以给目录更名。

✧ equals()判断两个 File 对象是否相等，程序用它来判断用户给定的原文件名和新文件名是否相等，如果相等则不能进行更名操作。

例 9.3 使用 renameTo()和 equals()这两个方法对文件操作的情况。

```
/**
    源程序： FileRename.java
*/
import java.io.*;
class FileRename {
  public static void main(String[] args) {
    String mge;
    if(args.length != 2) {
      System.err.println("Use:java FileRename <file1> <file2>");
      System.exit(-1);
    }
    File f1 = new File(args[0]);
    File f2 = new File(args[1]);
    if (f1.equals(f2)) {
      System.err.println("Cannot rename a file to itself");
      System.exit(-1);
    }
    mge=f1.renameTo(f2)?"renamed to":"could not be renamed to";
    System.out.println(f1.getPath() + message + f2.getPath());
  }
}
```

4．目录清单

✧ list()方法产生目录清单，它只返回指定目录中包含的文件名或子目录名，没有文件长度、修改时间、文件属性等信息。

✧ lastModified()返回文件最后一次被修改的时间，其值是相对于 1970 年 1 月 1 日的时间毫秒数，为了便于阅读，必须变成 java.util.Date 对象。

例 9.2 使用 renameTo()和 equals()这两个方法对文件操作的情况。

```
/**
   源程序：FileDir.java
*/
import java.io.File;
import java.util.Date;
class FileDir {
   public static void main(String[] args) {
      if (args.length != 1) {
         System.err.println("Usage: java FileDir <filepath>");
         System.exit(-1);
      }
      File f = new File(args[0]);
      String[] ls = f.list();
      for (int i = 0; ls != null && i < ls.length; i++)
         printOne(new File(f, ls[i]));
   }
   public static void printOne(File f) {
     if (f.exists()) {
       System.out.print(f.canRead() ? "r" : "-");
       System.out.print(f.canWrite() ? "w" : "-");
       System.out.print(f.isDirectory() ? "d" : "-");
       if(!f.isDirectory())
            System.out.print("\t\t" + f.length());
       else
            System.out.print("\t<Dir>\t");
       System.out.print('\t');
       System.out.print(new Date(f.lastModified()));
       System.out.print('\t');
     } else {
        System.out.print("\t\t\t\t\t");
     }
     System.out.println(f.getName());
```

```
}
}
```

说明：File 类不允许访问文件内容，即读写文件。也不能改变文件的属性。

9.2.2 RandomAccessFile 类

File 类具有查询文件属性、状态和文件名等功能，但不能访问文件内容。在 java.io 包中 RandomAccessFile 类和输入输出流类具有读写文件的功能。RandomAccessFile 类只能进行文件的输入输出，而流类功能更加强大，它可以进行包括文件的一切输入输出操作。首先来了解一下 RandomAccessFile 类。

```
public RandomAccessFile(String name, String mode) throws IOException;
public RandomAccessFile(File file, String mode) throws IOException;
```

它有两个构造器，如上定义。其使用参数的含义是：

- ✧ name 是一个 String 对象，表示被访问的文件名。
- ✧ file 是一个 File 对象，表示被访问的文件名，用这种方式提供文件名，应用程序独于平台。
- ✧ mode 用字符串表示被访问文件的读写模式："r"表示文件以只读方式打开，"rw"表示文件以读写方式打开。

以读写方式生成 RandomAccessFile 对象时，如果该文件不存在，则创建该文件，供程序进行读写操作，如果该文件已经存在，则以覆盖方式(不是改写方式)把输出数据写入到文件中，原文件中没有被覆盖的部分，仍然保留在文件之中。在 RandomAccessFile 类中没有专门打开文件的方法，在生成 RandomAccessFile 对象时，文件即被打开，可供程序访问，这时文件读写指针为 0，即读写位于文件的开头。

RandomAccessFile 类实现了 DataInput 和 DataOutput 两个接口，这两个接口分别定义了读入和写出的方法。看看 RandomAccessFile 类中实现 DataInput 和 DataOutput 接口的部分，就会发现在 DataInput 和 DataOutput 中定义的方法基本上是相对应的，即在 DataInput 中定义了一个读入数据的方法，则在 DataOutput 中就有一个结构相似的写出方法。但 DataInput 接口多出几个与写出操作无关的方法：

- ✧ skipBytes() 在输入流中跳过 n 个字节
- ✧ readUnsignedByte() 读入一个无符号字节数据
- ✧ readLine() 读入一行字符。有四种行结束符：回车符'\r'，新行符'\n'， 回车符后紧跟新行符，或者文件结束。读入的一行字符中包含行结束符。

从 RandomAccessFile 类的定义可知，这个类有针对基本数据类型的读入和写出方法，由于读入和写出方法的含义相似，因此我们用写出方法来说明不同格式的含义。

有的写出方法带有不同的后缀，分别为 Byte，Short，Int，Long，Float，Double，Char，

Boolean。这些方法表示写出 Java 基本数据类型的数据，如 writeInt()表示写出一个 int 型整数。对于用这些方法写出的数据，应该用带有相同后缀的读入方法来读取数据，否则可能出错。这些方法中 writeBoolean()比较特殊，写出数据时用 0 表示 false，用 1 表示 true，而用 readBoolean()读入数据时，如果是 0，则返回 false，非 0 返回 true。

有三个方法与字符串的写出有关，它们是：

✧ writeBytes() 写出字符串时，每个字符占一个字节，即 8 位。

✧ writeChars() 在支持 Unicode 码的机器上写出字符串，每个字符占 2 个字节，即 16 位。

✧ writeUTF() 以 8 位编码的方式写出字符串，其中写出数据的前两个字节，表示以后将要写出数据的字节总数，其值由系统统计。从第三个字节开始写出字符串数据，每个字符占一个字节，如 writeUTF("abc")，则其结果用十六进制表示为：00h,03h, 61h, 62h, 63h，共写出 5 个字节，前两个字节的值表示其后还将写出 3 个字节。

另外有三个不带任何后缀的写出方法，都是按字节写出数据。

✧ write(int b);

✧ write(byte b[]);

✧ write(byte b[], int off, int len);

其参数的含义为：

b 一个字节数据或字节数组。

off 表示从数组中第几个字节开始写出数据。

len 表示写出字节的总数。

例 9.4 向文件中写出数据的方法使用情况。

```
/**
    源程序：RandomTest.java
*/
import java.io.*;
public class RandomTest {
  public static void main(String[] args) {
    RandomAccessFile raf = null;
    if(args.length != 1) {
      System.err.println("Use:java RandomTest <output file>");
      System.exit(-1);
    }
    try {
      raf = new RandomAccessFile(args[0], "rw");
      char a = 'a';
      byte b = 2;
      String c = "abc";
```

```
            byte[] b2 = {'a', 'b', 'c'};
            raf.write(b);
            raf.write(b2, 0, b2.length);
            raf.writeBoolean(true);
            raf.writeChar(a);
            raf.writeBytes(c);
            raf.writeChars(c);
            raf.writeUTF(c);
            raf.writeUTF("abc\n");
            System.out.println("Length of file: " + raf.length());
        } catch (IOException e) {
            System.err.println(e);
        } finally {
            try {
                raf.close();
            }catch (Exception e) {
                System.err.println(e);
            }
        }
    }
}
```

程序执行后，文件包含的内容用十六进制表示为：

```
02 61 62 63 01 00 61 61 62 63 00 61 00 62 00 63
00 03 61 62 63 00 04 61 62 63 0a
```

可以结合程序这些数据与写出方法之间的联系，然后自己编写程序，体会其他写出方法的含义以及写出方法和读入方法之间的联系。

在程序中使用了 try-catch-finally 进行异常处理，这是设计有关 I/O 编程时，必须进行的工作。涉及到文件读写时，都可能发生 I/O 异常。在 RandomAccessFile 类中定义的构造器和所有方法都用 throws IOException 声明了异常事件，其含义是：在进行这些操作时，如果发生异常，都抛出 IOException 异常对象。IOException 异常是 Exception 异常类的子类，它定义了与 I/O 操作有关的异常类型，还派生了很多子类，如子类 FileNotFoundException 表示文件没有找到异常。从第 11 章的知识中我们知道，使用了 throws 声明的方法并不进行异常处理，只在发生异常时抛出异常情况。因此，在使用 RandomAccessFile 类生成对象或使用其任一方法时，必须进行异常处理。

提示：不同的数据类型有不同的长度，byte，short，int，long，float，double 分别为 1，2，4，8，4，8 个字节，它们将影响写出文件的数据内容。

说明：char 类型是 2 个字节，即 16 位，因为 Java 字符使用 Unicode 编码，而不是 ASCII 编码，Unicode 是 ASCII 字符组的扩展集，Unicode 的前 127 个字符与标准的 ASCII 码字符一样。Unicode 用于处理多种语言。

RandomAccessFile 类除具有读写文件的方法外，还定义了与文件操作相关的一些方法：

- ✧ seek() 支持随机访问文件，它通过移动文件的读写指针实现文件的随机读写。其参数表示读写指针相对于文件起始位置的偏移量。
- ✧ getFilePoint() 返回当前文件指针的位置。
- ✧ close() 关闭文件和释放与打开文件有关的资源。在使用完文件或使用中出现异常后，都应该关闭文件。在处理异常的 try-catch-finally 结构中，无论是 try 内程序段正常结束，还是发生异常后，都要执行 finally 中的程序段，所以，close()语句可以安排在 finally 中。

例 9.5 把一个文件复制成另一个文件的程序。

```
/**
   源程序：RandCopy.java
*/
import java.io.*;
class RandCopy {
   public static void main(String args[]) {
      RandomAccessFile raf1 = null, raf2 = null;
      long fileSize = -1;
      byte[] buffer;
      if(args.length != 2) {
         System.out.println("Use:java RandCopy <file1> <file2>");
         System.exit(0);
      }
      if(args[0].equals(args[1])) {
         System.out.println(args[0]);
         System.out.println("File cannot copied onto itself!");
         System.exit(-1);
      }
      try {
         raf1 = new RandomAccessFile(new File(args[0]), "r");
         fileSize = raf1.length();
      } catch (IOException e) {
         System.out.println("Cannot find " + args[0]);
         System.exit(-1);
      }
      try {
         raf2 = new RandomAccessFile(new File(args[1]), "rw");
      } catch (IOException e) {
```

```
            System.out.println("Cannot open " + args[1]);
            System.exit(-1);
        }
        buffer = new byte[(int)fileSize];
        try {
            raf1.readFully(buffer, 0, (int) fileSize);
            raf2.write(buffer, 0, (int) fileSize);
        } catch(IOException e) {
            System.out.println("Can't copy file "+args[0]+" to "
                                                          +args[1]);
        } finally {
            try {
                raf1.close();
                raf2.close();
            } catch(Exception e) {
                System.err.println(e);
            }
        }
    }
}
```

程序首先比较输入的两个文件名是否相同，如果相同则显示错误信息，中止程序执行。如果不相同，则生成两个 RandomAccessFile 对象 raf1，raf2，其中 raf1 表示原文件，以只读方式打开，raf2 表示新复制文件，以读写方式打开。用方法 length()获得原文件的长度，使用 readFully()方法一次把所有数据读入内存，再用 wite()全部写出到新文件中。

9.3 字 节 流

字节流由两个类层次结构定义。在顶层有两个抽象类：InputStream 和 OutputStream。每个抽象类都有多个具体的子类，这些子类对不同的外设进行处理，例如磁盘文件，网络连接，甚至是内存缓冲区。

抽象类 InputStream 和 OutputStream 定义了实现其他流类的关键方法。最重要的两种方法是 read()和 write()，它们分别对数据以字节为单位进行读写。两种方法都在 InputStream 和 OutputStream 中被定义为抽象方法，它们被派生的流类重载。让我们先来了解这两个抽象类。

对字节流，其 Stream 类的层次结构如图 9-2 所示：

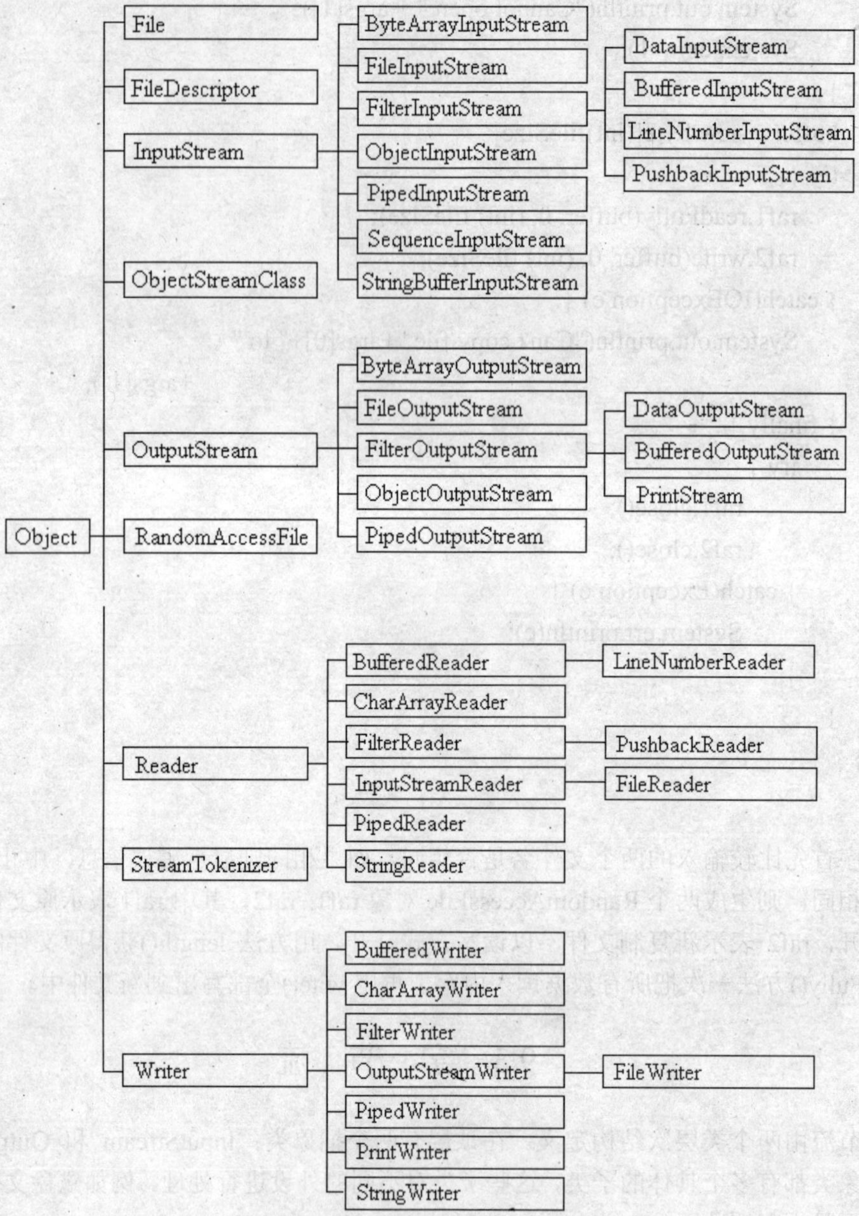

图 9-2 I/O 类层次结构示意图

9.3.1 InputStream 类

InputStream 类是一个抽象类，其定义如下：

```
public abstract class InputStream extends Object {
    public InputStream();
    public abstract int read() throws IOException;
    public int read(byte b[]) throws IOException ;
```

```
    public int read(byte b[], int off, int len) throws IOException ;
    public long skip(long n) throws IOException ;
    public int available() throws IOException ;
    public void close() throws IOException ;
    public synchronized void mark(int readlimit) ;
    public synchronized void reset() throws IOException ;
    public boolean markSupported() ;
}
```

InputStream 类提供了有关读入数据的方法，它定义了三个读入方法：

- ✧ int read()
- ✧ int read(byte[])
- ✧ int read(byte[],int,int)

其中无参数的 read()方法返回一个 0 至 255 之间的整数或-1, -1 代表遇到了流的结束，其他对应读入的字节。后两种方法则将字节读入参数给定的字节数组，返回值是实际读入的字节数或-1(遇到了流结束)。第三个 read 方法的后两个参数分别给出读入的起始位置和读入的最大字节数。

类中 close()方法是关闭流；skip(long)是跳过流中指定的字节。类中 mark()，reset()，makeSupported()三个方法与标记复位操作有关，它们的作用是：

mark()在输入流(如文件)中任意位置作一标记，从标记位置开始，以后读入的字节数据可以用 reset()方法取消，使输入流的读入位置复位到标记处。完成这种标记复位功能的前提条件是 markSupported()方法返回值必须为 true。如果返回为 false，则表示不支持这种功能。InputStream 类中的 markSupported()返回为 false，所以，希望使用这种功能的 InputStream 子类必须覆盖 markSupported()方法并且使返回值为 true。

使用这种标记复位功能时，mark()所需 readlimit 参数代表一个极限值，它表示从标记位置开始，到用 reset()取消读入数据时，最多能读入的字节数如果读入的字节数已经超过了 readlimit 限制，再使用 reset()，则复位的位置不确定。如 readlimit 设置为 100 个字节，而在使用 reset()时，相对于标记位置，已经读入了 150 个字节，那么这时复位后的位置不能保证在标记位置，此时，标记功能已失去意义，所以在编程中需要使用标记复位功能时，应该小心谨慎。

所有 InputStream 的子类都是针对不同的输入数据源，其类名的前缀清楚地表示出输入的数据源，如 FileInputStream 类的数据源是文件，PipedInputStream 类的数据源是管道等等。

FilterInputStream 类及其子类是加强流，它的功能更加强大，使用更加灵活。

9.3.2 OutputStream 类

与输入流类相对应的另一个抽象类是 OutputStream 类，它定义了与输出操作有关的方法，其定义如下：

```
public abstract class OutputStream extends Object {
```

```
    public OutputStream();
    public abstract void write(int b) throws IOException;
    public void write(byte b[]) throws IOException;
    public void write(byte b[], int off, int len) throws IOException;
    public void flush() throws IOException;
    public void close() throws IOException;
}
```

OutputStream 类提供了有关写数据的方法，它定义了三个方法：

- ✧ int write (int)
- ✧ int write (byte[])
- ✧ int write (byte[],int,int)

其中第一个方法的 int 型的参数对应要写入的字节，后两个方法的参数与 InputStream 类似。

类中 close()方法是关闭输出流，flush()方法是强行将写入缓冲区中剩余的数据写入。

OutputStream 类的子类 ByteArrayOutputStream 类、FileOutputStream 类和 PipedOutputStream 类表示写出不同的数据类型，其前缀表示了不同的数据类型。

在后面将举例说明 InputStream 类和 OutputStream 类的各个子类的用法。

9.3.3 字节流子类介绍

1．FileInputStream 类和 FileOutputStream 类

这两个类属于节点流，分别完成对文件的输入输出（即读写）操作。它们的构造方法允许通过文件的路径名来构造相应的流。

FileInputStream 类，提供从文件中读入数据的方法，其定义为：

```
public class FileInputStream extends InputStream {
    public FileInputStream(String name) throws FileNotFoundException;
    public FileInputStream(File file) throws FileNotFoundException;
    public FileInputStream(FileDescriptor fdObj);
    public int read() throws IOException;
    public int read(byte b[]) throws IOException;
    public int read(byte b[], int off, int len) throws IOException;
    public long skip(long n) throws IOException;
    public int available() throws IOException;
    public void close() throws IOException;
    public final FileDescriptor getFD() throws IOException;
    protected void finalize() throws IOException;
}
```

它有三个构造器，各自使用不同的参数：

✧ name 用 String 对象表示文件名。

✧ file 用 File 对象表示文件名，使应用程序独立于平台。

✧ fdObj 用 FileDescriptor 对象表示文件名，FileDescriptor 类定义一个本地文件系统。

在生成 FileInputStream 对象时同时打开文件以供应用程序读入数据。

FileInputStream 类主要覆盖了 InputStream 类的读入数据的方法，有三个 read()方法，它们都是按字节读入数据，不带参数的 read()一次只能读入一个字节，另外两个 read()一次可以读入任意多个字节。在读入数据后，前一个 read()方法返回读入的字节数据，后两个方法返回读入的字节数，如果遇到文件结束符，则返回-1。

RandomAccessFile 类的方法，具有某些读入数据的方法，在 FileInputStream 类中没相应的方法，因此不能把 FileInputStream 类和 RandomAccessFile 类混淆起来。另外，这两者有些功能相似，但方法的命名不一样，如：

✧ skip()方法使文件的读入指针向前或向后移动 n 个字节，其参数值相对于当前文件指针。

✧ avaiable()方法返回文件输入流中可供读入的字节数，实际就是文件的长度。

在 FileInputStream 类中没有覆盖 InputStream 类的 mark()，reset()，markSupported()方法，因此 FileInputStream 类不具有标记复位功能。

例 9.6 程序说明 FileInputStream 类的使用方法。程序实现类似 MS-DOS 操作系统中 type 命令，用于显示文件内容。

```
/**
    源程序：FileType.java
*/
import java.io.*;
class FileType {
  public static void main(String[] args) {
     if (args.length != 1) {
          System.err.println("Use: java FileType <input_file>");
          System.exit(-1);
     }
     File file = new File(args[0]);
     try {
          FileInputStream in = new FileInputStream(file);
          int c;
          int i = 0;
          while ((c = in.read()) > -1) {
                 if((char)c == '\n') i++;
                 System.out.print((char)c);
          }
```

```
            in.close();
            System.out.flush();
            System.out.println("\n\n\n---------------");
            System.out.println("File " + args[0] + " Lines: " + i);
        } catch (FileNotFoundException e) {
            System.err.println(file + " is not found");
        } catch (IOException e) {
                e.printStackTrace();
        }
    }
}
```

程序在生成 FileInputStream 对象时，用 File 对象给出文件名， 虽然比用字符串给出文件名稍麻烦点，但这种方法使应用程序独立于平台，是一种良好的设计习惯。

程序在显示文件内容时使用了 System.out.print()方法，而不是以前程序中常用的方法 System.out.println()。两者的区别是：println()执行时，立即把字符显示在屏幕上，并且每次调用 println()方法，它总是在新的一行输出数据。print()执行时，并不立即显示数据，而把数据缓存在输出流中，直到遇到新行字符'\n'或执行了 flush()方法后，才使字符显示在屏幕上。如果程序中使用 println()，那么在屏幕上的显示情况就是一行一个字符，不是原来文件的行格式。

FileOutputStream 类，供把数据写出到文件中的方法，其定义为：

```
public class FileOutputStream extends OutputStream {
    public FileOutputStream(String name) throws IOException;
    public FileOutputStream(String name, boolean append) throws IOException;
    public FileOutputStream(File file) throws IOException;
    public FileOutputStream(FileDescriptor fdObj);
    public void write(int b) throws IOException;
    public void write(byte b[]) throws IOException;
    public void write(byte b[], int off, int len) throws IOException;
    public void close() throws IOException;
    public final FileDescriptor getFD()   throws IOException;
}
```

FileOutputStream 类和 FileInputStream 类在构造器和方法的参数定义上都十分相似，只是一个针对输入，另一个针对输出。生成 FileOutputStream 对象时，如果文件不存在，则创建该文件供程序输出数据，如果文件已经存在，则有改写和附加两种输出数据的方式，改写的含义是先把原文件长度截为零，原文件数据被丢弃，然后再输出数据；附加的含义是在原文件末尾追加输出数据，原文件数据仍然存在。除使用第二个构造器生成对象外，其余都是以改写方式输出数据。第二个构造器中增加了 append 参数，可以选择输出数据的方式，该参数为 true 表示附加方式，false 表示改写方式。

需要注意的是，构造 FileInputStream，对应的文件必须存在并且是可读的，而构造 FileOutputStream 时，如输出文件已存在，则必须是可覆盖的。

说明：FileInputStream 类和 FileOutputStream 类具有读写文件的方法，但它们读写数据的效率并不高，Java 鼓励程序员用更有效的方法覆盖有关读写方法，以提高应用程序的性能。

2．加强输入输出流类

FilterInputStream 类和 FilterOutputStream 类以及它们的子类，称为加强输入输出流类，因为利用这些流类不但可以改进程序的输入输出性能，而且功能更加强大。

主要介绍下面几个加强类：

FilterInputStream 类的子类

✧ BufferedInputStream 类
✧ DataInputStream 类

FilterOutputStream 类的子类

✧ BufferedOutputStream 类
✧ DataOutputStream 类

介绍加强流类的两个根类 FilterInputStream 类和 FilterOutputStream 类。

① FilterInputStream 类和 FilterOutputStream 类

FilterInputStream 类和 FilterOutputStream 类与 InputStream 类和 OutputStream 类相比，并没有增加任何新的方法，只是分别覆盖 InputStream 类和 OutputStream 类的所有方法。它们真正的改变是在其构造器上：

✧ protected FilterInputStream(InputStream in)
✧ protected FilterOutputStream(OutputStream out)

它们要求的参数分别是一个 InputStream 对象、OutputStream 对象，即是任意一个输入流或输出流对象，而不是 InputStream 类和 OutputStream 类要求的 String 或 File 对象。

说明：在 FilterInputStream 类中虽然覆盖了有关标记复位的方法，但它仅仅是调用 InputStream 类的方法，所以 FilterInputStream 类并不支持标记复位功能。

② BufferedInputStream 类和 BufferedOutputStream 类

这两个类是过滤器流，它们在标准读写功能和应用程序之间，增加输入输出缓冲机制，从而显著地提高输入输出的速度。

BufferedInputStream 类用于提高读入数据的速度，其定义为：

```
public class BufferedInputStream extends FilterInputStream {
    public BufferedInputStream(InputStream in);
    public BufferedInputStream(InputStream in, int size);
    public synchronized int read() throws IOException;
    public synchronized int read(byte b[], int off, int len) throws IOException;
    public synchronized long skip(long n) throws IOException;
```

```
    public synchronized int available() throws IOException;
    private void fill() throws IOException;
    public synchronized void mark(int readlimit);
    public synchronized void reset() throws IOException;
    public boolean markSupported();
}
```

它的构造器使用输入流对象，在生成 BufferedInputStream 对象时可以设置输入缓冲区的大小，也可使用缺省值，其值是 2048 字节。生成 BufferedInputStream 对象后，应用程序在读入数据时，直接取自于缓存区，从而提高读入数据的速度。

BufferedInputStream 类支持标记复位功能。

例 9.7 比较使用 FileInputStream 类和使用 BufferedInputStream 类时，两者读入文件的速度程序。

```
/**
    源程序：BufferTest.java
*/
import java.io.*;
import java.util.*;
class BufferTest {
    public static void main(String args[]) {
        FileInputStream inf = null;
        BufferedInputStream bis = null;
        Date before;
        int i, ms = 0;
        if(args.length == 0) {
            System.out.println("Use: java BufferTest <filename>");
            System.exit(0);
        }
        try {
            inf = new FileInputStream(new File(args[0]));
            before = new Date();
            for(i=0; inf.read() > -1; i++)
            ms = (int) ((new Date()).getTime() - before.getTime());
            System.out.println("Read unbuffered: " + i + " Bytes " + ms + "ms");
            inf.close();
            inf = new FileInputStream(new File(args[0]));
            bis = new BufferedInputStream(inf);
```

```
            before = new Date();
            for(i=0; bis.read() > -1; i++)
                ms =(int)((new Date()).getTime()-before.getTime());
            System.out.println("Read buffered: " + i + " Bytes " + ms + "ms");
            inf.close();
            bis.close();
        } catch (IOException e) {
            System.out.println("Cannot find " + args[0]);
            System.exit(-1);
        }
    }
}
```

BufferedOutputStream 类用于提高写出数据的速度，它与 BufferedInputStream 类相似，使用输出缓冲区来提高输出数据的速度，输出缓冲区的缺省大小为 512 字节。该类的定义为：

```
public class BufferedOutputStream extends FilterOutputStream{
    public BufferedOutputStream(OutputStream out);
    public BufferedOutputStream(OutputStream out, int size);
    public synchronized void write(int b) throws IOException;
    public synchronized void write(byte b[], int off, int len) throws IOException;
    private void flushBuffer() throws IOException;
    public synchronized void flush() throws IOException;
}
```

③ DataInputStream 类和 DataOutputStream 类

这两个类创建的对象分别被称为数据输入流和数据输出流。这是很有用的两个流，它们允许程序按与机器无关的风格读写 Java 数据。所以比较适合于网络上的数据传输。这两个流也是过滤器流，常以其他流如 InputStream 或 OutputStream 作为它们的输入或输出。

结合 RandomAccessFile 类就很容易理解这两个类，因为，RandomAccessFile 类同时实现了两个接口：DataInput 接口和 DataOutput 接口，而 DataInputStream 类和 DataOutputStream 类分别实现了这两个接口。所以，DataInputStream 类中读数据的方法和 DataOutputStream 类中写数据的方法，与 RandomAccessFile 类中的读写方法含义完全一致，在此不再赘述。

3．其他输入输出流类: SequenceInputStream 类

SequenceInputStream 类可以将两个或几个输入流不露痕迹地接合在一起，生成一个长长的接合流，在读入数据时，它忽略前面几个输入流的结束符 EOF， 直到最后一个流的结束符 EOF 时，才完成流的输入，其定义如下：

```
public class SequenceInputStream extends InputStream {
    public SequenceInputStream(Enumeration e);
    public SequenceInputStream(InputStream s1, InputStream s2);
    public int read() throws IOException;
    public int read(byte buf[], int pos, int len) throws IOException;
    public int available() throws IOException;
    public void close() throws IOException;
}
```

第一个构造器能够接合任意多个输入流，它使用 Enumeration 对象，第二个构造器只能接合两个输入流。

例 9.8 把两个文件接合成一个 SequenceInputStream 流，并写到一个文件中。

```
/**
  源程序：SeqTest.java
 */
import java.io.*;
class SeqTest {
    public static void main(String[] args) {
        FileInputStream fis1 = null;
        FileInputStream fis2 = null;
        FileOutputStream fos = null;
        SequenceInputStream   sis =null;
        int ch;
        if(args.length != 3) {
            System.out.println("Use:java SeqTest " + "<file1> <file2> <outfile>");
            System.exit(0);
        }
        try {
            fis1 = new FileInputStream(new File(args[0]));
            fis2 = new FileInputStream(new File(args[1]));
            fos = new FileOutputStream(new File(args[2]));
        } catch (IOException e) {
            System.out.println("Cannot find file!");
            System.exit(-1);
        }
        sis = new SequenceInputStream(fis1, fis2);
        try {
            while((ch = sis.read()) > -1) fos.write(ch);
```

```
            fis1.close();
            fis2.close();
            sis.close();
        } catch (IOException e) {
            System.out.println(e);
            System.exit(-1);
        }
    }
}
```

9.4 字 符 流

前面介绍的 InputStream 类、OutputStream 类及它们的子类都是字节流类，它们有一个共同特点：读写流内数据时都以字节为单位，一次个字节，或者一次一个字节块。

而本节将讨论的字符流类主要是用来处理字符的。它们在读写流内数据时是以字符为单位。Java 采用 16 位的 Unicode 来表示字符串和字符。

对字符流，其 Stream 类的层次结构如下：

字符流类由两个类层次结构定义。顶层有两个抽象类：Reader 和 Writer（见图 9-3）。这些抽象类处理统一编码的字符流。Java 中这些类含有多个具体的子类。

新增流类并非与原来的流类完全一一对应，在新增流类中有少数类增加了少数的方法，同时，在类的层次结构上也进行了一定的修改。

抽象类Reader和Writer定义了几个实现其他流类的关键方法。其中两个最重要的是read()和 write()，它们分别进行字符数据的读和写。这些方法被派生流类重载。

Reader 类、Writer 类和它们的子类的使用方法，与 InputStream 类、OutputStream 类及它们子类的使用方法非常类似。如 Reader 类、Writer 的子类：

✧ InputStreamReader 类和 OutputStreamWriter 类

在构造这两个类对应的流时，它们会自动进行转换，将平台缺省的编码集编码的字节转换为 Unicode 字符。对英语环境，其缺省的编码集一般为 ISO8859-1。

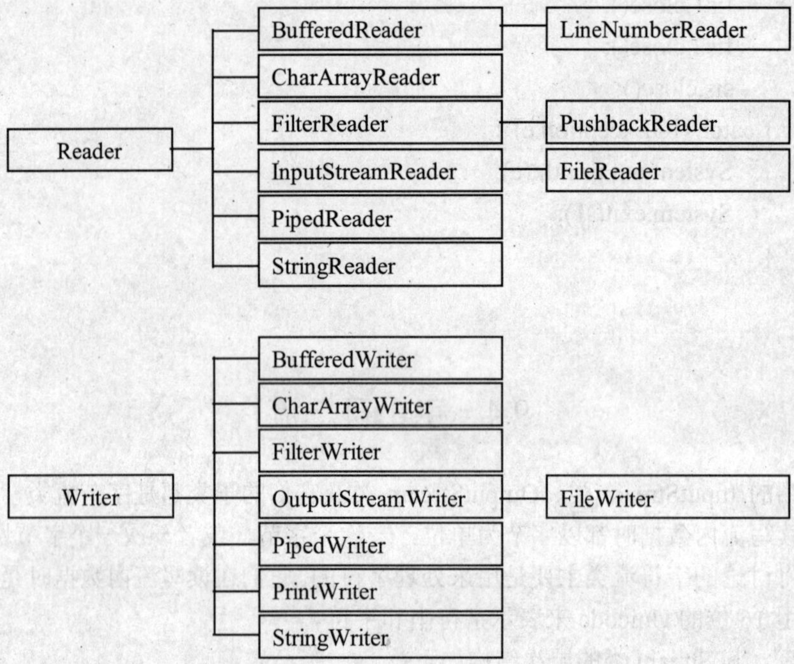

图 9-3　字符流类层次图

✧　BufferedReader 类和 BufferedWriter 类

这两个类对应的流使用了缓冲，能大大提高输入输出的效率。这两个也是过滤器流，常用来对 InputStreamReader 和 OutputStreamWriter 进行处理。

例 9.9 实现对文件中关键字的查找，把包含有指定字符的行显示出来或写到文件中。

```
/**
    源程序：Find.java
*/
import java.io.*;
public class Find {
    public static void main(String args[]) {
        BufferedReader bRead = null;
        BufferedWriter bWrite = null;
        String buffer;
        boolean outFile = false;
        int i = 0;
        if(args.length < 2) {
            System.out.println("Use:java Find <input> <String>"
                                        +" [output]");
            System.exit(0);
```

```
    }
    try {
        FileReader fr = new FileReader(new File(args[0]));
        bRead = new BufferedReader(fr);
    } catch (IOException e) {
        System.out.println("Cannot find " + args[0]);
        System.exit(-1);
    }
    if(args.length == 3) {
        try {
            FileWriter fw = new FileWriter(new File(args[2]));
            bWrite = new BufferedWriter(fw);
            outFile = true;
        } catch (IOException e) {
            System.out.println("Cannot find " + args[2]);
            System.exit(-1);
        }
    }
    try {
        buffer = bRead.readLine();
        while(buffer != null) {
            if(buffer.indexOf(args[1]) != -1) {
                if(outFile) {
                    bWrite.write(buffer);
                    bWrite.newLine();
                }
                System.out.println(buffer);
                i++;
            }
            buffer = bRead.readLine();
        }
    } catch(IOException e) {
        System.err.println(e);
    } finally {
        try {
            bRead.close();
            if(bWrite != null) bWrite.close();
        } catch(Exception e) {System.err.println(e);}
    }
```

```
        System.out.println("\n\n\n------------------------");
        System.out.println("Searched completely");
        if( i != 0) {
            System.out.println("Found " + i + " lines have \""
                                        + args[1] + "\"" );
        } else
            System.out.println("Can't find \""+args[1]
                                        +"\"in file" + args[0]);

    }
}
```

程序使用了 FileReader 类和 BufferedReader 类，FileReader 类实现基本的文件读入功能，BufferedReader 类用于提高文件读入速度。使用的输出类 FileWriter 类和 BufferedWriter 类与输入情况相似。程序用 readLine()方法一次读入一行字符，这个方法与 RandomAccessFile 类定义的同名方法的区别是：BufferedReader 类定义的 readLine()方法读入的一行字符中不包括行结束符。程序用 write()方法向文件中一次写出一字符串，方法 newLine()写一个行结束符，不同的机器写出的符号不一样。

9.5 管道输入输出流类

9.5.1 管道的概念

管道是 UNIX 的发明，它大大增强了流的概念。其含义如下面的命令串所示：

```
c:\>dir|sort|more
```

这里使用了两个管道（用|表示）把三个命令连在一起，第一个管道把 dir 命令的输出连接到 sort 命令的输入，第二个管道将 sort 命令的输出连到 more 命令的输入，从而实现生成目录清单，进行排序后，一页一页地显示。

管道(pipe)提供一种线程之间的通信方法，可用于 IPC(Inter-Process Communication 进程间通信) 或是 ITC(Inter-Thread Communication 线程间通信)，但不能够在不同主机间进行通信。

一个输入管道是用来接收一个输出管道所写出的数据，因此，一个线程会负责送出(PipedOutputStream 对象)数据，而另一个线程序要负责接收(PipedInputStream 对象)这些数据。PipedInputStream 和 PipedOutputStream 对象总是成对出现的。而且管道的数据流是单向的。

Java 使用了管道技术，用 PipedInputStream 类和 PipedOutputStream 类实现管道操作，这两个类必须同时使用，它们的定义分别为：

```
public class PipedInputStream extends InputStream {
    public PipedInputStream(PipedOutputStream src) throws IOException;
```

```
    public PipedInputStream();
    public synchronized int read() throws IOException;
    public synchronized int read(byte b[], int off, int len) throws IOException;
    public synchronized int available() throws IOException;
    public void close()   throws IOException;
    public void connect(PipedOutputStream s)throws IOException;
}

public class PipedOutputStream extends OutputStream {
    public PipedOutputStream(PipedInputStream snk) throws IOException;
    public PipedOutputStream();
    public void write(int b)   throws IOException;
    public void write(byte b[], int off, int len) throws IOException;
    public synchronized void flush() throws IOException;
    public void close()   throws IOException;
    public void connect(PipedInputStream s)throws IOException;
}
```

9.5.2 管道连接的实现

管道技术在多线程系统中使用较多，它可以解决不同线程之间同步通讯的问题，从而保证大量数据交换顺利进行。要实现多线程的同步通讯，必须把管道连接起来，这里有两种方法实现管道的连接：

1．使用不带参数的构造器，再调用任何一个类的 connect()方法，实现输入管道和输出管道的连接。

建立连接的步骤如下：

建立输入流：

```
PipedInputStream pipedinputstream = new PipedInputStream();
```

建立输出流：

```
PipedOutputStream pipedoutputstream = new PipedOutputStream();
```

将输入输出连接起来：

```
pipedinputstream.connect(pipedoutputstream);
```

或者

```
pipedoutputstream.connect(pipedinputstream);
```

2．使用带参数的构造器。

直接建立连接的步骤如下：

```
PipedInputStream pis =  new PipedInputStream();
PipedOutputStream pos = new PipedOutputStream(pis);
```

或

```
PipedOutputStream pos = new PipedOutputStream();
PipedInputStream pis = new PipedInputStream(pos);
```

9.5.3 实例

例 9.10 程序使用两个线程：一个线程模拟数据采集，用 Random 类随机生成数值，另一个线程模拟数据处理，使用数据，计算其平均值。

```
    /**
        源程序：PipeTest.java
    */
import java.io.*;
import java.util.Random;
class RunningAverage extends Thread {
    private DataInputStream in;
    double total = 0;
    long count = 0;
    public RunningAverage(InputStream i) {
        in = new DataInputStream(i);
    }
    public void run() {
        while (true) {
            try {
                double num = in.readDouble();
                total += num;
                count++;
                System.out.println(count + ": " + num + "\t avg = "
                                        + total/count);
            } catch (IOException e) {
                e.printStackTrace();
            }
        }
    }
}
class NumberGenerator extends Thread {
    private DataOutputStream out;
    private Random gen = new Random();
    private final long RANGE = 1000;
    public NumberGenerator(OutputStream o) {
```

```
        out = new DataOutputStream(o);
    }
    public void run() {
        while (true) {
            try {
                double num = gen.nextDouble() * RANGE;
                out.writeDouble(num);
                out.flush();
                sleep(500);
            } catch (IOException e) {
                e.printStackTrace();
            } catch (InterruptedException e) {
                e.printStackTrace();
            }
        }
    }
}
public class PipeTest {
    public static void main(String[] args) {
      try {
          PipedOutputStream producer = new PipedOutputStream();
          PipedInputStream consumer = new PipedInputStream(producer);
          RunningAverage avg = new RunningAverage(consumer);
          NumberGenerator gen = new NumberGenerator(producer);
          gen.start();
          avg.start();
          try {
              Thread.sleep(5000);
          } catch (InterruptedException e) { }
          gen.stop();
          avg.stop();
          producer.close();
          consumer.close();
      } catch (IOException e) {
          e.printStackTrace();
      }
    }
}
```

类 PipedOutputStream 生成管道输出流 producer，使用 PipedInputStream 类的构造器将

producer 传送给生成的管道输入流 consumer，同时实现了两个管道的连接。程序中的两个类 RunningAverage 和 NumberGenerator，都是 Thread 类的子类，是两个不同的线程。前一个类生成数据，用管道输出这些数据，后一个类从输入管道接收数据，然后计算平均值。main()在启动了这两个线程工作后，睡眠 5 秒钟，然后 stop()两个线程，再 close()管道输入输出流而结束程序。

9.6 I/O 流链接及处理流

在 Java 中可以将一个流的输出链接到一个流的输入，达到更好的 I/O 效果，见图 9-4，处理流的关系对照如表 9-1 所示：

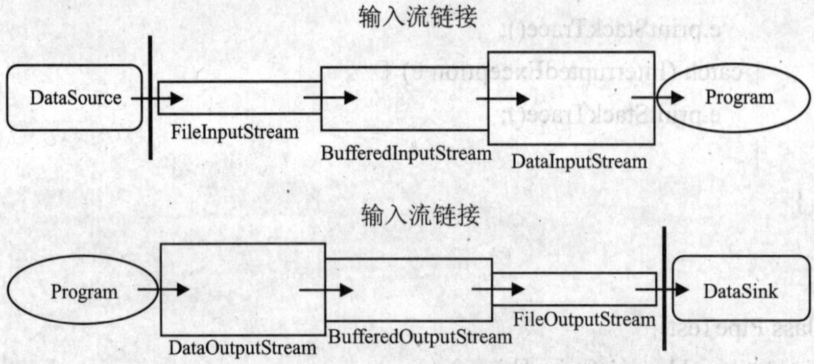

图 9-4 I/O 流链接

表 9-1 字符流与字节流所处理的流

类型	字符流	字节流
缓冲	BufferedReader BufferedWriter	BufferedInputStream BufferedOutputStream
过滤	FilterReader FilterWriter	FilterInputStream FilterOutputStream
字节和字符间转换	InputStreamReader OutputStreamWriter	
对象序列化		ObjectInputStream ObjectOutputStream
数据转换		DataInputStream DataOutputStream
计算	LineNumberReader	LineNumberInputStream
向前查看	PushbackReader	PushbackInputStream
打印	PrintWriter	PrintStream

9.7 对象序列化处理

“对象序列化”（Object Serialization）是 Java 一种有趣的特性。它面向那些实现了 Serializable 接口的对象，可将它们转换成一系列字节，并可在以后完全恢复回原来的样子。这一过程亦可通过网络进行。这意味着序列化机制能自动补偿操作系统间的差异。换句话说，可以先在 Windows 机器上创建一个对象，对其序列化，然后通过网络发给一台 Unix 机器，然后在那里准确无误地重新“装配”。不必关心数据在不同机器上如何表示，也不必关心字节的顺序或者其他任何细节。

就其本身来说，对象的序列化是非常有趣的，因为利用它可以实现“有限持久化”。“持久化”意味着对象的“生存时间”并不取决于程序是否正在执行——它存在或“生存”于程序的每一次调用之间。通过序列化一个对象，将其写入磁盘，以后在程序重新调用时重新恢复那个对象，就能圆满实现一种“持久”效果。之所以称其为“有限”，是因为不能用某种“persistent”（持久）关键字简单地地定义一个对象，并让系统自动照看其他所有细节问题（尽管将来可能成为现实）。相反，必须在自己的程序中明确地序列化和组装对象。

为序列化一个对象，首先要创建某些 OutputStream 对象，然后将其封装到 ObjectOutputStream 对象内。此时，只需调用 writeObject()即可完成对象的序列化，并将其发送给 OutputStream。相反的过程是将一个 InputStream 封装到 ObjectInputStream 内，然后调用 readObject()。和往常一样，我们最后获得的是指向一个上溯造型 Object 的句柄，所以必须下溯造型，以便能够直接设置。

对象序列化不仅保存了对象的“全景图”，而且能追踪对象内包含的所有句柄并保存那些对象；接着又能对每个对象内包含的句柄进行追踪；以此类推。有时将这种情况称为“对象网”，单个对象可与之建立连接。而且它还包含了对象的句柄数组以及成员对象。若必须自行操纵一套对象序列化机制，那么在代码里追踪所有这些链接时可能会显得非常麻烦。在另一方面，由于 Java 对象的序列化似乎找不出什么缺点，所以请尽量不要自己动手，让它用优化的算法自动维护整个对象网。下面这个例子对序列化机制进行了测试。它建立了许多链接对象的一个“Worm”（蠕虫），每个对象都与 Worm 中的下一段链接，同时又与属于不同类（Data）的对象句柄数组链接：

例 9.11 实现对文件中关键字查找，把包含有指定字符的行显示出来或写到文件中。

```
    /**
        源程序：Worm.java
    */
import java.io.*;
class Data implements Serializable {
    private int i;
    Data(int x) {
        i = x;
    }
```

```
        public String toString() {
            return Integer.toString(i);
        }
    }
    public class Worm implements Serializable {
      // Generate a random int value:
      private static int r() {
          return (int)(Math.random() * 10);
      }
      private Data[] d={new Data(r()),new Data(r()),new Data(r())};
      private Worm next;
      private char c;
      // Value of i == number of segments
      Worm(int i, char x) {
          System.out.println(" Worm constructor: " + i);
          c = x;
          if(--i > 0)
              next = new Worm(i, (char)(x + 1));
      }
      Worm(){
          System.out.println("Default constructor");
      }
      public String toString() {
          String s = ":" + c + "(";
          for(int i = 0; i < d.length; i++)
              s += d[i].toString();
          s += ")";
          if(next != null)
              s += next.toString();
          return s;
      }
      public static void main(String[] args) {
          Worm w = new Worm(6, 'a');
          System.out.println("w = " + w);
          try {
            ObjectOutputStream out = new ObjectOutputStream(
                                          new FileOutputStream("worm.out"));
            out.writeObject("Worm storage");
            out.writeObject(w);
```

```
    out.close(); // Also flushes output
    ObjectInputStream in = new ObjectInputStream(
                           new FileInputStream("worm.out"));
    String s = (String)in.readObject();
    Worm w2 = (Worm)in.readObject();
    System.out.println(s + ", w2 = " + w2);
  } catch(Exception e) {
     e.printStackTrace();
  }
  try {
     ByteArrayOutputStream bout = new ByteArrayOutputStream();
     ObjectOutputStream out = new ObjectOutputStream(bout);
     out.writeObject("Worm storage");
     out.writeObject(w);
     out.flush();
     ObjectInputStream in = new ObjectInputStream(
               new ByteArrayInputStream(bout.toByteArray()));
     String s = (String)in.readObject();
     Worm w3 = (Worm)in.readObject();
     System.out.println(s + ", w3 = " + w3);
  } catch(Exception e) {
     e.printStackTrace();
  }
 }
}
```

更有趣的是，Worm 内的 Data 对象数组是用随机数字初始化的(这样便不用怀疑编译器保留了某种原始信息)。每个 Worm 段都用一个 char 标记。这个 char 是在重复生成链接的 Worm 列表时自动产生的。创建一个 Worm 时，需告诉构建器希望它有多长。为产生下一个句柄（next），它总是用减去 1 的长度来调用 Worm 构建器。最后一个 next 句柄则保持为 null（空），表示已抵达 Worm 的尾部。

上面的所有操作都是为了加深事情的复杂程度，加大对象序列化的难度。然而，真正的序列化过程却是非常简单的。一旦从另外某个流里创建了 ObjectOutputStream，writeObject() 就会序列化对象。注意也可为一个 String 调用 writeObject()。也可用与 DataOutputStream 相同的方法写入所有基本数据类型(它们有相同的接口)。

有两个单独的 try 块看起来是类似的。第一个读写的是文件，而另一个读写的是一个 ByteArray（字节数组）。可利用对任何 DataInputStream 或者 DataOutputStream 的序列化来读写特定的对象；这些对象甚至包括网络。一次循环后的输出结果如下：

```
Worm constructor: 6
Worm constructor: 5
Worm constructor: 4
Worm constructor: 3
Worm constructor: 2
Worm constructor: 1
w = :a(262):b(100):c(396):d(480):e(316):f(398)
Worm storage, w2 = :a(262):b(100):c(396):d(480):e(316):f(398)
Worm storage, w3 = :a(262):b(100):c(396):d(480):e(316):f(398)
```

可以看出，装配回原状的对象确实包含了原来那个对象里包含的所有链接。

注意在对一个 Serializable（可序列化）对象进行重新装配的过程中，不会调用任何构建器（甚至默认构建器）。整个对象都是通过从 InputStream 中取得数据恢复的。

作为 Java 1.1 特性的一种，我们注意到对象的序列化并不属于新的 Reader 和 Writer 层次结构的一部分，而是沿用老式的 InputStream 和 OutputStream 结构。所以在一些特殊的场合下，不得不混合使用两种类型的层次结构。

小　结

本章首先介绍了 Java I/O 的基本原理。

然后介绍了字节流的相关知识：InputStream 类和 OutputStream 类是两个抽象类，定义了基本的输入输出功能，其子类定义了不同数据类型的输入输出流，其中子类 FilterInputStream 类和 FilerOutputStream 类还派生了它们的子类来增强输入输出流的功能。对于文件的输入输出，除使用流类的方法外，Java 还定义了一个 RandomAccessFile 类来实现对文件的读写操作。

这些类中定义的数据读写方法都是以字节为单位，或者一次读写一个字节，或者一次读写一字节块。

在这一章中还介绍了字符流的相关知识，主要涉及到 Reader 类和 Writer 类及它们的子类。这些类也完成数据的输入输出处理。它们定义的数据读写方法以字符为单位，或者一次读写一个字符，或者一次读写一字符块。

本章还介绍了“管道”类的相关概念。管道(pipe)提供一种线程之间的通信方法，可用于进程间通信 或是线程间通信信。Java 使用了管道技术，用 PipedInputStream 类和 PipedOutputStream 类实现管道操作。

本章最后还介绍了对象序列化的相关知识，通过实现 Serializable 接口进行对象的序列化。

习　题

1．什么叫做流？输入输出流分别对应那两个抽象类？

2．在 Java 语言中，输入输出流分为哪两种类型？

3．什么是 Java 序列化，如何实现 Java 序列化？

4．编写程序，用 Java 实现基本的文件操作。

5．编写一个对输入的文件名进行判断，如果该名是文件名，则显示其内容，否则显示其名字为目录名。

6．试使用 Java 的 File 对象递归删除目录下所有内容，请考虑操作过程中出现异常的情况。

7．举例说明 File 类与 RandomAccessFile 类的使用相同与不同处。

8．使用哪些类可实现字节流和字符流的自动转换？

9．在输入输出流中，为什么要使用缓冲技术，它们对应的类是哪些？

10．编程实现从键盘输入数据，保存到指定的文件中。

11．利用管道实现线程间的通讯。

第 10 章 网络编程

Java 语言与传统语言如 C 语言相比，最大的区别就是：Java 具有支持 Internet 和 WWW 等的完整软件包。使用 Java 语言可以非常容易地完成网络程序设计，这一独特的优点是 Java 风行世界的原因之一。本章将介绍 java.net 包，它提供在 Internet 网上进行通讯的基本功能。

10.1 网络基础

10.1.1 网络连接

在 java.net 包中的类是针对 Internet 网设计的，即 Internet 网是使用这些类的硬件基础。

1968 年，美国国防部下属的高级研究计划局(Advanced Research Project Agency，简称 ARPA)决定建立一分布式计算机网络，网络采用如下的设计思想：网络上各节点具有平等的地位，每个节点都能够生成、接收和传送信息；网上的信息首先进行分组(packet)，并加以编号，可以从不同的传输路径，把分组从源节点传送到目的节点。这些分组到达目的节点后，再进行组装，恢复成原始信息。这种设计思想主要考虑到战争的需要，即使网络上某些节点遭到破坏，网上信息仍能正确地送达目的地。

1969 年，一个实验性的网络开始运行，网上总共只有 4 个节点，这就是 ARPA 网的原型。

随着计算机技术和通信技术的不断发展，ARPA 网迅速壮大起来。最初建立 ARPA 网的项目名称为"The Internetworking Project"，正是由于这个原因，从 ARPA 网发展起来的网络被称为 Internet 网，中文名称译为“因特网”。

目前，Internet 已经发展为一个全球性的网络，据 Cyberatless & Network Wizards 的资料统计，截止到 1997 年 1 月，在 Internet 上的主机数已达 16,146,000 台，并且还呈逐年递增的趋势。Internet 网为用户提供的服务也在不断增加，如电子邮件、远程文件传输服务(ftp)、远程登录(Telnet)、网络新闻、网络浏览(WWW 服务)S、网络查询(WAIS、Gophor 和 Archie 等)和电子公告牌 BBS 等成为最常用、最受欢迎的服务项目，众多方便的服务促进了 Internet 网络的发展，使它被广泛地应用于教育、科研、旅游、娱乐(游戏、音乐等)、购物、健康咨询、电子报刊、信息讨论小组、广告及项目的跨国管理等各个领域。

Internet 网成功的关键是它具有把不同网络互连起来的能力，它的这种互连能力体现在它使用的一组网络协议 TCP/IP 上。TCP 协议最早由斯坦福大学的 Vinton Cerf 和 Bob Kahn 于 1973 年提出。1983 年，TCP/IP 被 Unix 4.2 BSD 系统所采纳，成为该 Unix 版本的一个组成部分。随着 Unix 的成功，TCP/IP 逐步成为 Unix 机器的标准网络协议。ARPA 网在运行之初并没有使用 TCP/IP 协议，而是使用的 NCP 协议(NetWork Control Protocol)，但其研究人员一直在试验新的协议。由于 TCP/IP 逐渐成为一种工业标准，ARPA 网络在对 TCP/IP 作了许多改进后，于 1983 年替代了原有协议 NCP。与此同时，美国国防部部长办公室下令联入

ARPA 网的机器必须采用 TCP/IP 协议。

TCP/IP 这个协议名称可分为两部分：TCP 是指“传输控制协议”(即 Transport Control Protocol)，IP 指“互连网协议”(Internet Protocol)。人们经常提到的 TCP/IP 协议，实际上是指 TCP/IP 协议集，它包含用于 Internet 网的一组协议，如图 10-1 所示。这些协议与 Internet 网的网络结构密切相关。

从网络体系结构上看 Internet 网分为四层：应用层、传送层、网际层和网络接口层。

- ✧ 网络接口层：与物理网络打交道的物理网络部分，它相当于 OSI 的物理层和数据链路层，负责接收和发送数据帧。
- ✧ 网际层：与 OSI 的网络层相对应，不过 Internet 的网际层是针对网际环境设计的，具有更强的网际通信和互连能力。该层采用 IP 协议，主要处理 Internet 网络中大量的广域网和局域网互连时的数据交换。
- ✧ 传送层：实现主机到主机的数据传送，主要包括 TCP 和 UDP 两个协议；
- ✧ 应用层：向用户提供不同的资源共享和远程访问服务等，主要定义了远程登录、远程文件传送、电子邮件、WWW 浏览等应用服务协议。

有关 TCP/IP 协议集与 OSI 七层协议的对应关系如图 10-1 所示：

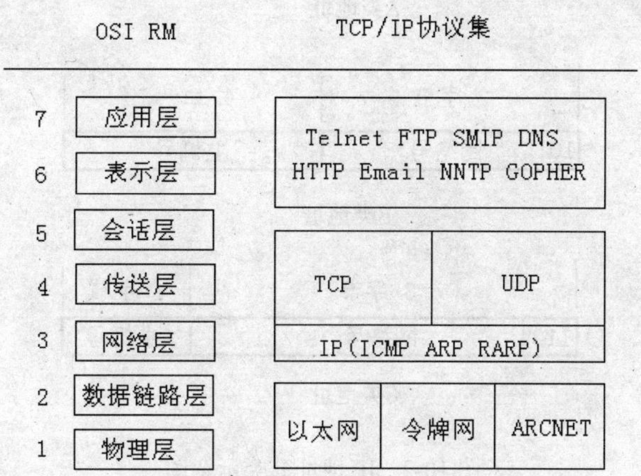

图 10-1　TCP/IP 与 OSI 对照图

IP ——— 网际协议
ICMP ——— 差错和控制协议
ARP ——— 网际地址与物理地址转换协议
RARP ——— 物理地址与网际地址转换协议
TCP ——— 传输控制协议
FTP ——— 文件传输协议
Telnet ——— 仿真终端协议
DNS ——— 域名系统
HTTP ——— 超文本传输协议

NNTP ——— 新闻传输协议

GOPHER ——— gopher 服务

介绍网络技术和协议不是本书编写的目的，有关网络知识，请查阅相关资料，在此简单介绍与网络编程有关的基础知识。

1．IP 地址

为了能把多个物理网络在逻辑上抽象成一个网际网，在网际网上允许任何一台主机与其他主机进行通信，则必须保证每台主机有独一无二的地址。TCP/IP 协议为每台主机分配一个唯一的 32 位网际地址，或称为 IP 地址。32 位的 IP 地址在书写时分成四个部分，每一个部分用"."分隔，其取值范围为 0 至 255，如一个正确的 IP 地址表示为：202.115.5.80。

为了便于网际管理，把 IP 地址分为：网络号和主机号(netid, hostid)，网络号定义为主机号为全 0 的网际地址。根据网际上网络的规模，把 IP 地址分为三类：A 类，B 类，C 类，如图 15-2 所示：

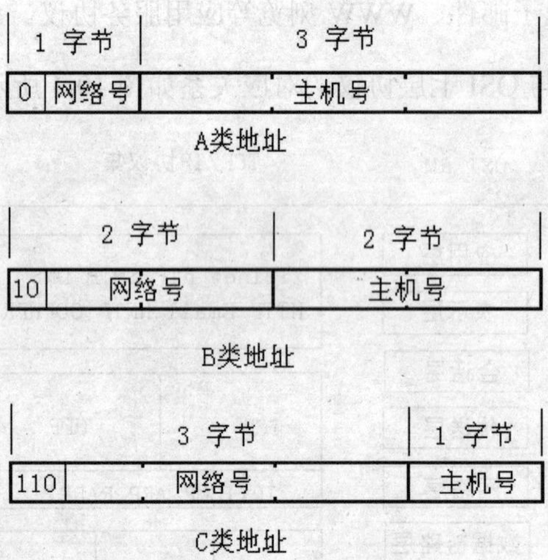

图 10-2　IP 地址分类示意图

说明：另外还有两类地址：D 类和 E 类，它们很少使用。

IP 协议使用 IP 地址，把数据从一个主机传送到另一个主机。IP 协议使用数据报服务，这是一种非连接的、不可靠的传送服务，每个分组分开传送，可以经过不同的路径送达目的主机，但并不保证信息分组一定被送到目的主机。IP 协议要求数据分组的长度不超过 64K 字节。

2．域名系统 DNS

有 IP 地址后，就可以唯一地识别 Internet 网上的任何一台主机。但是由于 IP 地址是没有任何意义的纯数字，使用时非常不方便，所以，产生了分级命名系统，即域名系统 DNS。

DNS 在结构上类似于 DOS 的文件系统，实行分层管理，DNS 规定：一个本地域名应小于 64 个字符，一个主机名应小于 96 个字符，主机名在先，其后为本地子域名至根域名，中间使用"."分隔，即：

host.subdomain1.[subdomain2...].rootdomain

其总长度应小于 256 个字符。对于同一域名下的主机名必须是唯一的，不同域名下的主机名可以相同，相当于 DOS 文件系统中，同一目录下的文件名是唯一的。如下面都是合法的域名：

www.uestc.edu.cn

java.sun.com

ftp.pku.edu.cn

www.3com.com

在命名时，为便于记忆，总是采用有意义的名字，如上面例子中的第一个域名，其主机名为 www 表示该主机是 WWW 服务器，其后的子域名 uestc 是电子科技大学的缩写，edu 代表教育科研网，cn 表示中国。域名的使用必须到专门的机构申请，不能随意命名。有了 DNS 后，使用域名就可以访问 Internet 上的任何一台主机。在实际访问主机的过程中，进行了一次从域名到 IP 地址的转换，这种转换由 Internet 上的 DNS 服务器来完成。

3．套接字(socket)

在网际层，IP 数据报只标识了主机，而在多用户应用系统中，一台主机有多个应用进程，为了区分报文最终是传送给哪一个进程，TCP 协议利用 IP 数据报服务，引入套接字(socket)达到区分不同进程的目的。要实现两台主机上不同进程之间的通讯，必须保证两台主机都各使用一个套接字。套接字用两个字节表示，任何一台主机都具有 64K 个套接字可供使用。Internet 上的服务器使用了大量的标准套接字提供不同的标准服务。客户机上的套接字在需要与服务器通讯时，临时生成，通讯结束后，套接字即被销毁。这些临时套接字由系统负责分配和管理。如果用户需要编写服务应用程序，应该避免使用目前众所周知的标准套接字。表 10-1 列出了一些标准套接字。

表 10-1　TCP 的标准套接字

名称	Socket	服务说明
ehco	7	发送数据的回应
discard	9	放弃发送的数据
daytime	13	产生目标机上的当地时间
chargen	19	字符产生器
ftp	21	文件传送
telnet	23	远程登录
smtp	25	简单邮件传送
gopher	70	goher 服务
finger	79	用户查询服务
http	80	WWW 服务
pops	110	邮政协议
nntp	119	网络新闻传送

说明：目前 TCP 协议中经常提到两个名词：套接字(socket)和端口(port)，它们实际上含义相同。

4．统一资源定位器 URL

统一资源定位器 URL 是 WWW 中的一个常用概念。WWW 是以 HTML 语言和 HTTP 协议为基础的信息浏览系统，该系统包括 WWW 服务器和 WWW 浏览器，其中 WWW 服务器利用超文本链路来连接各种信息片段，这些信息片段既可存储在同一主机上，也可以存储在不同地理位置的不同主机上。超文本链路由统一资源定位器(URL)维护。WWW 浏览器负责显示浏览信息和向服务器发送请求。

统一资源定位器描述客户机请求某个特定资源时所需要的全部信息，它不但可以唯一地表示 Internet 网上一个确定的地址，还可以指明资源的种类和传送信息时所使用的协议，其格式定义为：

<传输协议>:// <主机地址> [:套接字] <资源说明>

✧ 传输协议：是客户机请求服务器提供资源时所使用的协议，使用以下字段来表示不同的协议：

file　　本地文件协议
http　　超文本传输协议
ftp　　文件传输协议
telnet　　远程终端会话协议
news　　网络新闻传输协议
gopher　　Gopher 协议
mailto　　电子邮件 SMTP 协议
wais　　广域信息检索协议

✧ 主机地址：可以是域名地址，也可以是 IP 地址

✧ 套接字：如果 URL 没有提供该字段，则根据传输协议使用缺省的套接字，如 http 协议为 WWW 服务，使用套接字 80 等。

✧ 资源说明：是请求文档的路径名和文件名，文件名能够表示请求数据的类型，如文本文件、图像文件、音频文件等，在这个字段还可能使用符号"#"， 指定文本文件中某一锚点的位置。

下面是几个合法的 URL 表示：

http://www.yahoo
http://www.javasoft.com/products/apiOverview.htm#security
ftp://ftp.pku.edu.cn
news:alt.hypertext
gopher:gopher.ucdavis.edu
mailto:president@whitehouse.gov

10.1.2 客户端/服务器连接模型

客户端/服务器连接模型，即Client/Server(客户机/服务器)结构，通过将任务合理分配到Client端和Server端，降低了系统的通讯开销，可以充分利用两端硬件环境的优势。早期的软件系统多以此作为首选设计标准。服务器通常采用高性能的PC、工作站或小型机，并采用大型数据库系统，如Oracle、Sybase、Informix或 SQL Server。客户端需要安装专用的客户端软件。

C/S的优点是能充分发挥客户端P C的处理能力，很多工作可以在客户端处理后再提交给服务器。对应的优点就是客户端响应速度快。

缺点主要有以下几个：

1. 采用 Intranet 技术，适用于局域网环境可连接用户数有限，当用户数量增多时，性能会明显下降客户端都要安装应用程序系统扩展维护复杂、代码可重用性差、开发费用较低，开发周期较短只适用于局域网。而随着互联网的飞速发展，移动办公和分布式办公越来越普及，这需要我们的系统具有扩展性。这种方式远程访问需要专门的技术，同时要对系统进行专门的设计来处理分布式的数据。

2. 客户端需要安装专用的客户端软件。首先涉及到安装的工作量，其次任何一台电脑出问题，如病毒、硬件损坏，都需要进行安装或维护。特别是有很多分部或专卖店的情况，不是工作量的问题，而是路程的问题。还有，系统软件升级时，每一台客户机需要重新安装，其维护和升级成本非常高。

3. 对客户端的操作系统一般会有限制。可能适应于 Win98，但不能用于 Win2000 或 Windows XP。或者不适用于微软新的操作系统等，更不用说Linux、Unix等。

另外一种应用广泛的体系结构是Browser/Server(浏览器/服务器)结构，它是对C/S结构的一种变化或者改进的结构。在这种结构下，客户机上只要安装一个浏览器(Browser)，如Netscape Navigator或Internet Explorer，服务器安装Oracle、Sybase、Informix或 SQL Server等数据库。浏览器通过Web Server 同数据库进行数据交互。用户界面完全通过WWW浏览器实现，一部分事务逻辑在前端实现，但是主要事务逻辑在服务器端实现，形成所谓3-tier结构。B/S 结构，主要是利用了不断成熟的 WWW 浏览器技术，结合浏览器的多种 Script语言(VBScript、JavaScript…)和ActiveX技术，用通用浏览器就实现了原来需要复杂专用软件才能实现的强大功能，并节约了开发成本，是一种全新的软件系统构造技术。随着Windows 98/Windows 2000将浏览器技术植入操作系统内部，这种结构更成为当今应用软件的首选体系结构。

B/S最大的优点就是可以在任何地方进行操作而不用安装任何专门的软件。只要有一台能上网的电脑就能使用，客户端零维护。系统的扩展非常容易，只要能上网，再由系统管理员分配一个用户名和密码，就可以使用了。甚至可以在线申请，通过公司内部的安全认证（如CA 证书）后，不需要人的参与，系统可以自动分配给用户一个账号进入系统。它采用Internet/Intranet 技术，适用于广域网环境；支持更多的客户。可根据访问量动态配置 WEB服务器、应用服务器，以保证系统性能；客户端只需标准的浏览器；采用面向对象技术，代码可重用性好；系统扩展维护简单；开发费用较高，开发周期较长 。

Java 技术中应用更为广泛的是B/S结构。

10.2 java.net 包

java.net 包可以根据下列功能进行分组，如图 10-3 所示：

- ✧ Internet 寻址（InetAddress 类和 URL 类）
- ✧ TCP/IP 面向连接服务类（Socket 类和 ServerSocket 类）
- ✧ UDP/IP 无连接服务类（DatagramPacket 类和 DatagramSocket 类）
- ✧ MIME 内容类型处理器（ContentHandler 类和 URLStreamHandler 类）
- ✧ WWW 相关类（URLConnection 类和 URLStreamHandler 类）

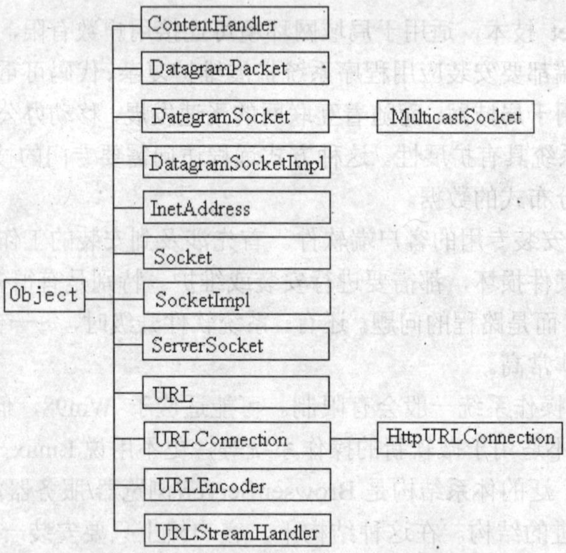

图 10-3 java.net 包中类层次结构示意图

下面主要介绍前三项。

10.2.1 InetAddress 类和 URL 类

InetAddress 类提供有关从域名地址查询 IP 地址的方法。

在这个类中，没有构造器，类中有三个类方法：getByName()，getAllByName()，getLocalHost()，返回类型是 InetAddress，所以用这三个方法中的任意一个方法均可生成 InetAddress 对象。这三个方法的 String 参数既可以是被查询主机的域名地址，如 java.sun.com，也可是 IP 地址的字符串表示，如"206.26.48.100"，InetAddress 类查询 IP 地址是通过访问 DNS 服务器，由 DNS 服务器返回 IP 地址。生成 InetAddress 对象后，可以用下面的方法获得 IP 地址的有关信息：

- ✧ getAddress() 返回 4 个字节的 IP 地址，是 4 个整数，有可能是负数，需要进行转换处理，才能正确显示。
- ✧ getHostName() 返回被查询主机的域名地址，即生成 InetAddress 对象时使用的字符串参数。

✧ getHostAddress() 返回 IP 地址，与 getAddress 不同，它是用字符串表示的 IP 地址，IP 地址用十进制数表示，即"%d.%d.%d.%d"。

例 10.1 下面的程序通过命令行参数获取需要查询的主机域名，返回查询结果，同时，显示用上述不同方法获得的信息。

```
/**
    源程序：AddressTest.java
*/
import java.net.*;
class AddressTest {
  public static void main(String[] args) {
    InetAddress someHost;
    try {
      if(args.length == 0) {
        someHost = InetAddress.getLocalHost();
      } else {
        someHost = InetAddress.getByName(args[0]);
      }
      System.out.println("Use \"getHostName()\":\t"
                                  + someHost.getHostName());
      System.out.println("Use \"getHostAddress()\":\t"
                                  + someHost.getHostAddress());
      System.out.println("-----------------------------------");
      byte [] addr = someHost.getAddress();
      System.out.println("Use \"getAddress()\":\t"
                                  + addr[0] + "/ " + addr[1] + "/ "
                                  + addr[2] + "/ " + addr[3] + "/ ");
      System.out.println("Converted address:\t"+ (addr[0]&0xff)
                                  + "." + (addr[1]&0xff) + "."
                                  + (addr[2]&0xff) + "."
                                  + (addr[3]&0xff));
      } catch (UnknownHostException e) {
            e.printStackTrace();
      }
  }
}
```

由于用来生成 InetAddress 对象的三个方法都声明 UnknownHostException 异常，所以程序中的使用 try-catch 来捕获异常，进行处理。

用 InetAddress 类查询 IP 地址是一种最基本、最简单的网络应用，还需要有功能更强大的类来完成网络的实际应用。

URL 类支持对 WWW 服务器的访问，使用这个类可以方便地访问 WWW 服务器上的资源，如获得 Web 页面文件、文本文件、图像文件、音频文件等。

URL 类构造器：

```
public URL(String protocol,String host,int port,String file);
public URL(String protocol, String host, String file) throws MalformedURLException;
public URL(String spec) throws MalformedURLException;
public URL(URL context, String spec) throws MalformedURLException;
```

它有四个构造器，四个构造器能够很方便地生成 URL 对象：

第一个构造器要求指定协议、主机域名、端口号、文件名。如果端口号为-1，表示使用特定协议的缺省端口，如 ftp 协议用端口 21，http 协议用端口 80 等。

第二个构造器相当于用端口号为-1 的参数来调用第一个构造器。

第三个构造器取一个完整的 URL 地址字符串，使用最方便。

第四个构造器中的 spec 表示一个 URL 地址，它可能是一个完整的地址，也可能不完整，如果是不完整的地址，则缺少的信息可以从 context 中获得。

在生成 URL 对象后，用 getProtocol(), getHost(), getPort(),getFile()和 getRef()方法可以提取 URL 中任何字段信息。下面的程序演示这几个方法的使用。

例 10.2 使用方法 getProtocol()，getHost()，getPort()，getFile()和 getRef()方法，提取 URL 中字段的信息。

```
/**
    源程序：UrlTest1.java
*/
    import java.net.*;
    public class UrlTest1 {
        public static void main (String[] args) {
            URL url = null;
            try {
                if(args.length == 0) {
                    System.out.println("Use: java UrlTest1 <URL>");
                    System.exit(0);
                } else
                    url = new URL(args[0]);
                System.out.println("Protocol:\t" + url.getProtocol());
                System.out.println("Host:\t" + url.getHost());
                System.out.println("File:\t" + url.getFile());
                if(url.getPort() == -1)
```

```
                System.out.println("Port:\t" + "Use the default port for the protocol");
            else
                System.out.println("Port:\t" + url.getPort());
                System.out.println("Reference:\t" + url.getRef());
        } catch (MalformedURLException e) {
            e.printStackTrace();
        }
    }
}
```

URL 类能够很容易地获取 WWW 服务器上的资源，这主要是由于它使用了另一个 URLConnection 类提供的方法。URL 类中的成员方法 getContent()就直接调用 URLConnection 类的 getContent()方法，取回资源并返回相应资源的形式。

URL 类还有一个实用的方法 openStream()，该方法直接调用 URLConnection 类的方法 getInputStream()，建立一个从 WWW 服务器到客户应用程序的输入流，这样应用程序就可以用与读取本地输入流一样的方法来读取 WWW 服务器上的资源。

例 10.3 下面的程序使用输入流读取 WWW 服务器上的文本文件。

```
/**
    源程序：UrlTest2.java
*/
import java.net.*;
import java.io.*;
public class UrlTest2 {
    public static void main (String[] args) {
        URL url = null;
        try {
            if(args.length == 0) {
                System.out.println("Use: java UrlTest2 <URL>");
                System.exit(0);
            } else
                url = new URL(args[0]);
            InputStream in = url.openStream();
            if (in != null) {
                for(int c = in.read(); c > 0; c = in.read()) {
                    System.out.print((char)c);
                }
            }
        } catch (MalformedURLException e) {
```

```
                e.printStackTrace();
            } catch (IOException e) {
                e.printStackTrace();
            }
        }
    }
```

程序在生成 URL 对象后，用 openStream()打开了一个输入流，这个输入流来自 WWW 服务器，但应用程序并不关心这一点，仍然像读取本地输入流一样获得数据。

URLConnection 类是一个抽象类，提供了很多有关应用程序与一个 URL 通讯的方法。生成 URLConnection 对象后，既可以读入一个 URL 代表的资源，以可以向该 URL 写出数据。生成 URLConnection 对象就是建立应用程序与远程主机的连接，将涉及到很多初始参数的设置，下面是设置初始化参数部分方法：

- ✧ setAllowUserInteraction()检查用户对该 URL 的使用权限，如果设置为 true，在用户访问该 URL 时，将对用户进行可靠性验证，获得通过才能访问该资源，false 表示允许用户访问该资源。
- ✧ setDoInput()确定 URL 连接是用于输入或是用于输出，true 表示用于输入，即读取 URL 的资源，false 表示用于输出，即向 URL 输出数据。缺省值是 true。但如果 setDoOutput()设置的 true，则 setDoInput()的缺省值为 false。
- ✧ setDoOutput()与 setDoInput()含义相似。

以上方法都是用于设置参数，如需要查询这些参数，可以使用前缀为 get 的相应方法。下面的方法可以查询 http 响应头的值

- ✧ getContentType() 返回资源的 MIME 类型
- ✧ getContentEncoding() 返回资源所用的编码
- ✧ getContentLength() 返回资源的字节数
- ✧ getDate() 返回资源的日期和时间
- ✧ getExpiration() 返回过时资源的日期和时间
- ✧ getLastModified() 返回资源最后修改的日期和时间

下面的方法可以访问响应头和内容

- ✧ getContent() 返回资源的内容
- ✧ getHeaderField() 返回响应头
- ✧ getInputStream() 返回输入流
- ✧ getOutputStream() 返回输出流

10.2.2 Socket 类和 ServerSocket 类

ServerSocket 类和 Socket 类一起提供完整的 TCP/IP 连接服务功能。Socket 类用于支持客户机，ServerSocket 类用于支持服务器。编写服务程序，要求首先建立客户机和服务器的

TCP 连接，要建立 TCP 连接必须涉及二个端口：服务器的端口和客户机的端口。客户机上使用的端口是临时端口，不必应用程序指定，由系统自动分配，在通讯结束后被销毁。服务器的端口应由应用程序选择。在指定服务器的端口时，应该遵循目前共同的标准，如果不是编写 Internet 上的标准服务，就不能选用已经被用作 Internet 标准服务的端口，如端口 80 用于 WWW 服务等。由于每台主机的端口号范围是 0 至 65535，因此仍然有大量的端口可供选择，一般来说范围 0 至 1023 保留给标准的 Internet 服务，从 1024 往后的范围用于客户机作临时端口，有些系统也把 32768 往后的范围作为自己的端口，所以最好也避开这些号码。测试时最常用的端口号为 8001。

我们首先了解一下这两个类提供了哪些有用的方法。

Socket 类的构造器定义如下：

```
public Socket(String host, int port)
public Socket(InetAddress address, int port) throws IOException;
public Socket(String host, int port, InetAddress localAddr,
                                    int localPort) throws IOException;

public Socket(InetAddress address,int port,
        InetAddress localAddr,int localPort) throws IOException;
```

Socket 类有四个构造器，其含义分别为：

第一个构造器表示客户机初始化与 host 服务器的 port 端口的连接。

第二个构造器与第一构造器含义相同，只是它用 InetAddress 对象给出服务器的 IP 地址。

第三个构造器除指定服务器的 IP 地址和端口号外，还指定了客户机的 IP 地址和使用的端口号。

第四个构造器与第三个构造器含义相同，只是给出参数的形式不同而已。

Socket 类建立客户机与服务器的连接，该类定义的方法:

- ✧ getInputStream( )获得从服务器到客户机的数据输入流。
- ✧ getOutputStream()获得从客户机到服务器的数据输出流。

客户机应用程序使用这两个方法获得输入输出流后，可以象使用本地机上的输入输出流一样，从服务器获取数据，或向服务器输出数据。

ServerSocket 类的构造器定义如下：

```
public ServerSocket(int port) throws IOException;
public ServerSocket(int port,int backlg)throws IOException;
public ServerSocket(int port,int backlg,InetAddress bindAdd)
                                                   throws IOException;
```

其构造器所使用参数的含义为：

- ✧ port 表示服务器守候的端口号；
- ✧ backlog 连入服务器的队列长度，即允许同时连入服务器的客户机数目，缺省值为 50。当客户机请求连入服务器时，如果连入队列已满，则连入请求被拒绝。

该类初始化一个端口，然后用 accept()方法使服务器守候在这个端口上，这时程序停止执行，直到有客户机连入这个端口后，程序才继续执行。

例 10.4 下面两个程序演示客户机与服务器交互通讯的情况，先列出服务程序清单。

```
/**
   源程序：ServerChat.java
*/
import java.util.*;
import java.io.*;
import java.net.*;
public class ServerChat {
 final static int SERVER_PORT = 8001;
 public static void main(String[] args) {
  Server server;
  byte[] serverReceive = new byte[256];
  byte[] serverSend = new byte[256];
  boolean quit = false;
  byte ch;
  int i=0;
  server = new Server(SERVER_PORT);
  while(!quit) {
    try {
       System.out.println("\t\tReceive:");
       i=0;
       while((ch = (byte)server.in.read()) != '\n') {
            serverReceive[i] = ch;
            i++;
       }
       System.out.println("\t\t"+new String(serverReceive,0,i));
       if(new String(serverReceive,0,i).indexOf("quit") == -1){
          System.out.println("Send:");
          i=0;
          while((ch = (byte)System.in.read()) != '\n') {
             serverSend[i] = ch;
             i++;
          }
          serverSend[i] = '\n';
          server.out.println(new String(serverSend, 0, i));
     } else {
```

```
                quit = true;
            }
        } catch (IOException e) {
            System.out.println("IOEx in server.in.readLine()"+e);
        }
      }
    }
}
class Server {
  private ServerSocket server;
  private Socket socket;
  public DataInputStream in;
  public PrintWriter out;
  public Server(int port) {
    try{
        server = new ServerSocket(port);
        System.out.println("--- Chat Server is on_line! ---");
        socket = server.accept();
        in = new DataInputStream(socket.getInputStream());
        out = new PrintWriter(socket.getOutputStream(),true);
        out.println("Chat Server:    " +new Date());
    } catch(IOException e) {
        System.out.println("Serverconstructor IOEx: " + e);
    }
  }
}
```

该程序是服务程序运行于服务器上。程序定义了一个 Server 类，它的主要工作是生成 ServerSocket 对象，使用的端口号为 8001，然后调用 accept()方法，守候在 8001 端口，同时，程序处于等待状态，不再往下执行，直到有客户机连入服务端口后，程序继续执行。这时，程序用 getInputStream()和 getOutputStream()初始化了输入流和输出流。

其后的 ServerChat 类的 main()方法中使用的 server.in.read()方法和 server.out.println()方法，都针客户机的操作，即从客户机读取数据和向客户机发送数据。

例 10.5 下面是客户机程序清单。

```
/**
   源程序：ClientChat.java
*/
import java.io.*;
import java.net.*;
```

```
public class ClientChat {
   public static void main(String[] args) {
      Client client;
      byte[] clientReceive = new byte[256];
      byte[] clientSend = new byte[256];
      boolean quit = false;
      byte ch;
      int i=0;
      client = new Client("localhost", 8001);
      while(!quit){
       try {
         System.out.println("\t\tReceive:");
         i=0;
         while((ch = (byte)client.in.read()) != '\n') {
                              clientReceive[i] = ch;
                              i++;
         }
         System.out.println("\t\t"+new String(clientReceive,0,i));
         System.out.println("Send:");
         i=0;
         while((ch = (byte)System.in.read()) != '\n') {
             clientSend[i] = ch;
             i++;
         }
         clientSend[i] = (byte)'\n';
         client.out.println(new String(clientSend, 0, i));
         if((new String(clientSend, 0, i).indexOf("quit")) != -1)
             quit = true;
        } catch(IOException e) {
            System.out.println("IOEx in client.in.readLine()");
            System.out.println(e);
         }
      }
      try {
         Thread.sleep(2000);
      }catch (Exception e) {}
   }
}
class Client {
```

```
    public DataInputStream in;
    public PrintWriter out;
    private Socket client;
    public Client(String host, int port) {
        try {
            client = new Socket(host, port);
            out = new PrintWriter(client.getOutputStream(),true);
            in = new DataInputStream(client.getInputStream());
        } catch (IOException e) {
            System.out.println("IOEx: " + e);
        }
    }
}
```

程序定义了一个 Client 类，它利用 Socket 类，把客户机通讯时的临时端口与服务器的服务端口连接起来，同样用 getOutputStream()和 getInputStream()初始化输出流和输入流，其后 main()方法中 client.out.println()和 client.in.read()分别表示向服务器发送数据和从服务器上取回数据。

在设计这种通讯程序时，协议是最重要的，有了它才能保证通讯顺利地进行。这两个交互通讯程序中，规定了简单的信息交换规则：先运行服务程序，使它处于守候状态，再运行客户程序建立连接，如果连接成功，服务程序发送本机时间，然后进行交互通讯，即收到一条信息后则应该发送一条应答信息。需要结束通讯，必须让客户机发送"quit"信息，然后中止程序执行，服务程序收到"quit"后也中止程序执行。

说明：为了便于程序的调试，这两个程序都运行在同一个主机上（打开两个 DOS 窗口，分别运行程序），因此，在建立连接时，使用的参数为"localhost"和 8001，表示连接于本地主机的 8001 端口上，有条件的读者可以让两个程序分别运行于不同的主机上，这时只需把客户端程序中的"localhost"改变为实际服务器主机的域名即可。

10.2.3 DatagramPacket 类和 DatagramSocket 类

DatagramPacket 类用来实现一个无连接包的传送服务。每条消息从一台机器发送到到另一台机器的选径仅依赖于这个包所包含的信息。多个包从一台机器发送到另一台机器可能经过不同的路径，并且以任意顺序到达。

它将 Byte 数组、目标地址、目标端口等数据包装成报文或者将报文拆卸成 Byte 数组。DatagramPacket 类的构建器共有 4 个：DatagramPacket(byte[] buf, int length, InetAddress addr, int port)：从 Buf 数组中，取出 Length 长的数据创建数据包对象，目标是 Addr 地址，Port 端口。DatagramPacket(byte[] buf, int offset, int length, InetAddress address, int port)：从 Buf 数组中，取出 Offset 开始的、Length 长的数据创建数据包对象，目标是 Addr 地址，Port 端口。

DatagramSocket 类表示用来发送和接收数据报包的套接字。

数据报套接字是包投递服务的发送或接收点。每个在数据报套接字上发送或接收的包都是单独编址和路由的。从一台机器发送到另一台机器的多个包可能选择不同的路由，也可能按不同的顺序到达。

在 DatagramSocket 上总是启用 UDP 广播发送。为了接收广播包，应该将 DatagramSocket 绑定到通配符地址。在某些实现中，将 DatagramSocket 绑定到一个更加具体的地址时广播包也可以被接收。

例如：

```
DatagramSocket s = new DatagramSocket(null);
s.bind(new InetSocketAddress(8888));
```

这等价于：

```
DatagramSocket s = new DatagramSocket(8888);
```

两个例子都能创建能够在 UDP 8888 端口上接收广播的 DatagramSocket。

例 10.5 下面是一个用这两个类实现数据发送/接受的示例。

```
/**
   源程序：UDPTestServer.java
*/
//接收数据

import java.net.*;
public class UDPTestServer {
      public static void main(String[] args) throws Exception{
         byte[] buffer = new byte[8192];
         DatagramPacket dp=new DatagramPacket(buffer,buffer.length);
         DatagramSocket server = new DatagramSocket(5678);
   server.receive(dp);
   String s=new String(dp.getData(),dp.getOffset(),
                                 dp.getLength());
         System.out.println(s);
   }
}

/**
   源程序：UDPTestClient.java
*/
//发送数据
```

```
import java.io.IOException;
import java.net.*;
public class UDPTestClient {
   public static void main(String[] args)throws IOException {
         String s="This is just a test";
         byte[] buf = s.getBytes();
         InetAddress add = InetAddress.getByName("127.0.0.1");
         DatagramPacket dp =
                     new DatagramPacket(buf,buf.length,add,5678);
         DatagramSocket theSocket = new DatagramSocket();
         theSocket.send(dp);
      }
}
```

10.3 IP 组播编程

传统的 IP 通信有两种方式：

第一种是在一台源 IP 主机和一台目的 IP 主机之间进行，即单播 unicast；

第二种是在一台源 IP 主机和网络中所有其他 IP 主机之间进行，即广播 broadcast。

如果要将信息发送给网络中的多个主机而非所有主机则要么采用广播方式要么由源主机分别向网络中的多台目标主机以单播方式发送 IP 包。采用广播方式实现时，不仅会将信息发送给不需要的主机而浪费带宽也可能由于路由回环引起严重的广播风暴。采用单播方式实现时由于 IP 包的重复发送会白白浪费掉大量带宽也增加了服务器的负载，所以传统的单播和广播通信方式不能有效地解决单点发送多点接收的问题。

IP 组播是指在 IP 网络中将数据包以尽力传送 best-effort 的形式发送到网络中的某个确定节点子集，这个子集称为组播组 multicast group。IP 组播的基本思想是源主机只发送一份数据，这份数据中的目的地址为组播组地址。组播组中的所有接收者都可接收到同样的数据拷贝，并且只有组播组内的主机目标主机可以接收该数据。网络中其他主机不能收到组播组用 D 类 IP 地址 224.0.0.0 239.255.255.255 来标识。

IP 组播技术有效地解决了单点发送多点接收的问题，实现了 IP 网络中点到多点的高效数据传送，能够大量节约网络带宽、降低网络负载。

例 10.7 以下示例是一个 Java IP 组播的实现(组播接收端)。

```
/**
   源程序：ReceiveMulticastSocket.java
*/
import sun.net.*;
import java.net.*;
import java.io.IOException;
```

```
public class ReceiveMulticastSocket {
    public static void main(String[] args){
      try{
            // Which port should we listen to
            int port = 5000;
            // Which address
            String group = "225.4.5.6";
            // Create the socket and bind it to port 'port'.
            MulticastSocket s = new MulticastSocket(port);
            // join the multicast group
            s.joinGroup(InetAddress.getByName(group));
        //Now the socket is set up and ready to receive packets
            // Create a DatagramPacket and do a receive
            byte buf[]=new byte[1024];
            DatagramPacket pack =
                                    new DatagramPacket(buf, buf.length);
            s.receive(pack);
        //Finally, let us do something useful
        // with the data we just received,
            // like print it on stdout :-)
            System.out.println("Received data from: "
                                    + pack.getAddress().toString()
                                    + ":" + pack.getPort()
                                    + " with length: "
                                    + pack.getLength());
            System.out.write(pack.getData(),0,pack.getLength());
            System.out.println();
            // And when we have finished receiving data
        // leave the multicast group and
            // close the socket
            s.leaveGroup(InetAddress.getByName(group));
            s.close();
        }catch(Exception e){
            System.out.println("error message");
            e.printStackTrace();
        }
    }
```

小 结

作为一种编程语言只有Java提供了对网络编程的完整支持，这也Java的优点之一。本章在简单地回顾了Internet网的基础知识后，对java.net包中的几个主要类进行了介绍，举例说明了它们的使用方法，最后讲解了编写服务程序的方法，给出了一个具有一定实用价值的程序示例。

习 题

1. 请介绍java.net.Socket类最常用的三个方法
2. 请描述客户端/服务器结构的大致实现过程。
3. 编写程序，通过Java提供的URL类包从指定网址下载网页。
4. 试用InetAddress类获取本地IP。
5. 请描述在Java中实现数据报通讯（客户端）的方法。
6. 使用TCP把一个文件从客户端上传到服务器。

第 11 章　GUI 编程

图形用户界面（GUI）编程也许是面向对象编程应用最为广泛的领域。本章我们将要学习 Java 功能强大的 java.awt 和 javax.swing 界面设计包，它让你能轻松自如地构造图形界面。

GUI 设计(图形用户界面)并不是 Java 本身的创新，但是 Java 设计和实现的 GUI 可以不经任何修改就可运行在 Windows95、Windows NT、运行 OS/2 的 PC 机和 Macintosh 机器上，体现 Java 的程序设计宗旨："Write once, run anywhere"，这才是它的革命性创造。也许你会问：这种独立于平台的 GUI 是否具有和原机器一样的外观呢?答案是肯定的。Java 在设计 GUI 时，尊重不同机器上 GUI 的个性，创造性地使用布置管理器来负责 GUI 部件的安排，使同一程序在不同机器上运行时，保持相应机器的 GUI 样式。

注意：为了保证在不同机器上有较美的外观，设计程序时应避免使用绝对尺寸，尽量使用相对尺寸。

11.1　Applet 编程

11.1.1　Applet 简介

Applet 与 Application 两种程序都是 Java 编程。Applet 是能够嵌入到一个 HTML 页面中，且可通过 Web 浏览器下载和执行的一种 Java 类。它是 Java 技术容器(container)的一种特定类型，其执行方式不同于应用程序。一个 Application 程序是从它的 main()方法被调用开始的，而一个 Applet 的生命周期在一定程度上则要复杂得多。

Applet 就是一种能够嵌入到 HTML 页面中的 Java 程序，并通过浏览器下载和运行。所以说 Applet 是：

1．嵌入到一个 HTML 页面中；

2．可通过 Web 浏览器下载并执行的一种 Java 类；

3．它是客户端程序，不同于 J2EE 的 Servlet 的服务器端程序，它是在客户端的浏览器上运行的；

4．它的运行会受到一定的安全限制；

5．它对多媒体应用支持好。

11.1.2　Applet 装载

由于 Applet 是在 Web 浏览器环境中运行，所以它不象 Application 程序能直接由键入的一个命令启动。而是必须创建一个 HTML 文件，由浏览器来装载嵌入到这个 HTML 文件中的 Applet 程序并运行它，如图 11-1 所示。

Applet 程序装载的步骤是：

1．浏览器装入 URL

2．浏览器装入 HTML 文档

3．浏览器装入 Applet 类

4．浏览器运行 Applet

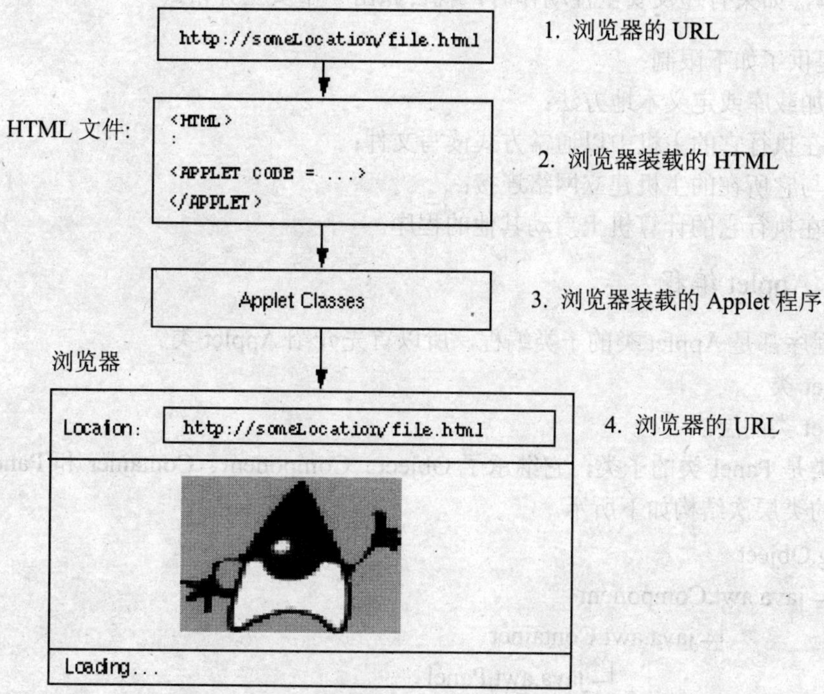

图 11-1　Applet 程序装载示意图

11.1.3　Applet 安全性限制

由于通过网络装载，Applet 的代码具有一种内在的危险性。必须防止通过 Applet 程序的恶意类读取客户端资料、文件及密码等行为。

在浏览器上，大多数能够采取的控制安全操作有：

1．运行时限制执行另一程序；

2．禁止任何文件的输入与输出；

3．限制调用任何本地方法；

4．禁止打开除提供 Applet 的主机之外的任何系统的 Socket 程序。

这些安全控制是通过限制 Applet 程序对系统文件的存取，来阻止的它侵犯一个远程系统的隐私或破坏该系统。限制执行另一程序和不允许调用本地方法是不利于 Applet 程序启动未经 JVM 检查的代码。对 Socket 的限制来禁止与另一个可能有危害性的程序的通信。

浏览器的这些控制，虽然提供了一些安全操作，但是没有解决程序安全所带来的安全隐患，并且也不利于 Applet 程序的应用。

Java 提供一个特殊的“保护域”或一个特殊 Applet 运行的安全性环境。通过远程系统检查原始的 URL 以及它下载的 Applet 的签名，和一个含有从特殊的 Applet 程序到特殊保护域的映射入口的本地文件比较。使来自特别位置的特殊 Applet 程序具有一些运行特权。

加载在网络上的 Applet 程序的安全限制，保证网络上传输的数据不会受病毒的侵入和数据的完整性。在浏览器上 JVM 有安全管理对象来检测 Applet 程序有是否存在违反 Applet 的安全性动作，如果有违反安全性动作时，就会抛出一个安全异常。

Applet 提供了如下限制：

1．不可加载库或定义本地方法；

2．不可在执行它的主机中以通常方式读写文件；

3．只能与它所在的主机建立网络连接；

4．不可在执行它的计算机上启动其他的程序。

11.1.4 Applet 编程

Applet 程序都是 Applet 类的子类编程，所以首先介绍 Applet 类。

1．Applet 类

1）Applet 类的层次

Applet 类是 Panel 类的子类，它继承了 Object、Component、Container 和 Panel 这些类的成员。它的类层次结构如下所示。

```
java.lang.Object
    └ java.awt.Component
        └ java.awt.Container
            └ java.awt.Panel
                └ java.applet.Applet
```

类的层次关系显示，Component，Container 和 Panel 类的方法被 Applet 类所继承。因为 Applet 是一个 Panel，所以 Panel 类的缺省流布局管理器(FlowLayout)也是 Applet 类的缺省布局管理器。Applet 可直接用作一个 AWT 布局的起点。

2）Applet 类的构造方法和成员

Applet 类构造方法只有一个：

```
public Applet()
```

这个构造方法用来创建一个 Applet 类实例。

Applet 类的成员变量来自超类所继承的变量。常用的有：

- ✧ appletURL：Applet 所对应的 URL
- ✧ documentURL：包含 Applet 的文档所对应的 URL
- ✧ bgColor：Applet 的背景色
- ✧ fgColor：Applet 的前景色
- ✧ font：Applet 的字体
- ✧ height：Applet 的窗口高度
- ✧ width：Applet 的窗口宽度

Applet 类的成员方法即来自超类所继承的，也有自己所创建的。常用的部分方法：

- ✧ public void destroy()撤消 Applet 后，进行无用内存空间回收。
- ✧ public AppletText getAppletContext()返回 Applet 浏览器环境。
- ✧ public AudioClip getAudioClip(URL url)返回声音片段对象。
- ✧ public URL getCodeBase()返回包含 Applet 的 URL 对象。
- ✧ public URL getDocumentBase()返回有 Applet 的 HTML 文档所在 URL。
- ✧ public Image getImage(URL url)返回给定 URL 中的 Image 对象。
- ✧ public String getParameter(String name)返回给定的 Applet 参数。
- ✧ public void init() 初始化 Applet。
- ✧ public boolean isActive()确认 Applet 是否处于活动状态。
- ✧ public void play(URL url, String name)播放 URL 所包括的一个声音片段，第二个参数可缺省。
- ✧ public void start()启动 Applet。
- ✧ public void stop()终止 Applet，在 destory()之前调用。

Applet 的主要方法

- ✧ init()：在 Applet 创建时被调用，为 Applet 初始化数据值；
- ✧ start()：当 Applet 成为可见时运行；
- ✧ stop()：当 Applet 成为不可见时运行；
- ✧ destroy()：撤消 Applet 后，进行 Applet 所用内存空间的回收。
- ✧ paint()：显示 Applet 的图或文字。

在一个 Application 程序中，程序由 main()方法进入，而 Applet 中却不是这样。Applet 由浏览器装载调用构造器后，调用 init()方法对 Applet 进行基本的初始化操作。然后，浏览器再调用 start()方法。

方法 init()和 start()都是在 Applet 成为“活动状态”之前运行完成，正因如此，它们都不能用来编写 Applet 中继续下去的动作。它与 Application 程序中的方法 main()不同的是，没有什么方法的执行是贯穿于 Applet 的整个生命过程中的。

Applet 是图形方式编程，对 System.out.println()输出信息是不会在 Applet 中显示出来，所以需要在图形环境中实现信息的显示。

通过创建 paint()方法，Applet 就能够在 Panel 上输出信息，绘制图形。paint()方法在 Applet 需要显示刷新时，就会由浏览器调用。例如，当浏览器窗口被最小化或被要求以图标方式显示时。对 paint()方法的调用是异步产生的，由其环境而不是程序来驱动。所以它在任何时候都能正常地被调用。

paint()方法中带有一个参数，它是 java.awt.Graphics 类的一个实例。这个参数通过它的 drawString()方法，能够对应地在 Applet 中绘图或写入文本。

在编写 Applet 程序时还可用到方法 stop()，destroy()。

2．Applet 程序编写

Applet 程序就是对 Applet 类的子类编程，所以需要引入 Applet 类，创建 Applet 类的子类，并覆盖 Applet 类的相应方法。

1）引入 Applet 类

Applet 类在 java.applet 包中，引入其形式如下：

```
import java.applet.Applet;
```

2）创建 Applet 类的子类

创建 Applet 的子类必须是 public 修饰，并声明为 Applet 类的子类。形如：

```
public class MyClass extends Applet{
        //Applet body
}
```

3）覆盖 Applet 方法

根据需要选择覆盖方法，实现 Applet 编程目的。如下选择 init()方法覆盖：

```
public void init(){
        //initialize code
}
```

例如 在 Applet 中的上、下、左、右和中位置上，显示按钮。

```
/**
    源程序：TestAppletDemo.java
*/
import java.applet.*;
import java.awt.*;
public class TestAppletDemo extends Applet{
    public void init(){
        setLayout(new BorderLayout());
        add("North",new Button("North"));
        add("South",new Button("South"));
        add("West",new Button("West"));
        add("East",new Button("East"));
        add("Center",new Button("Center"));
    }
}
```

运行结果如图 11-2 所示：

其中：

*setLayout()*是从 Container 类中继承的，为容器设置布局管理。

*add()*是从 Component 类继承的，为容器添加组件。第一个参数表示添加的区域。

BorderLayout 类是边框布局管理类，它把窗口分为上、下、左、右和中区域。

Button 类是按钮类型。构造器所带参数是按钮上显示的字符串。

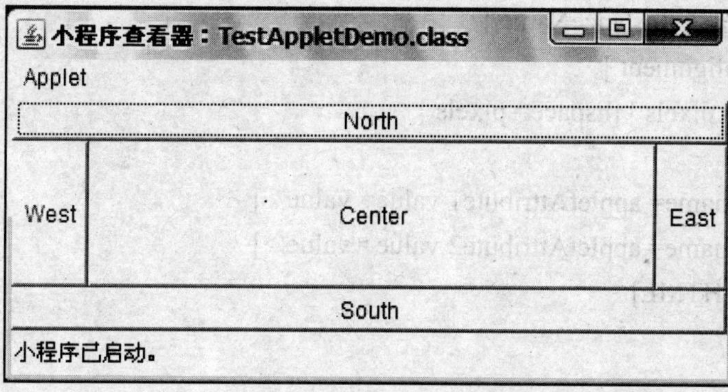

图 11-2　Applet 程序运行效果

11.1.5　Applet 生命周期

Applet 从创建、运行到销毁整个过程构成了它的生命周期。它的生命周期与三个主要方法：init()，start()和 stop()有相关。

1．init()

该方法在 Applet 被创建并装载到能支持 Java 的浏览器(如 appletviewer)时被调用。Applet 使用该方法来初始化处理。init()方法只在 Applet 首次装入时被调用，并在调用 start()之前完成。

2．start()

在 init()方法后 start()被调用。start()的调用使 Applet 处于“活动”。无论 Applet 何时成为可见，它都要调用一次。如当浏览器从图标化后恢复时，或当浏览器从链接返回时。这一方法的典型用法是启动动画和播放声音。

3．stop()

stop()方法是在 Applet 成为不可见时被调用。浏览器被图标化或链接到另一个 URL 时调用该方法使动画停止。

start()和 stop()形成一对动作。start()激活 Applet 某一行为，而 stop()则可将它禁止。

11.1.6　Applet 标记

Applet 程序必须嵌入 HTML 文件中，才能被浏览器装载和运行。在 HTML 文件中，由<Applet>标记将 Applet 程序嵌入到 HTML 文件中。要注意：标记<Applet>和</Applet>是成对的。

Applet 标记的完整句法如下所示：

```
<applet
    [archive= archList]
    code = AppletFile.class
    width = pixels height = pixels
    [codebase= codebaseURL ]
    [alt= alterText ]
```

```
        [name= appletInstanceName ]
        [alig n= alignment ]
        [vspace = pixels ] [hspace= pixels ]
    >
        [<param name= appletAttribute1 value= value >]
        [<param name= appletAttribute2 value= value >]
        [alternateHTML]
    </applet>
```

其中：

archive = archList：可选属性，表示一个或多个含有将被“预装”的类和其他资源的 archive。类的装载由带有给定 codebase 的 AppletClassLoader 的一个实例来完成。archList 中的 archive 以逗号“，”分隔。

code = AppletFile.class：是必需属性。它给定 Applet 程序。

这个值与装入的 HTML 文件的 URL 有关，它不能含有路径名。要改变 Applet 的 URL 可使用<codebase>标记。

width = pixels　height = pixels：这两个都是必需属性。给出了 Applet 显示区域的初始宽度和高度(以像表为单位)。

codebase = codebaseURL：是可选属性。指定 Applet 的 URL，它含有 Applet 代码的目录。如果这一属性未指定，则采用文档中的 URL。

alt = alterText：是可选属性。指定当浏览器不支持 Java 时要显示的文本。

name = appletInstanceName：是可选属性。为 Applet 实例指定名称，从而使得在同一页面上的 Applet 可以访问这个对象，实现互相通信。

align = alignment：是可选属性。指定 Applet 的对齐方式。取值与基本的 HTML 中 IMG 标记的相应属性相同，有 left，right，top，texttop，middle，absmiddle，baseline，bottom 和 absbottom。

vspace = pixels　hspace = pixels：是可选属性。指定 Applet 在上下(vspace)及左右(hspace)的间隙像表值。用法与 IMG 标记 vspace 和 hspace 相同。

<param　name = appletAttribute1　value = value>：与 Application 程序的命令行参数相同。提供了一种可带有由“外部”指定的数值的 Applet。Applet 使用 getParameter()方法来存取它们的属性。

支持 Java 的浏览器会忽略介于<applet>和</applet>标记之间的 HTML 代码。不支持 Java 的浏览器将显示被包括在其中的任何常规的 HTML。

在<applet>标记中，code、width 和 height 三个参数不可或缺的。

通过<applet>标记，浏览器为 Applet 程序创建了一个 width 宽，height 高的矩形窗口，Applet 程序在这个窗口中实现与用户交互或显示信息。

例如：在 TestApplet.HTML 中嵌入 Applet 程序 TestAppletDemo.class。

```
<HTML>
    <Body>
```

```
    <Applet code=TestAppletDemo.class width=400 height=300>
    </Applet>
  </Body>
</HTML>
```

11.1.7 Applet 观察器 appletviewer

appletviewer 是 JDK 中附带有一个专为查看 Applet 而设计的 Applet 观察器。通过 appletviewer 可以不必使用 Web 浏览器即可运行 Applet 程序。

HTML 文件作为 appletviewer 运行所带参数。appletviewer 运行时将把在 HTML 文件中嵌入的 Applet 程序装入并运行。appletviewer 将忽略所有其他的 HTML 代码。它不显示普通的 HTML 或嵌入在一个文本中的 Applet。

appletviewer 运行的形式如下：

```
appletviewer [-debug] URLs ...
```

其中：

-*debug* 是 appletviewer 仅有的合法选项，它使得 Applet 在 Java 调试器 jdb 中启动。若用带－g 选项的方式编译你的 Java 代码，则可在调试器中看到源代码。

例如：用 appletviewer 观察器，观察嵌入在 TestApplet.html 中的 Applet 程序 TestAppletDemo.class。

```
d:\source> appletviewer TestApplet.html
```

Applet 观察器运行后，创建并显示出由<applet>标记中 width 和 height 指定大小的窗口。运行的结果如图 11-2 所示。

有关 Applet 编程中多媒体、AWT 及事件处理等在相关 GUI 章节中描述。

11.2 图形用户界面基础

11.2.1 GUI 设计概念

图形用户界面（Graphics User Interface），简称 GUI。使用图形的方式，借助菜单、按钮等标准界面元素和鼠标操作，帮助用户方便地向计算机系统发出指令，启动操作，并将系统运行的结果同样以图形方式显示给用户。

Java1.0 中出现了用来生成图形用户界面的包是 java.awt，简称抽象窗口工具集，即 AWT（Abstract Window Toolkit）。它的设计目标是希望构建一个通用的 GUI，使得利用它编写的程序能够运行在所有的平台上，以实现 Sun 公司提出的口号“一次编写，随处运行”。

在 Java1.2 中，Sun 公司推出了新的用户界面库：Swing。相对 AWT 来说，Swing 功能更强大、使用更方便，它的出现使得 Java 的图形用户界面上了一个台阶。

但是，Swing 并没有代替 AWT。在 Java1.1 中，AWT 事件处理模型有了根本改变。Swing 使用的仍然是 Java1.1 的事件处理模型。

Java 中设计和实现图形用户界面的工作主要有：

1．创建组件（Component）：创建组成界面的各种元素，如按钮、文本框等。

2．指定布局（Layout）：根据具体需要排列组件的位置关系。

3．响应事件（Event）：定义图形用户界面的事件和各界面元素对不同事件的响应，从而实现图形用户界面与用户的交互功能。

Java 中构成用户界面的各种元素和成份可以分为三类：容器、控制组件和用户自定义成分。

11.2.2　GUI 类层次

包 java.awt 是设计 GUI 的基础，在学习 GUI 设计之前，让我们先来了解这个包，它是整个 Java 包结构中功能最强最重要的包，它的类独立于平台，保证你的程序能够在不同机器上运行。java.awt 包中主要类如图 11-3 所示。

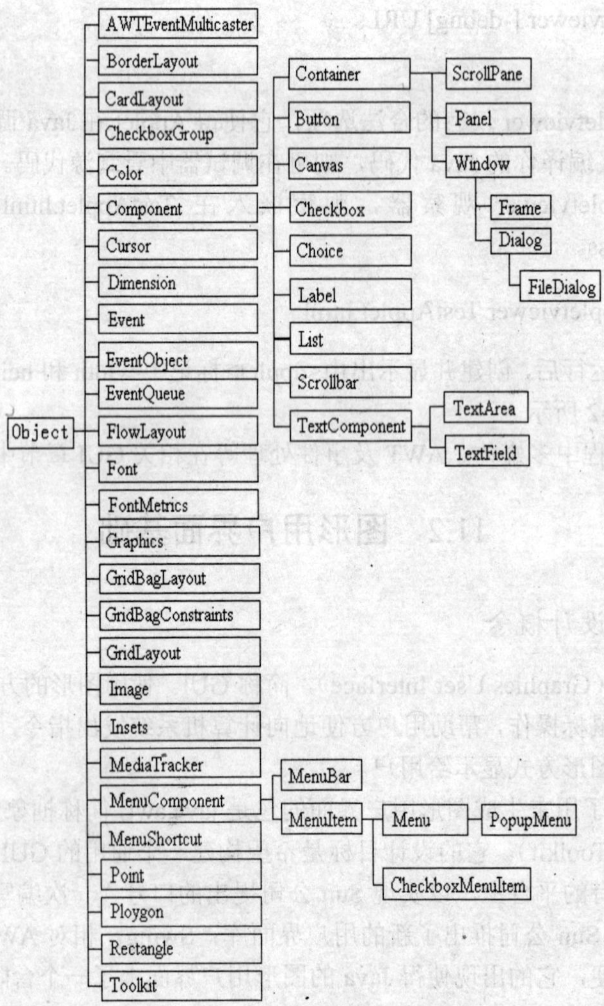

图 11-3　java.awt 包的主要类

按以下分组来讨论 java.awt 包的基本功能

1．GUI 类

包括图中所示 Component 的所有子类和 LayoutManager 布置管理器类。它是实现现代应用程序中按钮、列表框、检查框等 GUI 的基础。

2．菜单类

包括 MenuBar、Menn、MenuItem、CheckboxMenuItem、PopupMenu 和 MenuShortcut 类。用于菜单设计。

3．图形类

包括 Graphices，Image，Color，Font，FontMetrios 类。实现基本的作图功能，解决图形、颜色、字体的平台无关性。

4．几何类

包括 Point，Polygon，Dimension，Rectangle 四个类。作为 GUI 设计的辅助类，提供部件的几何尺寸和位置等。

5．事件类

包括 AWTEventMulticaster，AWTEvent 和 Event 类，完成对事件的响应。

6．其他类

包括 MediaTracker，Toolkit 等。

11.3 容器和部件

用 Java 语言设计的 GUI 具有平台无关性。这种独创的特性是通过 Java 的布置管理器来实现的。与布置管理器联系最为密切的就是容器和部件。那么什么是容器呢？在现实生活中就是盛放物体的一种器皿。在 Java 中，由 Container 抽象类派生的所有类都可以生成一个特定的对象，这些对象可以容纳部件，称为容器，如 Frame、ScrollPane、Panel、Dialog、FileDialog、Window 及 Applet 都是一种容器。

部件是抽象类 Component 所有子类生成的对象，如 Button、Canvas、Checkbox、Choice、Label、List、Scrollbar、TextArea、TextField 及菜单（菜单是 AWT 中特殊的部件）。值得注意的是：Container 及其子类容器也是 GUI 部件，只不过这类容器部件非常特殊，还可以容纳其他的部件。正是由于容器的这种特性，构成了在 GUI 设计中的一种嵌套层次结构。

如有一个 Frame 窗口容器，则能够在其中按排 Buttun、Label 和 Panel 等部件，Panel 本身也是容器，可以在 Panel 中再按排一个 Button，那么在屏幕上显示的两个 Button 表面上一样，实际上它们处于不同的层次结构，可以有不同的处理方法。这种嵌套层次结构使 GUI 程序设计更趋合理，设计思路更加清晰。

容器和部件的关系非常简单，就把部件加入容器中，这种“加入”，正是 Java 设计的独到之处，它使用布置管理器来决定部件“加入”到容器中的位置和部件本身的优选尺寸，这一过程的自动化，保证 GUI 程序独立于平台，并且使 GUI 在不同的机器上保持较美的外形。对于容器和部件来说，它们缺乏个性，总是保持同一种外形，但布置管理器通过对容器和部件的不同组织能生成别具风格的 GUI。因此，布置管理器是设计 GUI 的关键，只有掌握好布置管理器才能够设计好 GUI 程序。

布置管理器、容器和部件是设计 GUI 程序的基础，并且几乎所有的 GUI 程序都按下述步骤与布置管理器、容器和部件打交道。

✧ 选择容器。

✧ 为容器选择一种布置管理器。

✧ 将部件加入到容器中。

当然在实际设计过程中，可能有很多容器、部件和布置管理器，但使用上述嵌套层次结构设计 GUI 时，在每一个层次上不外乎上述三步。

说明： Applet 类是 Panel 类的子类，所以 Applet 程序本身就是一个容器。因此在示例程序中似乎没有选择容器，实际上是选定了 Applet 容器。

在学习布置管理器的布置特性之前，让我们先来学习如何实现上面的三步。示例程序都使用 Applet 程序，因此可以暂时不关心容器的选择，着重讨论后面两步的实现方法。

在 Container 类的定义中可以找到实现这两步的方法，下面是 Container 类的声明及常用的方法：

Container 类的声明：

```
public abstract class Container extends Component
```

构造器：

```
protected Container();
```

添加组件方法：

```
public Component add(Component comp);
public Component add(String name, Component comp);
public Component add(Component comp, int index);
public void add(Component comp, Object constraints);
public void add(Component comp, Object constraints,
                                int index);
```

设置和获得布局管理器方法：

```
public void setLayout(LayoutManager mgr);
public LayoutManager getLayout();
```

除去组件：

```
public void remove(int index);
public void remove(Component comp);
public void removeAll();
```

容器的有效性：

```
public void invalidate();
public void validate();
```

容器显示：

```
public void paint(Graphics g);
```

容器事件注册：

```
public void addContainerListener(ContainerListener l);
public void removeContainerListener(ContainerListener l);
```

线程唤醒：

```
public void addNotify();
public void removeNotify();
```

获得组件所在位置：

```
public Component locate(int x, int y);
}
```

Java 使用了比较易于理解的名字定义类的方法，可以从方法的名字推测出方法的作用，再查看类的定义，可以极大地扩展编写程序的方法。

方法 setLayout(LayoutManager mgr)为容器选择一种布置管理器。其要求参数是下面将要介绍的五种布置管理器之一。

往容器里“加入”部件就是使用下面的五个 add 方法。

```
add(Component comp);
add(Component comp, int pos);
add(String name, Component comp);
add(Component comp, Object constraints);
add(Component comp, Object constraints, int index);
```

这五个过载方法都需要 Component 对象参数，它实际上指 Component 子类对象，在进行程序设计时，Component 型参数可以使用下列子类替代：Button、Canvas、Checkbox、Choice、Label、List、Scrollbar、TextArea、TextField、Container、ScrollPane 和 Panel。

程序中经常使用第一个过载方法，它以程序中使用 add()语句的顺序依次安排部件。第二个方法使用整数表示的位置参数，以确定部件的安排顺序，可以与 add()语句的顺序不同，FlowLayout、GridLayout 和 GridBagLayout 布置管理器使用这两个方法安排部件。第三个方法使用字符串表示的位置参数，BorderLayout 和 CardLayout 布置管理器就使用这个方法确定部件位置。最后两个过载方法对部件位置进行特殊的限制。

例 11.1 下面的程序用上述方法完成对一个按钮的布置。

```
/**
    源程序：  Example.java
*/
import java.awt.*;
import java.applet.*;
public class Example extends Applet {
    public void init() {
        setLayout(new FlowLayout());
```

```
        add(new Button("button"));
    }
}
```

这个 Applet 程序在 init()中进行初始化工作，其中第一条语句用 setLayout() 方法选择 FlowLayout 布置管理器，第二条语句用 add()放置一个按钮。

下面具体介绍两个容器类——窗体类 Frame 和面板类 Panel。

11.3.1 Frame 类

一般我们要生成一个窗口，通常是用 Window 的子类 Frame 来进行实例化，而不是直接用到 Window 类。Frame 的外观就像我们平常在 Windows 系统下见到的窗口，有标题、边框、菜单、大小等等。每个 Frame 的对象实例化以后，都是没有大小和不可见，因此必须调用 setSize()来设置大小，调用 setVisible(true)来设置该窗口为可见。

另外，AWT 在实际的运行过程中是调用所在平台的图形系统，因此同样一段 AWT 程序在不同的操作系统平台下运行所看到的图形系统是不一样的。例如在 Windows 下运行，则显示的窗口是 Windows 风格的窗口；而在 UNIX 下运行时，则显示的是 UNIX 风格的窗口。

Frame 类具有以下特点：

- ✧ Frame 类是 Window 类的直接子类；
- ✧ Frame 对象显示的效果是一个“窗口”，带有标题和尺寸；
- ✧ Frame 默认初始化为不可见的，可使用 setVisible(true)方法使之变为可见；
- ✧ 默认的布局管理器是 BorderLayout，可使用 setLayout()方法改变其默认布局管理器。

Frame 的构造方法有：

Frame f=new Frame();

Frame f=new Frame(String s);

s 为 Frame 的标题字符串。

使用 Frame 窗口时将会用到的几个方法：

1．设置窗口大小

setSize( )这个方法用来设置窗口的大小，如下所示：

```
void setSize(int newWidth, int newHeight)
void setSize(Dimension newSize)
```

窗口的新的大小在变量 newWidth 和 newHeight 中被指定，或者在来自 Dimension 类的 newSize 对象的 width 和 height 这两个成员变量中被指定。这些大小使用像素为单位。

2．获得当前的窗口大小

getSize()这个方法被用来获得当前的窗口大小，如下所示：

Dimension getSize()方法返回一个 Dimension 对象，在这个对象的成员变量 width 和 height 中存放着当前窗口的大小。

3．隐藏和显示一个窗口

当一个 frame 窗口被创建以后，这个窗口默认是不可见的，除非你调用它的 setVisible() 方法。如下所示：

void setVisible(boolean visibleFlag)

如果这个方法的参数是 true，那么调用它的组件是可见的。否则，就被隐藏。

4．设置窗口标题

你可以通过使用 setTitle()方法来改变一个 frame 窗口的标题。如下所示：

void setTitle(String newTitle)

在这里，参数 newtitle 是窗口的新标题。

5．关闭 frame 窗口

当使用一个 frame 窗口时，程序必须在它被关闭时通过调用 setVisible(false)方法来将窗口从屏幕中除去。为了截获窗口关闭事件，必须实现 WindowListener 监听器接口的 windowClosing( )方法。在 windowClosing( )方法中，你必须将窗口从屏幕中除去。

11.3.2 Panel 类

Panel 类作为 Frame 中的面板使用，在操作上有很多类似之处，它具有以下特点：

✧ Panel 不是顶层窗口，它必须位于窗口或其他容器之内；

✧ Panel 可以容纳其他组件，在程序中经常用于布局和定位；

✧ Panel 默认的布局管理器是 FlowLayout，可使用 setLayout()方法改变其默认布局管理器；

Panel 可以采用和所在容器不同的布局管理器。

11.4 布置管理器

布置管理器(Layout manager)是 Java 独特的创新，与 GUI 设计密切相关。通过布置管理来放置部件，可以保证用户界面在不同机器上有较好的外观。因此掌握好布置管理器是至关重要的。为了突出本章的重点，我们只关注：所有部件如何被布置管理器放置在容器中以及界面的显示效果，而暂时不管如何激活这些部件，实现程序的交互性。

11.4.1 FlowLayout (流布置管理器)

FlowLayout 是最简单的布置管理器，以 add()语句的顺序依次放置部件， 当然也可以使用 add()的第二个过载方法改变这种顺序。它是 Applet 和 Panel 容器的缺省布置管理器。它的构造器定义为：

```
public FlowLayout();
public FlowLayout(int align);
public FlowLayout(int align, int hgap, int vgap);
```

FlowLayout 有三个构造器，它们确定部件的对齐方式和部件之间的距离。FlowLayout 类定义有三个对齐常量：LEFT 表示部件从左至右顺序放置，CENTER 表示部件从中间开始放置，RIGHT 表示部件从右至左放置。第一个构造器不需要任何参数， 其缺省的对齐参数是 CENTER，第二、三构造器都可以指定任意的对齐参数，第三个构造还可以指定部件之间的距离，但考虑到程序的平台无关性，一般不使用它来确定间距。

说明：FlowLayout 的三个对齐参数定义为 static 变量，在引用这种变量时，可以加类名限制引用，如：FlowLayout.LFET。

例 11.2 下面的程序演示 FlowLayout 放置部件的情况。

```
/**
    源程序：  FlowLayoutTest.java
*/
import java.awt.*;
import java.applet.*;
public class FlowLayoutTest extends Applet {
    public void init() {
        setLayout(new FlowLayout());
        for(int i=0;i<10;i++) {
            add(new Button("button" + i));
            validate();
            setVisible(true);
            try {Thread.sleep(500);} catch (Exception e) {};
        }
    }
}
```

程序选择 FlowLayout，总共放置 10 个按钮，为了演示 FlowLayout 的布置流程，程序设计时让 FlowLayout 每放置一个按钮都等待 0.5 秒钟，这样可以清楚地看到 FlowLayout 从中间开始放置按钮，其后都按中间对齐，这样依次放置，直到这一行剩余位置不能再放置按钮后，重新在下一行继续放置按钮。FlowLayout 在放置按钮时使用 Java 设定的按钮优选尺寸和间距。

程序方法 validate()和 setVisible()使容器（包括其中的部件）有效并且显示在屏幕上；这样按钮就成为可见的。

说明：程序中最后一行语句的作用是使程序等待 0.5 秒后再执行循环语句。它涉及到线程设计和异常处理，这部分内容将在第 8 章和第 7 章介绍，现在不必过多地关注它，只须知道它的作用即可。请把注意力集中在 FlowLayout 上。

提示：在设计 GUI 时，不要忘了用 setLayout()为容器选择一种布置管理器，然后用 add()把部件加入到容器中。实际上 FlowLayout 是 Applet 程序的缺省布置管理器，所以，上例中注释掉 setLayout()语句，程序执行结果不变。

11.4.2 BorderLayout(周边布置管理器)

BorderLayout 按东、南、西、北、中 5 个方位来放置部件。每个部件的尺寸都填满相应空间。只有处于"中间"的部件具有特权，它可以在其余四个周边部件缺少一个或几个时，扩大"中间"部件尺寸，占满剩余空间。在选定 BorderLayout 后，用 add() 的第三个过载方法把部件加入到容器中，这里有效的字符串参数有 5 个：East, South, West, North,Center 分别表示

5 个不同的方位。

BorderLayout 是容器 Frame, Window 和 Dialog 的缺省布置管理器。

说明：Frame 是 Java 中具有标题、菜单、边框的窗口，而 Java 中 Window 是没有标题、菜单、边框的矩形板面。请不要与 Windows 操作系统中的 Window 相混淆。关于 Frame 窗口程序的设计，我们将在后面详细介绍。

下面程序使用 BorderLayout 放置按钮，演示在某个方位缺少部件时，其余部件的扩充情况。程序只考虑缺少一个部件的情形，没有考虑缺少部件的所有情况，但足已说明缺少部件时其他部件的扩充情况。

例 11.3 下面的程序用 BorderLayout 管理的布置。

```
/**
    源程序： BorderLayoutTest.java
*/
import java.awt.*;
import java.applet.*;
public class BorderLayoutTest extends Applet {
    Button b,s,w,e,c;
    public void init(){
        setLayout(new BorderLayout());
        b=new Button("North");
        s=new Button("South");
        w=new Button("West");
        e=new Button("East");
        c=new Button("Center");
        add("North",b);
        add("South",s);
        add("West",w);
        add("East",e);
        add("Center",c);
        validate();
        setVisible(true);
        try{Thread.sleep(3000);} catch(Exception e){};
         for(int i=1; i<6; i++) {
            if( i != 1 ) add("North",b);
              else remove(b);
            if( i != 2 ) add("South",s);
              else remove(s);
            if( i != 3 ) add("West",w);
              else remove(w);
```

```
            if( i != 4 ) add("East",e);
              else remove(e);
            if( i != 5 ) add("Center",c);
              else remove(c);
            validate();
            setVisible(true);
            try {Thread.sleep(3000);} catch (Exception e) {};
        }
    }
}
```

程序首先显示放置 5 个按钮的情形，3 秒钟后依次显示缺少一个按钮的情况， 为了能清楚地了解缺少按钮时，其余按钮的扩充情况，每次显示都等待 3 秒钟。

警告：在使用 add()放置部件时，字符串参数一定要正确书写，这些参数的首字母是大写，其余小写。Java 在有关字符参数的使用上没有统一规定，有些类中使用这种大小写结合的方式，有些使用全部大写的方式，还有的使用全部小写的方式，应引起注意，不要相互混淆。

11.4.3 CardLayout (卡片布置管理器)

把不同的信息分类整理后，记录在不同的卡片上，如果有很多卡片，往往把它们重叠在一起，这时只有最上面的一张卡片是可见的。在 Java 中能够用卡片的方式来分类记录信息。不幸的是 Java 提供给我们的 CardLayout 布置管理器其功能非常有限，它定义和放置的卡片仅有卡片记录而缺少卡片头。大家留意一下 Windows 操作系统， 会发现很多地方使用卡片来组织信息，并且每张卡片都有一个卡片头。虽然一次只能看见一张卡片，但能够看见所有的卡片头，可以通过对卡片头的选择来查看卡片记录。但 Java 的卡片却没有这样完整的功能。在 CardLayout 类中有五个方法值得关注：

```
public void first(Container parent);
public void next(Container parent);
public void previous(Container parent);
public void last(Container parent);
public void show(Container parent, String name);
```

这五个方法可以灵活地显示不同的卡片内容。下面的程序将用其中的一些方法。

例 11.4 下面的程序用 CardLayout 管理的布置。

```
/**
   源程序： CardLayoutTest.java
*/
import java.awt.*;
import java.applet.*;
public class CardLayoutTest extends Applet {
```

```
    public void init(){
        CardLayout layout = new CardLayout();
        setLayout(layout);
        add("1",new Button("Card 1"));
        add("2",new Button("Card 2"));
        add("3",new Button("Card 3"));
        add("4",new Button("Card 4"));
        add("5",new Button("Card 5"));
        for(int i=1; i<6; i++) {
            if(i == 1) layout.first(this);
                else layout.next(this);
            validate();
            setVisible(true);
            try{Thread.sleep(3000);} catch(Exception e){};
        }
    }
}
```

程序共放置了 5 张卡片，每张卡片只有一个按钮（实际程序没有这种极端情况），程序每隔 3 秒钟显示一张卡片。这个程序与前面的程序稍有区别的地方是定义了 layout 变量，用它来保存 CardLayout 对象，因为这个对象在显示卡片时还要使用，程序中 first()和 next()都使用 layout 对象加以限制引用，表示这两个方法是 CardLayout 类的方法，而不是容器类的方法。

11.4.4 GridLayout(格栅布置管理器)

GridLayout 布置管理器基于格栅（即行列）来放置部件。虽然格栅使用二维坐标表示部件位置，但在实际使用 add()向容器上增加部件时，却使用的是一维坐标。GridLayout 类的构造器定义为：

```
public GridLayout();
public GridLayout(int rows, int cols);
public GridLayout(int rows, int cols, int hgap, int vgap);
```

程序中经常使用第二个构造器，它需要行列参数确定部件的放置情况。使用 add()放置部件时，按从左至右的顺序进行，也可以使用 add()的过载方法限制放置顺序。

例 11.5 下面的程序用 GridLayout 管理的布置。

```
/**
    源程序：  GridLayoutTest.java
*/
import java.awt.*;
import java.applet.*;
```

```
public class GridLayoutTest extends Applet {
    public void init() {
        setLayout(new GridLayout(3, 2));
        add(new Button("First"), 0);
        add(new Button("Second"), 1);
        add(new Button("Three"), 2);
        add(new Button("Four"), 3);
        validate();
        setVisible(true);
        try {Thread.sleep(3000);} catch (Exception e) {};
        add(new Button("Five"), 2);
    }
}
```

程序选择了 GridLayout 布置管理器，同时设定部件按 3 行 2 列的方式放置，使用 add()方法时，限制了放置顺序，最后一个 add()把按钮"Five"插入到前面的按钮中。

11.4.5 GridBagLaout 和 GridBagConstraints

GridBagLayout 可以非常灵活地放置部件，让部件按规定尺寸整齐地分布在容器中，也可以使某一部件占用多个格栅单元。因此，部件尺寸及定位坐标用得很多。所以专门设计了一个辅助类 GridBayConstraints 来指定整个布置参数，其定义如下：

```
public class GridBagConstraints implements Cloneable, Serializable {
    public static final int RELATIVE;
    public static final int REMAINDER;
    public static final int NONE;
    public static final int BOTH;
    public static final int HORIZONTAL;
    public static final int VERTICAL;
    public static final int CENTER;
    public static final int NORTH;
    public static final int NORTHEAST;
    public static final int EAST;
    public static final int SOUTHEAST;
    public static final int SOUTH;
    public static final int SOUTHWEST;
    public static final int WEST;
    public static final int NORTHWEST;
    public int gridx, gridy, gridwidth, gridheight;
    public double weightx, weighty;
```

```
    public int anchor, fill;
    public Insets insets;
    public int ipadx, ipady;
    public GridBagConstraints ();
    public Object clone ();
}
```

在这个类中主要定义了大量的变量和常量。我们分类来看看主要的变量和常量的含义。

✧ gridx, gridy

指定部件显示时左上角的坐标，通常其坐标为（0, 0），也可以使用该类定义的常量 RELATIVE。如 gridx 使用 RELATIVE 常量，则表示当前放置的部件紧靠上一个部件的右边放置。gridx, gridy 缺省时使用 GridBagConstraints.RELATIVE 常量

✧ gridwidth, gridheight

指定部件显示区在行和列上各自占据的行列单元数，实际决定了显示区的宽度和高度。其缺省参数为 1，表示只占个单元。使用常量时有不同的含义，如

✧ gridwidth, gridheight 分别使用 REMAINDER 常量，表示该部件是其所在行或列的最后一个部件，即该部件占据剩余的所有列或行。

✧ gridwidth, gridheight 分别使用 RELATIVE 常量，表示该部件是其所在行或列的倒数第二个部件。

✧ fill

它表示：当部件显示区的区域大于部件实际尺寸时，部件将按一定方式扩大其尺寸，如果不用 fill 变量，则部件保持原有尺寸。fill 可以使用四个常量，即 NONE, HORIZONTAL, VERTICAL 和 BOTH。NONE 是缺省值，即不扩大尺寸。

HORIIONTAL 表示部件按宽度(而不是高度)扩大尺寸。

VERTICAL 表示部件按高度(而不是宽度）扩大尺寸。

BOTH 表示部件按宽度和高度两个方向扩大尺寸。

✧ weightx,weighty

确定所有部件在容器上的位置分布，其缺省值都为 0，表示部件放置在容器中心，部件按要求的行列布置后，可能并未占满整个容器，这时不作任何处理，保持部件与容器四周的空白区。如果在任一行的某个部件指定了 weightx 或任一列的某个部件指定了 weighty，那么布置管理器总是在宽度或高度方向扩大部件尺寸，使它们占满整个容器。

提示：fill 是指部件优选尺寸与部件显示区的填充关系。weightx, weighty 指所有部件与容器的填充关系。在下面的演示程序中，使用了 fill 而注释掉了 weightx, weighty。请按不同组合使用这些语句，体会一下它们之间的区别。

✧ anchor

当部件显示区大于部件优选尺寸时，根据 anchor 使用的常量，决定部件在显示区中的位置。缺省值是 CENTER，即放置在中心位置，可以使用的常量有 NORTH, NORTHEAST, EAST, SOUTHEAST, SOUTH, SOUTHEAST, WEST, NORTHWEST。在下面的程序中可以给 Button8 加上这些参数观看一下部件放置情况(这时不能使用 fill 语句)。

提示：使用上述常量，必须使用类名限制引用。

如 GridBagConstrants.REMAIDER

这些参数如何才能与部件联系起来呢？GridBagLayout 类中定义的方法：

public void setConstraints(Component comp, GridBagConstraints constraints)

把 GridBagContraints 所定义的参数如 gridx, gridy, gridwidth 和 gridheight 与部件联系起来，即在放置该部件时，使 GridBagContraints 参数与之相联系。

例 11.6　下面的程序准确地反应 GridBagLayout 使用的复杂性和灵活性。

```
/**
    源程序：  GridBagTest.java
*/
    import java.awt.*;
    import java.applet.*;
    public class GridBagTest extends Applet {
        public void init() {
            GridBagLayout gridbag = new GridBagLayout();
            GridBagConstraints c = new GridBagConstraints();
            setLayout(gridbag);
            c.fill = GridBagConstraints.BOTH;
            makebutton("Button1", gridbag, c);
            makebutton("Button2", gridbag, c);
            makebutton("Button3", gridbag, c);
            c.gridwidth = GridBagConstraints.REMAINDER;
            //   end row
            makebutton("Button4", gridbag, c);
            makebutton("Button5", gridbag, c); //another row
            c.gridwidth = GridBagConstraints.RELATIVE;
            //   next-to-last in row
            makebutton("Button6", gridbag, c);
            c.gridwidth = GridBagConstraints.REMAINDER; //end row
            makebutton("Button7", gridbag, c);
            c.gridwidth = 1;              //reset to the default
            c.gridheight = 2;
            makebutton("Button8", gridbag, c);
            c.gridwidth = GridBagConstraints.REMAINDER; //end row
            c.gridheight = 1;             //reset to the default
            makebutton("Button9", gridbag, c);
            //   c.gridwidth = 1;
            //   c.gridheight = 1;
```

```
        makebutton("Button10", gridbag, c);
    }
    protected void makebutton(String name,
                              GridBagLayout gridbag, GridBagConstraints c) {
        Button button = new Button(name);
        gridbag.setConstraints(button, c);
        add(button);
    }
}
```

GridBagLayout 是最复杂的布置管理器，在用户需要准确控制部件位置时非常有用，上面的程序难以反应 GridBagLayout 的全部功能，读者可以自行设计程序体会 GridBagLayout 的使用方法。

11.5　AWT 常用组件

AWT 部件是指 Component 子类生成的对象，是设计 GUI 程序的基本元素。在面向对象的设计中，最重要的概念是子类的继承性，它表示子类不但可以使用自己定义的方法，还可以使用其父类定义的方法，因此，在学习使用 AWT 部件之前，先了解 Component 类的声明及常用方法。

Component 类声明：

```
public abstract class Component extends Object
        implements ImageObserver, MenuContainer, Serializable;
```

有常量：TOP_ALIGNMENT、CENTER_ALIGNMENT、BOTTOM_ALIGNMENT、LEFT_ALIGNMENT、RIGHT_ALIGNMENT。

构造器：

```
protected Component();
```

方法涉及到事件注册、组件移动和尺寸、位置设置、图形和风格相关、布局管理和容器绘制、父子组件获取、状态设置及判断、图象处理、组件对等、菜单等相关的方法。

由于 Component 类是一个庞大的类，它有很多的方法，在这不列出这些方法了，这些很多方法会在以后的程序设计中都会用到，有必要，将会在使用时加以说明。

下面讲述部件 Button,Label,Checkbox,Choice,Scrollbar,TextField, TextArea,Canvas 的使用方法。

11.5.1　Button (按钮)

GUI 程序不可能缺少按钮，它是 GUI 程序最常用的部件，主要用来完成用户命令的输入。

Button 类用来生成 Button 按钮部件，它的构造器定义为：

```
public Button();
public Button(String label);
```

它有二个构造器，第一个构造器不带参数生成空白按钮，可以用 setLabel()为它设置标签，实际上很少这样使用。第二个构造器，要求输入字符串，称为按钮标签，将在按钮表面上显示，给用户以明确的提示，同时，这个标签也代表该按钮的值，在处理 Button 事件时往往用这个标签来识别按钮。

它的一些常用方法：

public String getLabel() 返回标签字符串

public synchronized void setLabel(String label) 设置标签字符串

下面的方法与事件处理有关。

```
public synchronized void addActionListener(ActionListener l);
public synchronized void removeActionListener(
                                        ActionListener l);
```

在学习布置管理器时，已经学会了如何在容器中布置按钮。下面的程序将示意 setLabel()和 getLabel 两个方法的使用情况。

例 11.6 Button 组件 setLabel()和 getLabel 两个方法的使用情况。

```
/**
    源程序： ButtonTest.java
*/
import java.awt.*;
import java.applet.*;
public class ButtonTest extends Applet {
    Button b;
    public void init() {
        b=new Button("HELLO WORLD");
        add(b);
        validate();
        setVisible(true);
        try {Thread.sleep(3000);} catch (Exception e) {};
        String label=b.getLabel();
        b.setLabel(label.toLowerCase());
    }
}
```

程序用 Button 类的第二个构造器生成标签为 HELLO WORLD 的按钮，按钮显示 3 秒钟后用 Button 类的方法 getLabel()查询按钮标签，使标签字符串变成小写的 hello world，然后用 setLabel()把该字符串设置为按钮的标签，这样在屏幕上看见的就是小写字符的按钮。

11.5.2 Label (标签)

标签是一个只读的字符串，不具有任何交互性，它往往用于给某个区域设置标注，用标签来显示提示信息。Label 类用来生成 Label 标签部件，它的构造器定义如下：

public Label();

public Label(String text);

public Label(String text, int alignment);

该类有三个构造器，第一个构造器生成一个空标签。第二个构造器生成包含字符串的标签。第三个构造器增加了对齐方式，Label 类定义了三个对齐参数 LEFT, CENTER 和 RIGHT。第二个构造器缺省的对齐方式为 LEFT。该类定义的常用方法有：

public String getText() 返回标签字符串

public synchronized void setText(String text) 设置标签字符串

public int getAlignment() 返回对齐方式

public synchronized void setAlignment(int alig)设置对齐方式

例 11.6 下面程序说明 Label 的使用方法。

```
/**
   源程序： LabelTest.java
*/
import java.awt.*;
import java.applet.*;
public class LabelTest extends Applet {
    public void init() {
            setLayout(new GridLayout(3, 1));
            Label lable1 = new Label("Label1");
            Label lable2 = new Label("Label2", Label.CENTER);
            Label lable3 = new Label("Label3", Label.RIGHT);
            add(lable1);
            add(lable2);
            add(lable3);
            validate();
            setVisible(true);
            try {Thread.sleep(2000);} catch (Exception e) {};
            String str = lable2.getText();
            lable2.setText(str.toUpperCase());
            int align = lable1.getAlignment();
            lable2.setAlignment(align);
    }
}
```

程序为 Applet 容器选择了 GridLayout 布置管理器，设置为每行放置一个 Label，共有三行，每次生成 Label 对象时使用了不同的对齐方式。程序在显示 Label 后 2 秒钟，进行变化，标签 label2 用 getText()查询其字符串，然后用 setText()设置标签 label2 为原字符串的大写形式，再用 getAlignment()查询标签 label1 的对齐方式，使用 setAlignment()方法把标签 label2

设置为与标签 label1 相同的对齐方式。

说明：FlowLayout 总是让部件以最紧凑的尺寸出现。因此，如果程序选择 FlowLayout 布置管理器，Label 类的对齐方式不起作用。

11.5.3 TextField(单行文本区)

TextField 是一个单行可编辑文本输入区，可编辑文本意味着对文本可进行插入、删除等基本操作，也可以进行剪裁、复制、粘贴等操作。程序中往往用 TextField 来接受用户的输入信息。它还能设置特定的回显字符屏蔽用户的输入信息，这种功能适合于需要输入口令应用程序。TextField 类和将要介绍 TextArea 类都是 TextComponent 类的直接子类，TextComponent 类的定义的常用方法有：

public synchronized void setText(String t) 设置字符串

public synchronized String getText() 返回字符串

public synchronized String getSelectedText() 返回被选字符串

public boolean isEditable() 是否可编辑

public synchronized void setEditable(boolean b) 设置可编辑状态

下面定义的方法与事件处理有关：

public void addTextListener(TextListener l);

public void removeTextListener(TextListener l);

TextField 类用于生成 TextField 单行文本区部件，TextField 主要用于接受输入信息，因此一般使用可编辑模式。TextFiled 类的构造器定义为：

public TextField();

public TextField(String text);

public TextField(int columns);

public TextField(String text, int columns);

该类有四个构造器，它们所需参数为：

- ✧ text 表示生成 TextField 时的初始显示字符串。
- ✧ columns 表示生成 TextField 时可视的列数，如果不设此参数，Java 将根据实际容器尺寸进行相应调整。

TextField 类在 TextComponent 类的基础上，增加了一些方法，如设置特定回显字符，用于实现口令保密，这些方法定义如下：

public char getEchoChar() 返回特定回显字符

public void setEchoChar(char c) 设置特定回显字符

public boolean echoCharIsSet() 检测是否使用回显功能

下面定义的方法与事件处理有关：

public synchronized void addActionListener(ActionListener l);

public synchronized void removeActionListener(ActionListener l);

例 11.7 程序演示输入字符串和口令的情况。

```
/**
  源程序：  TextFieldTest.java
*/
import java.awt.*;
import java.applet.*;
public class TextFieldTest extends Applet {
    public void init() {
        setLayout(new BorderLayout());
        Panel p = new Panel();
        p.setLayout(new GridLayout(2, 2));
        p.add(new Label("Enter User Name:    ", Label.RIGHT));
        TextField tf1 = new TextField(30);
        p.add(tf1);
        p.add(new Label("Enter Password:    ", Label.RIGHT));
        TextField tf2 = new TextField(30);
        tf2.setEchoChar('*');
        p.add(tf2);
        add("North", p);
    }
}
```

程序模拟输入用户名和口令的情形。输入用户名时，信息不需要保密，因此输入信息可以在单行文本区正常显示，输入口令时，信息需要保密，因此，设置特定字符"*"， 当用户输入口令时，在单行文本区只能看见一串"*"，不能看见输入的口令。

11.5.4 TextArea(文本区)

TextArea 生成多行可编辑文本区。该文本区具有两种模式：可编辑模式和只读模式。TextArea 类用来生成 TextArea 部件，其构造器定义如下：

```
public TextArea();
public TextArea(String text);
public TextArea(int rows, int columns);
public TextArea(String text, int rows, int columns);
public TextArea(String text, int rows, int columns, int scrollbars);
```

它也有五个构造器，第五个构造器包含了全部参数，前面三个参数用于设置生成 TextArea 时初始显示的字符串、显示行数和列数，最后一个参数设置文本区使用 Srcollbar 的情况，可以使用定义中的四个常量

- ✧ SCROLLBARS_BOTH;
- ✧ SCROLLBARS_VERTICAL_ONLY;
- ✧ SCROLLBARS_HORIZONTAL_ONLY;
- ✧ SCROLLBARS_NONE;

这些常量分别表示文本区具有垂直和水平滚动条、只有垂直滚动条、只有水平滚动条以及没有滚动条四种情况。没有任何参数的构造器全部使用缺省值，即空白文本区、有两个滚动条、显示行列数根据实际情况调整。

TextArea 类在 TextComponent 类的基础上，增加了有关对行列的操作。文本区能够编辑多行文字，因此可以生成和维护 Scrollbar。

public synchronized void insert(String str, int pos) 插入字符串

public synchronized void append(String str) 在最后附加字符串

public synchronized void replaceRange(String str, int start, int end)

在指定区域修改字符串

例 11.8 下面的程序使用了 TextArea 示例。

```
/**
    源程序： TextAreaTest.java
*/
import java.awt.*;
import java.applet.*;
public class TextAreaTest extends Applet {
    public void init() {
        String readStr = "Read Only Area\n"
                        + "______________________\n\n"
                        + "In this area,\n"
                        + "you can read the text,\n"
                        + "but can not edit it!";
        String editStr = "Edit Area\n"
                        +"______________________\n\n"
                        + "In this area, \n"
                        + "you can edit any text.\n"
                        + "try it!";
        setLayout(new BorderLayout());
        Panel p = new Panel();
        p.setLayout(new GridLayout(1, 1));
        TextArea readArea = new TextArea(readStr);
        readArea.setEditable(false);
        p.add(readArea);
        TextArea editArea = new TextArea(editStr);
        editArea.setEditable(true);
        p.add(editArea);
        add("Center", p);
```

```
    }
}
```

程序生成了两个 TextArea 部件，使用 setEditable()方法把一个设置为只读模式，另一个设置可编辑模式，读者可以试着在可编辑文本区进行所有编辑操作：插入、删除、剪裁、复制、粘贴等。

11.5.5 Checkbox(检查框)

Checkbox 部件是二态选择框，显示为一个小正方框。用户选择后，正方框中加上标志，在 GUI 程序设计中应用得非常普遍。Checkbox 类用来生成 Checkbox 检查框部件，其构造器定义如下：

```
public Checkbox();
public Checkbox(String label);
public Checkbox(String label, boolean state);
public Checkbox(String label, boolean state, CheckboxGroup group);
public Checkbox(String label, CheckboxGroup group, boolean state);
```

该类有五个构造器，其参数含义为：

label 是检查框的标签，唯一标识该检查框。

state 表示检查框的初始状态，true 表示选中状态，false 表示非选中状态。

group 是 CheckboxGroup 对象，表示该检查框是一组互斥检查框中的一个。

互斥检查框是另一种形式的检查框，它把程序中有关联的选择项，组成一个检查框组，用户每次只能选择其一，即互斥选择。Checkbox 类的第四、五个构造器用于实现这种互斥选择功能，它使用 CheckboxGroup 对象为参数。CheckboxGroup 类用来组织互斥选项和维护它们的互斥性，保证用户只能选择其一。利用 CheckboxGroup 类的功能，Checkbox 可以生成一组具有互斥特性的检查框，即在一组检查框内，始终只有一个检查框处于被选中状态。

Checkbox 类定义了一些常用方法：

public String getLabel() 返回检查框标签

public synchronized void setLabel(String label) 设置检查框标签

public boolean getState() 返回检查框状态

public void setState(boolean state) 设置检查框状态

下面的方法与事件处理有关：

public synchronized void addItemListener(ItemListener l)

public synchronized void removeItemListener(ItemListener l)

例 11.9 下面的程序使用了 Checkbox 示例。

```
/**
  源程序： CheckboxTest.java
*/
import java.awt.*;
import java.applet.*;
```

```
public class CheckboxTest extends Applet {
    public void init(){
        setLayout(new BorderLayout());
        CheckboxGroup group = new CheckboxGroup();
        Checkbox check1 = new Checkbox("Picture", group, true);
        Checkbox check2 = new Checkbox("Text", group, false);
        Checkbox check3 = new Checkbox("Picture and Text", group, false);
        Panel np = new Panel();
        np.add(check1);
        np.add(check2);
        np.add(check3);
        add("North", np);
        Panel sp = new Panel();
        Checkbox cb = new Checkbox("Browser");
        sp.add(cb);
        sp.add(new Checkbox("Mail"));
        sp.add(new Checkbox("News"));
        cb.setState(true);
        add("South", sp);
    }
}
```

这个示例程序仿照了 Netscape 浏览器的参数设置界面，与前面的示例程序相比，稍微复杂一点，较为接近实际程序。程序 Checkbox 部件实现了两组选择项，上面的一组是互斥选择项，下面是多重选择项。程序设计时使用 GUI 的嵌套层次结构，Applet 容器选择布置管理器 BorderLayout，在 North 和 South 两个方位分别放置了两个 Panel 容器 np 和 sp，在 np 容器中使用其缺省的布置管理器 FlowLayout，放置三个检查框 check1, check2, check3，它们是一组互斥选择项，其中 check1 初始设置为 true。在容器 sp 中使用缺省布置管理器，放置了三个检查框，用 Checkbox 类中定义的方法 setState()把标签为"Browser"的 Checkbox 部件设置为选中状态。

在这个程序中我们开始设计具有嵌套层次结构的 GUI。设计这种程序最重要的是在设计时，应该有一个清楚的层次结构，分清每一个方法是哪一个对象所有及该方法实现的目的。如在上面的程序中 np.add()表示在 Panel 容器 np 中放置部件，而没有对象限制的方法 add()表示在 Applet 容器中放置部件，这些部件处于不同的层次中。程序为了设置 Browser 检查框的状态，专门定义变量 cb 来保存 Checkbox 对象，以便在使用 setState()加以限制引用。有关嵌套结构的 GUI 设计，我们以后还要接触很多，因为只有使用嵌套结构才能设计出具有较高实用价值的程序。

11.5.6 Choice(选择框)

Choice 部件是一个弹出式选项表。正常情况下是只显示具有一条选择项的长方框，旁边有一按钮。当用户按动该按钮后，将显示一个弹出式选择表，用户可选择其中一项。使用 Choice 部件可以使 GUI 界面简洁美观。用 Choice 类来生成 Choice 选择框部件，它的构造器定义如下：

public Choice();

该类的构造器只有一个，用于生成 Choice 部件，这时 Choice 对象不具有任何选择项，所有的选择项都只能使用 addItem()方法一个一个的加入到 Choice 中。

它定义的常用方法有：

public synchronized void addItem(String item) 加入选择项

public synchronized void insert(String item, int index) 插入选择项

public synchronized void remove(String item) 移去选择项

public synchronized String getSelectedItem() 返回被选中的选择项

下面的方法与事件处理有关：

public synchronized void addItemListener(ItemListener l);

public synchronized void removeItemListener(ItemListener l);

例 11.10 下面的程序说明 Choice 的使用方法。

```
/**
    源程序： ChoiceTest.java
*/
import java.awt.*;
import java.applet.*;
public class ChoiceTest extends Applet {
    public void init(){
        Choice ch = new Choice();
        ch.addItem("Chocolate");
        ch.addItem("Vanilla");
        ch.addItem("Strawberry");
        ch.addItem("Apple");
        add(ch);
    }
}
```

程序在生成 Choice 对象后，用 addItem()为它增加了四个选择项。

11.5.7 List(列表框)

List 列表框具有垂直滚动条，用来显示大量的选择项。用户既可以进行单项选项，也可以进行多项选择。用 List 类来生成 List 列表框部件，List 类构造器定义如下：

public List();

public List(int rows);

public List(int rows, boolean multipleMode);

该类有两个构造器，第一个构造器生成的列表框，既没有初始化可视选项的行数，也未初始化多项选择状态。第二个构造器生成的列表框，可以指定初始显示行数和决定是否能进行多项选择，true 表示可以进行多项选择，false 不能进行多项选择。

List 类定义了大量的方法供用户使用。其主要的方法：

public void addItem(String item) 加入选择项

public synchronized void addItem(String item,int index) 指定位置插入选择项

public synchronized void replaceItem(String newValue,int index) 替代选择项

public synchronized void delItem(int posit)删除指定位置的选择项

public synchronized int getSelectedIndex()返回选择项目索引

public synchronized int[] getSelectedIndexes()返回多项选择的索引数组

public synchronized String getSelectedItem()返回选择项目

public synchronized String[] getSelectedItems()返回多项选择的项目名数组

public synchronized void select(int index) 按索引位置选择项目

public synchronized void deselect(int index) 按索引位置变为非选中状态

public boolean isMultipleMode() 是否为多项选择

public synchronized void setMultipleMode(boolean b) 设置多项选择状态

下面定义的方法与事件处理有关：

public synchronized void addItemListener(ItemListener l);

public synchronized void removeItemListener(ItemListener l);

public synchronized void addActionListener(ActionListener l);

public synchronized void removeActionListener(ActionListener l);

例 11.11 下面的程序说明 List 的使用情况。

```
/**
    源程序： ListTest.java
*/
import java.awt.*;
import java.applet.*;
public class ListTest extends Applet {
    public void init() {
        setLayout(new BorderLayout());
        Panel p = new Panel();
        p.setLayout(new GridLayout(2, 2));
        p.add(new Label("Multiple Selection"));
        p.add(new Label("single Selection"));
        List leftList = new List(6, true);
        for(int i=0; i<15; i++) {
```

```
            leftList.addItem("leftItem" + i);
        }
        p.add(leftList);
        List rightList = new List();
        for(int i=0; i<10; i++) {
            rightList.addItem("rightItem" + i);
        }
        p.add(rightList);
        add("North", p);
    }
}
```

程序为 Applet 容器选择 BorderLayout，在 North 上放置了一个 Panel 容器 p，为 p 选择布置管理器 GridLayout，确定部件按 2 行 2 列放置，第一行放置两个标签 Label，用于提示其下对应的 List 列表框是多项选择还是单项选择。第二行放置两个列表框，左边的列表框是多项选择，右边的列表框是单项选择。List 部件和 Choice 部件一样，不能一次性的加入所有的选择项，必须用 addItem()一次一个地增加选择项。

11.5.8 Scrollbar(滚动条)

使用过 Windows 操作系统的用户，肯定非常熟悉滚动条。使用 Scrollbar 最明显的优点就是可以让有限的可视窗口显示更多的信息。典型的滚动条具有两个方向按钮和一个游标，游标在固定的游标区上下或左右移动，从而使窗口信息发生变化。Scrollbar 类用于生成 Scrollbar 滚动条部件，该类的构造器定义为：

```
public Scrollbar();
public Scrollbar(int orientation);
public Scrollbar(int orientation, int value, int visible, int minimum, int maximum);
```

该类有三个构造器，其参数含义为：

- ✧ orientation：表示滚动条的方向，有两个常量：HORIZONTAL 和 VERTICAL 分别表示水平和垂直滚动条。
- ✧ value：游标的初始位置。
- ✧ visible：滚动区可视部份的大小，以页为单位。
- ✧ minimum 和 maxmum：表示游标的范围。

下面列出常用的设置参数的方法，要获得这些值可以使用相应的前缀为 get 的方法，如要查询游标的位置值，可以用 getValue()。

public synchronized void setOrientation(int orientation)

设置滚动条方向

public synchronized void setValue(int newValue)

设置游标位置

public synchronized void setMinimum(int newMinimum)

设置游标变化范围最小值

public synchronized void setMaximum(int newMaximum)
设置游标变化范围最大值

public synchronized void setVisibleAmount(int newAmount)
设置可视区大小

public synchronized void setUnitIncrement(int v)
设置按动滚动条按钮的增量

public synchronized void setBlockIncrement(int v)
设置按滚动条空白的增量

下面定义的方法与事件处理有关：

public synchronized void addAdjustmentListener(AdjustmentListener l);

public synchronized void removeAdjustmentListener(AdjustmentListener l);

在实现 Scrollbar 设计时，最适合选择 BorderLayout，用 East 和 South 参数，把 Scrollbar 放置在窗口的右边和下边。

例 11.12 下面程序说明 Scrollbar 的使用情况。

```
/**
    源程序：  ScrollbarTest.java
*/
import java.awt.*;
import java.applet.*;
public class ScrollbarTest extends Applet {
    public void init() {
            Scrollbar upDown, leftRight;
            setLayout(new BorderLayout());
            upDown = new Scrollbar(Scrollbar.VERTICAL, 30, 10, 0, 120);
            leftRight = new Scrollbar(Scrollbar.HORIZONTAL, 5, 20, 0, 150);
            add("East",upDown);
            add("South",leftRight);
            System.out.println("upDown Scollbar");
            System.out.println("Value:\t\t" + upDown.getValue());
            System.out.println("Visible:\t" + upDown.getVisibleAmount());
            System.out.println("Minimum:\t" + upDown.getMinimum());
            System.out.println("Maximum:\t" + upDown.getMaximum());
    }
}
```

程序使用该类的方法显示有关 Scrollbar 的数值。

11.5.9 Canvas(画布)

Canvas 类用来生成 Canvas 画布部件，画布是一个空白区域，没有任何可见的形状，主要用于创建绘图环境。它的定义也非常简单，其定义如下：

```
public class Canvas extends Component {
    public Canvas();
    public void addNotify();
    public void paint(Graphics g);
}
```

11.5.10 Dialog(对话框)

对话框组件与一个 Frame(框架)相关联。它是一个带有一些装饰的自由窗口。它与框架的区别在于所提供的一些装饰，而且你可以生成一个模式对话框，它在被关闭前将存储所有窗口的输入。

对话框可以是无模式和模式的。对于无模式对话框，用户可以同时与框架和对话框交互。模式对话框在被关闭前将阻塞包括框架在内的其他所有应用程序的输入。

由于对话框是 Window（窗口）的子类，所以它的缺省布局管理器是 BorderLayout。

下面是一个创建对话框的例子：

```
Dialog d = new Dialog(f, "Dialog", false);
d.add(new Label("Hello, I'm a Dialog",Border.Layout.CENTER));
d.pack();
```

对话框在创建时通常是不可见的。通常在对按下按钮等用户输入作出反应时，才显示对话框。

例如：

```
public void actionPerformed(ActionEvent ev){
    d.setVisible(true);
}
```

要隐藏对话框，可以调用 setVisible(false)。关闭对话框的做法是对它添加一个 WindowListener，并等待 windowClosing()方法的调用。这和处理一个 Frame 的关闭是相同的。

11.6 Swing 组件

本节将介绍一个新的可以替代 AWT 的图形界面类 Swing。Swing 是 AWT 的扩展，它提供了更强大和更灵活的组件集合。除了我们已经熟悉的组件，如按钮、复选框和标签外，Swing 还包括许多新的组件，如选项板、滚动窗口、树、表格等。除此之外，Swing 对原有的 AWT 组件，如按钮，增加了新功能。例如，按钮的状态改变时按钮的图标也可以随之改变。

与 AWT 组件不同，Swing 组件实现了不包括任何与平台相关的代码。Swing 组件是纯 Java 代码，因此与平台无关。一般用轻量级(lightweight)这个术语描述这类组件。

11.6.1 JApplet 类

javax.swing.Japplet 是 java.applet.Applet 的子类。以下是一个实现了 Japplet 小程序的简单例子，其使用方法与 Applet 小程序相似。

```
import javax.swing.*;
import java.awt.*;
public class MyFirstJApplet extends Japplet{
    public void paint(Gaphics g) {
            g.drawString("我是一个 Japplet 小程序",10,20);
        }
}
```

与小程序配合使用的HTML文件和与Applet小程序配合使用的HTML文件没有什么差别。JApplet与Applet的差别在于：

Applet的缺省布局策略是FlowLayout,而JApplet的缺省布局策略是BorderLayout。

另外，向JApplet中加入Swing组件时不能直接用add()方法，而必须先使用JApplet的方法 getContentPane()获得一个 Container 对象，再调用这个 Container 对象的 add()方法将JComponent及其子类对象加入到JApplet中。

JComponent 类是所有 Swing GUI 组件的父类，这些 Swing GUI 组件可以被加入到JApplet小程序中或是Frame容器中。

基本上，对应每个java.awt组件，都存在一个javax.swing的“J组件”。例如，对应Button，存在JButton；对应Label，存在JLabel。有些“J组件”与对应的AWT组件的功能和作用类似，有的则有很大改进。

11.6.2 JFrame 类

JFrame类是直接从Frame继承而来的。

JFrame类的重要方法如下：

- ✧ setIconImage 窗口最小化（在 Java 中称为图标化）时，把一个 Image 对象用作图标。
- ✧ setTitle 设置窗口中标题栏的文字。
- ✧ setResizable 设置用户是否可以改变框架大小。
- ✧ dispose 方法 关闭窗口，并回收该窗口的所有资源。
- ✧ setLocation 设置组件的位置。
- ✧ setBounds 重新设置组件的大小和位置。

11.6.3 JLabel 类

JLabel 的用法与 AWT 组件中的 Label 用法相似，都是用来显示一段文本，但是 Jlabel 可以显示图标。JLabel类的声明方式（构造方法）如下：

```
JLabel lb1 = new JLabel();
JLabel lb2 = new JLabel(icon);
JLabel lb3 = new JLabel(icon,JLabel.CENTER);
JLabel lb4 = new JLabel("标签名称",icon,JLabel.CENTER);
JLabel lb8 = new JLabel("标签名称");
```

```
JLabel lb6 = new JLabel("标签名称",JLabel.CENTER);
```

其中 icon 代表加载的图标；JLabel.CENTER 代表对齐方式，其他对齐方式还有：JLabel.Bottom、JLabel.LEFT、JLabel.RIGHT、JLabel.TOP 等；双引号中的内容是标签的名称，可以自定义。

在 Swing 中，图标由 ImageIcon 类封装，这个类负责将一个图片制成图标。ImageIcon 类的两个构造器如下所示：

```
ImageIcon(String filename)
ImageIcon(URL url)
```

第一个构造器使用名为 filename 的文件中的图片。第二个使用资源定位符 url 所指示的图片。

11.6.4 JTextField 类

JTextField 用于编辑文本的内容。

JTextField 类的声明方式（构造方法）如下：

```
JTextField t1 = new JTextField();
JTextField t2 = new JTextField("Java");
JTextField t3 = new JTextField(10);
JTextField t4 = new JTextField("Java",10);
```

其中，10 代表列数，“Java”代表在 JTextField 中显示的内容。

11.6.5 JPasswordField 类

JPasswordField 类是 JTextField 类的子类。用户在 JPasswordField 对象中输入的字符会被其他的字符替代而遮住，JPasswordField 组件主要用来输入口令。

11.6.6 JButton 类

JButton 是一个按钮工具，与 AWT 类中 Button 组件用法类似，但是功能上增强了很多。

JButton 对象除了可以像 Button 对象一样拥有文件标签之外，还可以拥有一个图标，这个图标可以是用户自己绘制的图形，也可以是已经存在的.gif 图像。

JButton 按钮不但可以拥有一个图标，而且可以拥有一个以上的图标，并根据 Swing 按钮所处状态的不同而自动变换不同的 Swing 按钮图标。

在实际使用的许多按钮中，具有这样一种功能：当鼠标在按钮上停留很短的几秒钟时，屏幕上将会出现一个简短的关于这个按钮的作用的提示信息。使用 Swing 按钮可以很方便地实现这个加入提示的功能。

11.6.7 JCheckBox 类

JCheckBox 与 CheckBox 所产生检查框非常类似。当鼠标按下 JCheckBox 时，检查框会由“false”变成“true”。若检查框任何一个选项被选取或取消选取，addItemListener()将会送出一个事件，然后由 itemStateChanged()方法接收处理此事件。

JCheckBox 类的声明方式（构造方法）如下：

```
JCheckBox cb1=new JCheckBox();
JCheckBox cb2=new JCheckBox(icon);
JCheckBox cb3=new JCheckBox(icon,true);
JCheckBox cb4=new JCheckBox("One");
JCheckBox cb8=new JCheckBox("One",true);
JCheckBox cb6=new JCheckBox("One",icon);
JCheckBox cb7=new JCheckBox("One",icon,true);
```

其中”One”代表检查框的名称；icon 代表检查框的图标；true 代表检查框的选取状态，true 表示被选取，false 表示未被选取。

11.6.8 JRadioButton 类

JRadioButton 是选择按钮，与 JCheckBox 功能相似，所不同的是 JCheckBox 可以做多重选择，而 JRadioButton 只能进行单一的选择。

JRadioButton 类的声明方式（构造方法）和 JCheckBox 类相同。

单选按钮按下产生 ActionEvent 的事件，由 actionPerformed()处理。getActionCommand()方法获取与单选按钮相关的文字，并用此文字设置文本域。

11.6.9 JComboBox 类

JComboBox 是下拉式列表框，用于列出多个选项供用户选择。JComboBox 每次只显示一个选项，若要看到所有的选项，则需要按下拉按钮。

JComboBox 类的声明方式（构造方法）如下：

```
JComboBox cb1 = new JComboBox();
JComboBox cb2 = new JComboBox(v);
JComboBox cb3 = new JComboBox(o);
```

其中，v 代表向量，用来提供初始化下拉式列表框的条件。O 代表加入下拉式列表框的对象。

11.7 菜 单 设 计

菜单是设计 Application 程序必不可少的部分，它把众多的命令按一定逻辑规则组织在一起，提交给用户使用，用户可以方便地从菜单中选择菜单项，从而发出命令。由于程序设计方法不断成熟、完善，菜单系统也形成了一些固定的约定。标准窗口的上边是标题栏，紧挨着标题栏下面的就是程序的菜单栏，一般称为主菜单(或顶层菜单)。主菜单激活后，包括一系列菜单项，菜单项有三种：普通菜单项，标记菜单项和子菜单。普通菜单项是用户的最终选择，用户选择普通菜单项后，主菜单关闭且发出与菜单项相应的命令。标记菜单项也是用户的最终选择，它具有两种状态，用户选择标记菜单项后，将在菜单项前面标出或取消选中标记，并保持这种状态。子菜单具有与主菜单相似的结构，用户选择子菜单后，它将打开子菜单项以供选择，它的菜单项与主菜单一样有三种形式，这样可以形成更深层次的菜单嵌套形式，但菜单项的处理方法相同。在设计菜单时，有很多常用技术也形成了固定约定，如某菜单项处于非活动状态，一般使其变成灰色，即菜单不可用，对用户的单击操作不进行响应；为菜单项增加热键，以便使用键盘进行快捷操作；菜单项在程序运行时，根据实际使用情况动态增删等。

11.7.1 菜单系统

Java AWT 中的菜单是一个特殊部件，只能被加到 Frame 容器中。Java 的 GUI 部件可以分成两大部分：一部分是由 Component 类所派生的部件，另一部分就是由 MenuComponent 类派生的菜单。由于它们是两类不同的部件，因此，在程序设计上有些区别。在学习如何使用菜单前，可以先看看图 11-3 中有关菜单类的层次结构。

MenuComponent 类是菜单系统的根类，它的定义如下：

```
public abstract class MenuComponent extends Object implements Serializable {
    public MenuComponent();
    public String getName();
    public void setName(String name);
    public MenuContainer getParent();
    public Font getFont();
    public void setFont(Font f);
    public void removeNotify();
    public boolean postEvent(Event evt);
    public final void dispatchEvent(AWTEvent e);
    public String toString();
    public MenuComponentPeer getPeer(); //deprecated
}
```

MenuComponent 没有 Component 类那么庞大，它定义了有关菜单的最基本操作。由该类派生了五个类，即 MenuBar，Menu，MenuItem，CheckboxMenuItem 和 PopupMenu。

MenuBar 用于设计主菜单栏，主菜单栏可以加入多个主菜单，每个主菜单的菜单项，由 MenuItem, CheckboxMenuItem 和 Menu 组成，其中 MenuItem 是普通菜单项；CheckboxMenuItem 是标记菜单项；Menu 是子菜单。这四个类构成最常用的菜单系统，位于 Frame 窗口的标题栏下面。PopupMenu 是弹出菜单，它能在一个容器的指定位置动态的打开和关闭，是一种特殊的菜单，其中也可以包含普通菜单项、标记菜单项和子菜单。MenuShortcut 类用来定义热键，这个类不是 MenuComponent 的子类。

说明：在主菜单栏中加入的 Menu 对象是主菜单，主菜单中加入的菜单项，如果是 Menu 对象则称为子菜单，因为菜单系统是一种嵌套结构，为了便于区别，相同的对象处于不同的层次时有不同的名称。

在对菜单系统有一个轮廓认识后，让我们具体了解一下上述每个类提供了哪些方法。

```
public class MenuBar extends MenuComponent implements MenuContainer {
    public MenuBar();
    public synchronized Menu add(Menu m);
    public synchronized void remove(int index);
    public void removeNotify();
    public Menu getHelpMenu();
    public synchronized void setHelpMenu(Menu m);
    public synchronized void remove(MenuComponent m);
    public int getMenuCount();
    public Menu getMenu(int i);
    public synchronized Enumeration shortcuts();
    public MenuItem getShortcutMenuItem(MenuShortcut s);
    public void deleteShortcut(MenuShortcut s);
    public void addNotify();
    public int countMenus();    //deprecated
}
```

用于设计主菜单栏，主菜单栏相当于一个容器，可以把主菜单加入到主菜单栏中，所以，其核心方法是 add()，把 Menu 对象加入其中。方法 remove()删除菜单，在设计动态菜单时非常有用。setHelpMenu()指定一菜单为帮助菜单，作为帮助菜单在不同的平台上有不同的显示形式，如象 X 窗口中 Motif 这类系统，帮助菜单总是处于菜单栏的最右端。

```
public class Menu extends MenuItem implements MenuContainer {
    public Menu();
    public Menu(String label);
    public Menu(String label, boolean tearOff);
    public boolean isTearOff();
    public int getItemCount();
    public MenuItem getItem(int index);
    public synchronized MenuItem add(MenuItem mi);
    public void add(String label);
    public synchronized void insert(MenuItem menuitem, int index);
    public void insert(String label, int index) throws IllegalArgumentException;
    public void addSeparator() throws IllegalArgumentException;
    public void insertSeparator(int index);
    public synchronized void remove(int index);
    public synchronized void remove(MenuComponent item);
    public synchronized void removeAll();
```

```
    public void addNotify();
    public void removeNotify();
    public String paramString();
    public int countItems();   //deprecated
}
```

在设计菜单中经常使用到下列方法：

add() 在菜单中加入菜单项或字符串。

addSeparator() 在其菜单项列表中的任何一点加入一个分隔线，便于在长菜单中进行逻辑分组，使菜单设计清楚直观。

insertSeparator() 在菜单项中插入一个分隔符。

insert() 在指定位置插入菜单项或字符串。

remove() 删除菜单项。

```
public class MenuItem extends MenuComponent {
    public MenuItem();
    public MenuItem(String label);
    public MenuItem(String label, MenuShortcut s);
    public void addNotify();
    public String getLabel();
    public synchronized void setLabel(String label);
    public boolean isEnabled();
    public synchronized void setEnabled(boolean b);
    public MenuShortcut getShortcut();
    public void setShortcut(MenuShortcut s);
    public void deleteShortcut();
    public void setActionCommand(String command);
    public String getActionCommand();
    public synchronized void addActionListener( ActionListener l);
    public synchronized void removeActionListener( ActionListener l);
    public String paramString();
    //The following methods are deprecated
    //replaced by setEnabled(boolean b).
    public synchronized void enable();
    public void enable(boolean b);
    public synchronized void disable();
}
```

MenuItem 和 CheckboxMenuItem 是用户的最终选项，即当用户选择了这些项后，菜单将关闭，同时发出相应的命令，这些命令就是用户要处理的事件。setEnabled()使菜单项处于允许或禁止选择状态。

```
public class CheckboxMenuItem extends MenuItem implements ItemSelectable {
    public CheckboxMenuItem();
    public CheckboxMenuItem(String label);
    public CheckboxMenuItem(String label, boolean state);
    public boolean getState();
    public synchronized void setState(boolean b);
    public synchronized Object[] getSelectedObjects();
    public synchronized void addItemListener(ItemListener l);
    public synchronized void removeItemListener( ItemListener l);
    public void addNotify();
    public String paramString();
}
```

CheckboxMenuItem 是 MenuItem 的变种，一个用打勾标记或其他图形表示用户的选择情况。

PopupMenu 和 MenuShortout 到使用是再作介绍。现在把主要精力放在设计最普遍的菜单系统上。

11.7.2 创建菜单栏和菜单项

设计菜单首先应规划好菜单结构。比如常用 File 菜单，集合了有关文件操作的命令，如 open, Close, Save, Exit 等。在有了菜单结构后，实现时，一般把每个菜单设计成一个类，在这个类的构造器中，把所有的菜单项（包括子菜单）都完整地加入到其中，这样设计菜单，思路比较清楚，有利于以后对菜单项的修改。下面的程序就体现了这种设计思想。

例 11.13 下面的程序说明 Menu 的使用情况。

```
/**
    源程序： MenuTest1.java
*/
import java.awt.*;
public class MenuTest1 extends Frame {
    public MenuTest1() {
        super("MenuTest1 Window");
        FileMenu fileMenu = new FileMenu();
        MenuBar mb = new MenuBar();
        mb.add(fileMenu);
        setMenuBar(mb);
        setSize(new Dimension(400, 300));
        setVisible(true);
```

```
    }
    public static void main(String[] args) {
        new MenuTest1();
    }
}
class FileMenu extends Menu {
    public FileMenu() {
        super("File");
        add(new MenuItem("New"));
        add(new MenuItem("Open"));
    }
}
```

程序中只设计的一个主菜单 File，单独为它定义了一个 FileMenu 类，在它的构造器中使用 add()为其加入了两个菜单项 New 和 Open。在启动类 MenuTest1 中生成了 FileMenu 类的对象 fileMenu 和 MenuBar 类对象 mb，并且用 MenuBar 类的 add()方法在菜单栏中加入 fileMenu 主菜单，再用 Frame 类中的方法 setMenuBar()，把菜单栏 mb 加入到窗口标题栏下面， 这样就完成了菜单设计。归纳起来在窗口中加入菜单必须进行下列三步操作：

定义主菜单类，加入所有的菜单项，包括子菜单。

生成主菜单栏，加入主菜单。

用 setMenuBar()把主菜单栏加入到窗口中的固定位置。

这个

例 11.14 下面的程序有标记菜单项和子菜单情况。

```
/**
   源程序： MenuTest2.java
*/
import java.awt.*;
import java.awt.event.*;
public class MenuTest2 extends Frame {
    public MenuTest2() {
        super("MenuTest2 Window");
        FileMenu fileMenu = new FileMenu();
        HelpMenu helpMenu = new HelpMenu();
        MenuBar mb = new MenuBar();
        fileMenu.setFont(new Font("Fancy", Font.PLAIN, 18));
        helpMenu.setFont(new Font("Fancy", Font.PLAIN, 18));
        mb.add(fileMenu);
        mb.add(helpMenu);
        setMenuBar(mb);
```

```
            enableEvents(AWTEvent.WINDOW_EVENT_MASK);
            setSize(new Dimension(400, 300));
            setVisible(true);
        }
        public void processWindowEvent(WindowEvent e) {
            if (e.getID() == WindowEvent.WINDOW_CLOSING) {
                setVisible(false);
                dispose();
                System.exit(0);
            } else super.processWindowEvent(e);
        }
        public static void main(String[] args) {
            new MenuTest2();
        }
    }
    class FileMenu extends Menu {
        public FileMenu() {
            super("File");
            add(new MenuItem("New"));
            add(new MenuItem("Open"));
            MenuItem save = new MenuItem("Save");
            add(save);
            save.setEnabled(false);
            addSeparator();
            MenuItem print = new MenuItem("Print");
            add(print);
            print.setEnabled(false);
            add(new MenuItem("Print setup"));
            addSeparator();
            add(new MenuItem("Exit"));
        }
    }
    class HelpMenu extends Menu {
        public HelpMenu() {
            super("Help");
            Menu subMenu = new Menu("Content");
            subMenu.add(new MenuItem("Document"));
            subMenu.add(new MenuItem("Source"));
            subMenu.add(new MenuItem("Class"));
```

```
        add(subMenu);
        addSeparator();
        CheckboxMenuItem check = new CheckboxMenuItem("Display Time");
        add(check);
        check.setState(true);
        add(new MenuItem("About MenuTest"));
    }
}
```

程序设计了两个主菜单类 FileMenu 和 HelpMenu，在 FileMenu 中用 setEnabled()方法使菜单项 Save 和 Print 处于灰化状态，用 addSeparator()方法进行菜单项的分隔， 使菜单项清楚直观。在 HelpMenu 中加入了子菜单和标记菜单项，并且用 setState()方法设置标记菜单项的初始状态为选中状态。子菜单和标记菜单项与普通菜单项的加入方法一样。

11.7.3 菜单的事件处理

在 MenuComponent 类、MenuItem 类和 CheckboxMenuItem 类中都定义有与事件处理有关的方法，但我们主要是利用 MenuItem 类和 CheckboxMenuItem 类中的方法来进行事件处理。

选择菜单项后，将产生一个 ActionEvent 事件，通过捕获 ActionEvent 事件就可以处理这个事件。其处理方法可以归纳为三种：

1．覆盖 processEvent()或 proceesActionEvent()的方法

在 MenuItem 类定义了 processEvent()方法和 processActionEvent()方法，但通过对它们的实现代码分析可知：它们并没有处理 ActionEvent 事件。所以应用程序可以覆盖其中一个方法，进行事件处理。为了能够正确处理 ActionEvent 事件，必须用 enableEvents()方法使能 ActionEvent 事件。

2．processActionEvent()方法的缺省行为是首先确定是否存在一个 ActionEvent 事件收听者，如果存在就把事件交给收听者处理，因此，我们就有了第二种处理菜单项产生事件的方法：定义主菜单类，声明实现 ActionListener 接口，用 addActionListener()方法为每个菜单项指定本身就是收听者，最后实现 ActionListener 接口定义的 actionPerformed()方法，进行具体的事件处理。在定义类时声明实现 ActionListener 接口后，与收听者相应的事件自动成为有效的。

3．第三种处理菜单项产生事件的方法与第二种相似，但事件最终是交给了菜单的拥有者 Frame 窗口来处理：在定义 Frame 窗口子类时，声明实现 ActionListener 接口，在生成菜单项时用 addActionListener()指定窗口是 ActionEvent 事件的收听者，然后实现 ActionPerformed()方法，进行事件处理。

例 11.15 下面的程序使用这种方法处理事件。

```
/**
   源程序：MenuEvent1.java
```

```
*/
import java.awt.*;
import java.awt.event.*;
public class MenuEvent1 extends Frame implements ActionListener {
    String strFont = "serify";
    String strMessage = "Select MenuItem";
    public MenuEvent1() {
        super("MenuEvent1 Window");
        FontMenu fontMenu = new FontMenu(this);
        MenuBar mb = new MenuBar();
        mb.add(fontMenu);
        setMenuBar(mb);
        setSize(new Dimension(400, 300));
        setVisible(true);
    }
    public void actionPerformed(ActionEvent e) {
        String arg = e.getActionCommand();
        if(arg.equals("TimesRoman")) {
            strFont = "TimesRoman";
        } else if(arg.equals("Fancy")) {
            strFont = "Fancy";
        } else if(arg.equals("Courier")) {
            strFont = "Courier";
        } else if(arg.equals("Exit")) {
            setVisible(false);
            dispose();
            System.exit(0);
        }  else return;
        strMessage = "Menu Event Test";
        repaint();
    }
    public void paint(Graphics g) {
        g.setFont(new Font(strFont, Font.BOLD, 30));
        g.drawString(strMessage, 50, 150);
    }
    public static void main(String[] args) {
        new MenuEvent1();
    }
}
```

```
class FontMenu extends Menu    {
        public FontMenu(ActionListener action) {
              super("Font");
              MenuItem mi1, mi2, mi3, mi4;
              mi1 = new MenuItem("TimesRoman");
              mi2 = new MenuItem("Fancy");
              mi3 = new MenuItem("Courier");
              mi4 = new MenuItem("Exit");
              mi1.addActionListener(action);
              mi2.addActionListener(action);
              mi3.addActionListener(action);
              mi4.addActionListener(action);
              add(mi1);
              add(mi2);
              add(mi3);
              addSeparator();
              add(mi4);
        }
}
```

程序中菜单项产生的 ActionEvent 事件最终交给了启动类 MenuEvent1， 它声明实现了接口 ActionListener，并且实现了 actionPerformed()方法进行事件处理工作。在定义主菜单类 FontMenu 时，其构造器接受一个 ActionListener 对象，用于调用 addActionListener()时，把 ActionEvent 事件的收听者指定为启动类 MenuEvent1。

程序定义了一个 Font 菜单，包含三个菜单项，分别表示不同的字体。选择不同的菜单项时，屏幕显示字符串按相应字体发生变化。选择菜单项后将产生 ActionEvent 事件，该事件最终由 actionPerformed()方法处理，它首先用 ActionEvent 类的方法 getActionCommand()获得相应的命令字符串，再进一步处理。

在 Font 菜单中还包含一项 Exit，其作用是清理窗口和菜单资源，保证程序中止执行。在这三种事件处理方法中，第三种处理方法使所有菜单项产生的 ActionEvent 事件都可以由窗口来处理，有利于集中处理事件和全局规划；另外菜单项发出的命令总是与窗口类相关，如果采用前两种方法，事件处理封装于菜单类中，处理结果必须传送给窗口，势必进行大量的信息交换，不如第三种方法只传递事件收听者方便，所以在以后的程序设计中，将采用第三种方法来处理有关菜单的事件。

标记菜单项可以 ItemEvent 事件，处理标记菜单项产生的 ItemEvent 事件也可以有上述三种方法，但我们只讨论第三种方法，即让窗口子类声明实现 ItemListener 接口，再实现方法 itemStateChanged()，进行具体的处理。

例 11.16 下面程序说明如何处理标记菜单项和子菜单中的菜单项。

```
/**
```

```
源程序： MenuEvent2.java
*/
import java.awt.*;
import java.awt.event.*;
public class MenuEvent2 extends Frame implements ActionListener, ItemListener{
    String strFont = "serify";
    String strMessage = "Select MenuItem";
    boolean italic = false;
    boolean bold = false;
    public MenuEvent2() {
        super("MenuEvent2 Window");
        FileMenu fileMenu = new FileMenu(this);
        OptionMenu opMenu = new OptionMenu(this, this);
        MenuBar mb = new MenuBar();
        mb.add(fileMenu);
        mb.add(opMenu);
        setMenuBar(mb);
        setSize(new Dimension(400, 300));
        setVisible(true);
    }
    public void actionPerformed(ActionEvent e) {
        String arg = e.getActionCommand();
        if(arg.equals("TimesRoman")) {
            strFont = "TimesRoman";
        } else if(arg.equals("Fancy")) {
            strFont = "Fancy";
        } else if(arg.equals("Courier")) {
            strFont = "Courier";
        } else if(arg.equals("Exit")) {
            setVisible(false);
            dispose();
            System.exit(0);
        } else return;
        strMessage = "Menu Event Test";
        repaint();
    }
    public void itemStateChanged(ItemEvent e) {
        String arg = (String)e.getItem();
```

```
        CheckboxMenuItem check = (CheckboxMenuItem)e.getItemSelectable();
        if(arg.equals("Italic")) {
            italic = check.getState();
        } else if(arg.equals("Bold")) {
            bold = check.getState();
        } else return;
        strMessage = "Menu Event Test";
        repaint();
    }

    public void paint(Graphics g) {
        int[] style = {Font.PLAIN, Font.ITALIC, Font.BOLD, Font.ITALIC|Font.BOLD};
        int i=0;
        if(italic) {
            if(bold) i = 3;
            else i = 1;
        } else if(bold) i = 2;
        g.setFont(new Font(strFont, style[i], 30));
        g.drawString(strMessage, 50, 150);
    }

    public static void main(String[] args) {
        new MenuEvent2();
    }
}
class FileMenu extends Menu {
    public FileMenu(ActionListener action) {
        super("File");
        MenuItem ex = new MenuItem("Exit");
        ex.addActionListener(action);
        add(ex);
    }
}
class OptionMenu extends Menu {
    public OptionMenu(ActionListener action, ItemListener item){
        super("Option");
        MenuItem mi1, mi2, mi3, mi4, mi5;
        CheckboxMenuItem ck1, ck2;
        Menu subMenu = new Menu("Font");
```

```
            mi1 = new MenuItem("TimesRoman");
            mi2 = new MenuItem("Fancy");
            mi3 = new MenuItem("Courier");
            mi1.addActionListener(action);
            mi2.addActionListener(action);
            mi3.addActionListener(action);
            subMenu.add(mi1);
            subMenu.add(mi2);
            subMenu.add(mi3);
            add(subMenu);
            addSeparator();
            ck1 = new CheckboxMenuItem("Italic");
            ck2 = new CheckboxMenuItem("Bold");
            ck1.addItemListener(item);
            ck2.addItemListener(item);
            add(ck1);
            add(ck2);
        }
    }
```

对于子菜单中的普通菜单项的事件处理方法与前面介绍的方法一样。下面说明标记菜单项的处理方法。

程序中启动类 MenuEvent2 声明实现了两个接口，其中 ItemListener 接口就是用来处理由标记菜单项产生的 ItemEvent 事件。从程序中可知，在 OptionMenu 类中生成标记菜单项时，用 addItemListener()指定 ItemEvent 事件的收听者是 MenuEvent2，其所需参数通过构造器传递。ItemListener 接口定义 itemStateChanged()来处理事件，在程序用了两个 ItemEvent 类的方法：

getItem() 获得标记菜单项字符串。

getItemSelectable() 获得标记菜单项对象。

小　结

Java 的 AWT 创造性地使 GUI 程序独立于平台，引入布置管理器来实现这种特性。本章介绍了 Java 的五种布置管理器，分别为 FlowLayout、BorderLayout、GridLayout、CardLayout 和 GridBagLayout，由它们负责在容器中放置 GUI 图形部件。用户只要不使用绝对尺寸，保证设计的 GUI 程序在支持 Java 平台的不同机器上能保持较好的外观。在五种布置管理器中，GridBagLayout 使用最复杂，也最灵活，可以实现应用程序的特殊要求，在使用 GridBagLayout 时，还需要 GridBagConstraints 辅助类，这个辅助类提供放置部件的尺寸、位置等参数。

AWT 库中有两类部件：一是 Component 类的所有子类，另一个是 MenuComponent 类派生的菜单类，它是 AWT 中特殊的部件。本章介绍第一类部件 Button、Canvas、Checkbox、

Choice、Label、List、Scrollbar、TextField、TextArea 的使用方法。通过对布置管理器和部件的选择，可以设计功能完整、界面美观、友好的程序。

JAVA2 还提供了 Swing 包，它所有的组件几乎都是轻量级组件，使用它设计的界面会更友好，功能也更丰富。

习　　题

1．说明 Applet 编程与 Application 编程的区别之处。

2．使用 Applet 编程实现在页面上显示时钟。

3．请简述布局管理的概念，列出几种常见的布局管理器的名称。

4．请用布局管理器 BorderLayout 设计一个简单的界面。

5．在容器中调用的方法 add()和 setLayout()的作用是什么？

6．举例说明如何在 Swing 中处理双击事件。

7．请编写一个程序，在面板上显示三个按钮，按钮上的标签分别是：set red，set green，set blue（颜色为黑色）。

- ✧ 当按下 set red 按钮，则三个按钮的标签都变成红色；
- ✧ 按下 set green 则变成绿色；
- ✧ 按下 set blue 则变成蓝色。

8．在 JTextArea 中显示一个图片背景，并使背景图片随着滚动条而移动位置。

9．编写一个简单计算器界面，显示其数字、符号及操作按钮。

10．编写一个类似 Windows“记事本”的界面程序。

第 12 章 多媒体应用

多媒体技术是把声音、文本、图形、图像、动画等多种媒体的信息通过计算机进行数字化加工处理的一项技术。由于多媒体技术不断发展且日趋成熟，使其应用也越来越普及。Java 程序在设计类库时，已经考虑到多媒体应用。本章介绍如何处理图形、图像、声音和动画。

12.1 概 述

12.1.1 图形图像的基本概念

图形、图像是人类最容易接收的信息，一幅图画可以形象、生动、 直观地表现出大量的信息。在多媒体应用中，图形、图像是不可缺少的。

图形是指计算机接收描述性语句，根据描述要求生成图形，如计算机接收“在(x1, y1)和(x2, y2)两点之间作一条直线”的描述后，它将的在屏幕上显示一条直线。图像主要是指计算机通过扫描设备等获取自然界的照片，进行加工处理，如增强清晰度、对比度等。对于图形和图像的处理分别属于计算机的两个不同领域，但随着计算机技术的发展，两者关系更加密切，功能也相互渗透，甚至融为一体。

java.awt.Graphics 类主要针对图形处理，提供了基本的绘图方法，如作直线、长方形等。

Java 中图像处理方法涉及很多类，如 java.applet.Applet 类中有两个方法 getImage()，java.awt.Component 类中有两个 createImage()方法，java.awt.Graphics 类中还包含有几个 drawImage()方法，还有 java.awt.image 包针对图像处理，下面将分别介绍。

12.1.2 音频系统

在应用程序中，加入声音，可以使系统更具活力。通过对声音波形进行采样，然后数字化处理，最后形成音频数据文件，把这些文件存储的硬盘或光盘上，在使用时，由计算机读出数据文件，进行解压和数模转换，从而播放出声音。

下面介绍如何使用编程的方法来实现声音的播放，有关音频系统的其他技术， 请查阅相关资料。

java.applet 包中有播放声音的方法。

12.1.3 动画基础

动画技术是多媒体应用中最复杂的一项技术，它涉及到计算机软、 硬件的各个方面以及动画的编剧、造型、格调和色彩等设计，要求编程人员不但具有高超的编程技术，而且应该具有较高的艺术修养。

本书只能从动画编程角度，探讨实现动画的基本技术。

12.2 图 形 显 示

12.2.1 基本绘图方法

例 12.1 一个最简单的作图程序。

```
/**
    源程序：GraphTest1.java
*/
import java.awt.*;
import java.applet.*;
public class GraphTest1 extends Applet {
    public void paint(Graphics g) {
        g.drawLine(0, 0, 200, 200);
    }
}
```

程序运行的结果是在屏幕上作一条直线。程序在 paint()方法中使用了 Graphics 类和 java.awt.Graphics 类提供的常用二维绘画的基本方法及与绘图有关的环境参数设置。

对 Graphics 类进行了简单分类，定义中前面是绘图的基本方法，它们包括常用图形外框的绘制和封闭图形的填充，有以下几种：

直线　drawLine()
矩形　drawRect(), clearRect(), fillRect(), drawRoundRect(),
　　　fillRoundRect(), draw3DRect(), fill3DRect()
多边形　drawPolygon(), fillPolygon()
多直线　drawPolyLine()
椭圆　drawOval(), fillOval()
圆弧　drawArc(), fillArc()
文字　drawString(), drawChars(), drawBytes()

对于矩形、多边形、椭圆和圆弧，以 draw 为前缀的方法表示绘制相应图形的外框，以 fill 为前缀的方法表示对相应封闭图形进行填充。利用这些方法可以实现较复杂的图形绘制。Java 中没有线宽的概念，所有绘图方法都使用一个像表的宽度，也没有线型的区别，都使用实线绘图，如果有这方面的特殊要求，只能利用这些基本方法，通过编程来达到目的。下面我们具体来学习每一个方法的定义和使用。

1．直线

直线是最简单、最基本的图形，Graphics 类中有两个方法绘制直线：

✧ drawLine(int x1, int y1, int x2, int y2);

drawPolyline(int xPoints[], int yPoints[], int nPoints);

前一方法在(x1, y1)和(x2, y2)两点之间作一条直线，后一方法把 xPoints 和 yPoints 数组中的值作为不同点的 x, y 坐标，把这些点用直线依次连接起来，nPoints 表示总共有多少个点。

说明：其后在讲解方法的具体使用时，没有用方法的完整定义，如没有返回类型等。如果需要完整定义，请查询方法所在类的定义。

2．矩形

矩形是经常使用的图形。Java 能实现普通矩形、倒圆角矩形和三维立体效果矩形，其方法如下：

```
drawRect(int x, int y, int width, int height);
fillRect(int x, int y, int width, int height);
clearRect(int x, int y, int width, int height);
drawRoundRect(int x,int y,int width,int height,int arcWidth, int arcHeight);
fillRoundRect(int x,int y,int width,int height, int arcWidth,int arcHeight);
draw3DRect(int x, int y, int width, int height, boolean raised);
fill3DRect(int x, int y, int width, int height, boolean raised);
```

绘制矩形的方法都可能用到以下的参数

- ✧ x, y 是点的坐标，作矩形时以它为起点，这一点代表矩形左上角的位置。
- ✧ width, height 表示矩形的宽度和高度，用这些方法绘制的矩形实际在屏幕上覆盖的矩形区域宽和高分别为 width+1 和 height+1。
- ✧ arcWidth, arcHeight 只有绘制倒圆角矩形时才使用这两个参数，它们分别表示圆弧的水平直径和垂直直径。
- ✧ raised 是绘图三维立体矩形时需要的参数，其值 true 表示三维立体矩形产生向上凸的立体效果，false 表示三维立体矩形产生向下凹的效果。

3．多边形

多边形是实现各种几何图形的基本方法，Java 绘制多边形的方法支持绘制任意几何外形的多边形，如常规多边形：三角形、六边形和八边形等，也支持凹入或自相交的特殊多边形（其他语言一般不能处理自相交和凹入这两种特殊的多边形）。Java 绘制多边形的方法之所以功能较强，主要是因为该方法在作图时，把 Point 数组中的点顺序依次连成直线， 最后把起点和终点连接起来，形成多边形，而在整个绘图过程没有任何限制。另外，在绘制常规多边形时，它也不能保证多边形的外形，必须由用户在给出点的坐标时进行考虑。绘制多边形外形和绘制填充多边形都分别有两个过载方法：

```
drawPolygon(int xPoints[], int yPoints[], int nPoints);
drawPolygon(Polygon p);
fillPolygon(int xPoints[], int yPoints[], int nPoints);
fillPolygon(Polygon p);
```

绘制多边形外形和绘制填充多边形可能使用如下参数：

- ✧ xPoints, yPoints 是两个数组，代表多边形不同点的 x, y 坐标。
- ✧ nPoints 表示多边形含有的点数。
- ✧ p 是一个 Polygon 对象。Polygon 类定义的 addPoint()方法把点的坐标加入到 Polygon 对象中。

一般说来， 后一个方法使用 Polygon 对象，更加方便，并且不容易出错。

4．椭圆和圆

Java 只提供了绘制椭圆的方法，利用该方法，指定椭圆的两个直径相等，即可绘制圆。绘制椭圆的方法有：

```
drawOval(int x, int y, int width, int height);
fillOval(int x, int y, int width, int height);
```

Oval 与常见的 ellipse 不同，Oval 椭圆的大小直径总是保持与 x,y 轴平行，而其他语言的 ellipse 椭圆则可以与 x, y 轴成任意的角度。这两个方法的参数含义如下：

- ✧ x, y 这两个方法是在指定的矩形区域作其内接椭圆，因此坐标(x, y)表示矩形的左上角点的坐标。
- ✧ width, height 表示椭圆的两个直径。绘制出的椭圆在屏幕上覆盖的区域宽和高分别为 width+1 和 height+1。

5．圆弧

圆弧不很常用。其绘制方法如下：

```
drawArc(int x, int y, int width, int height, int startAngle, int arcAngle)
fillArc(int x, int y, int width, int height, int startAngle, int arcAngle)
```

其参数含义如下：

- ✧ x, y, width, height 分别表示圆弧所在矩形的左上角坐标和宽、高。
- ✧ startAngle, arcAngle 分别指定绘制圆弧的起始角度和终止角度，角度的计算方法与极坐标相同，反时针方向为正角度，顺时针方向为负角度，角度取值为 0 至 360 度。

上述的基本绘图方法使用非常简单，我们给出如下的演示程序，说明基本绘图方法的使用情况。程序的 GUI 界面提供了一组按键，单击不同的按键，在屏幕上显示相应的图形。其中三维立体矩形需要色彩的配合，才能出现立体效果，否则与普通矩形没有区别，而程序中暂时没有考虑颜色。

例 12.2 绘制多边形程序。

```
/**
    源程序：GraphTest2.java
*/
import java.awt.*;
```

```
import java.awt.event.*;
import java.applet.*;
public class GraphTest2 extends Applet implements ActionListener {
  int i = 0;
  public void init() {
      String[] bStr = {"Line", "Rectangle", "Round Rect",
                       "3D Rect", "Oval", "Arc",
                       "Polygon", "PolyLine"   };
        Button[] bt = new Button[8];
        Button exit;
        Panel p = new Panel();
        setLayout(new BorderLayout());
        p.setLayout(new GridLayout(2, 4));
        for(int i=0; i<bStr.length; i++) {
            bt[i] = new Button(bStr[i]);
            bt[i].addActionListener(this);
        }
        exit = new Button("Exit");
        exit.addActionListener(this);
        for(int i=0; i<bStr.length; i++) {
              p.add(bt[i]);
        }
        add("South", p);
        add("North", exit);
        validate();
        bt[0].requestFocus();
    }
    public void actionPerformed(ActionEvent e) {
          String arg = e.getActionCommand();
          if(arg.equals("Line")) i = 1;
          else if(arg.equals("Rectangle")) i = 2;
          else if(arg.equals("Round Rect")) i = 3;
          else if(arg.equals("3D Rect")) i = 4;
          else if(arg.equals("Oval")) i = 5;
          else if(arg.equals("Arc")) i = 6;
          else if(arg.equals("Polygon")) i = 7;
          else if(arg.equals("PolyLine")) i = 8;
          else if(arg.equals("Exit")) {
                destroy();
```

```
                System.exit(0);
            } else return;
            repaint();
        }
        public void paint(Graphics g) {
            switch(i) {
                case 1:
                    g.drawLine(100, 50, 150, 150);
                    break;
                case 2:
                    g.drawRect(100, 50, 150, 150);
                    break;
                case 3:
                    g.drawRoundRect(100, 50, 150, 150, 30, 30);
                    break;
                case 4:
                    g.fill3DRect(100, 50, 100, 50, true);
                    break;
                case 5:
                    g.drawOval(100, 50, 150, 50);
                    break;
                case 6:
                    g.drawArc(100, 50, 100, 100, 30, 150);
                    break;
                case 7:
                    Polygon p =new Polygon();
                    p.addPoint(30, 100);
                    p.addPoint(100, 40);
                    p.addPoint(40, 80);
                    p.addPoint(200, 150);
                    p.addPoint(300, 250);
                    p.addPoint(200, 220);
                    g.drawPolygon(p);
                    break;
                case 8:
                    int[] xpoints = {30, 100, 40, 200, 300, 200};
                    int[] ypoints = {100, 40, 80, 150, 250, 220};
                    g.drawPolyline(xpoints, ypoints, 6);
                    break;
```

```
            default:
                g.drawString("Please Press Button", 150, 150);
        }
    }
}
```

程序中绘制多边形时使用了 Polygon 类的 addPoint()方法确定多边形各点的坐标。

12.2.2 绘图颜色

上面例程在 paint()方法中使用基本绘图方法来实现图形的绘制，没有使用更多的其他语句来定义绘图涉及的参数。在绘制这些图形时实际上使用了大量绘图所必须的缺省参数，这些参数在图形处理中称为绘图情景(graphic context)。在调用 paint()方法时，已经生成了一个 Graphics 对象，该对象包含有许多不同的绘图情景，这个绘图情景使程序的绘图区具有很多绘图属性和绘图状态，如：

- ✧ 当前绘图颜色
- ✧ 当前绘图方式
- ✧ 当前字体
- ✧ 坐标原点

上面的例程中并没有改变这些属性，即意味着使用 Java 的缺省值。但在实际程序设计中，使用缺省值肯定难以满足应用程序要求，必须有办法改变缺省值，下面一一介绍。

绘图颜色直接影响图形的显示效果。在学习改变绘图颜色之前，先来了解 java.awt 包中的另一个类 Color，这个类定义了与颜色有关的方法。

Color 类提供了生成新颜色的 4 种方法，这 4 种方法中有三种方法是使用 Color 类的构造器来生成新的颜色，另一个是使用类中的方法来生成新的颜色。这 4 种方法在生成新颜色时使用了不同的参数，可以归纳为：

- ✧ 用 0 至 255 之间的整数定义红、绿、蓝三色的值
- ✧ 用 0.0F 至 1.0F 内的浮点数指定红、绿、蓝
- ✧ 用三字节整数表示一种新颜色，其中 16 至 23 位表示红色，8 至 15 位表示绿色，0 至 7 位表示蓝色
- ✧ getHSBColor()方法是使用 0.0F 至 1.0F 之间的浮点值定义色调、饱和度和亮度，从而生成新颜色

大多数情况下，应用程序都不生成新的颜色，而是使用 Color 类定义的基本颜色，它们是常量 white，gray，lightGray，darkGray，black，red，pink，orange， yellow，green，magenta，cyan 和 blue。在引用这些常量时必须加上类名，如 Color.red。

程序设计时，可以使用 Color 类的基本颜色，也可以生成新的颜色。无论是基本色还是新颜色，都可以用来设置绘图颜色（即绘图前景颜色），也可以用来设置背景颜色。

使用 Component 类提供的方法可以改变绘图情景中背景或前景颜色，其方法定义为：

```
public sychronized void setBackground(Color c)
public sychronized void setForeground(Color c)
```

说明：Java 所有部件和容器都是 Component 的子类，因此，它们都可以用上述两种方法来设置背景颜色和前景颜色

在 Component 类中也提供了查询当前背景色和当前前景色的方法：

```
public Color getBackground()
public Color getForeground()
```

在 Graphics 类中只提供了当前绘图颜色设置和查询的方法

```
public void setColor(Color c)
public void getColor()
```

例 12.3 下面的程序显示 Color 类定义的基本颜色。

```
/**
   源程序：ColorTest.java
*/
import java.awt.*;
import java.awt.event.*;
import java.applet.*;
public class ColorTest extends Applet implements ActionListener {
    public void init() {
        setLayout(new BorderLayout());
        Button button = new Button("Exit");
        button.addActionListener(this);
        add("South", button);
        validate();
        button.requestFocus();
    }
    public void actionPerformed(ActionEvent e) {
        String arg = e.getActionCommand();
        if(arg.equals("Exit")) {
            destroy();
            System.exit(0);
        }
    }
    public void paint(Graphics g) {
        Color[] valueColor = {Color.gray, Color.lightGray,
                Color.darkGray, Color.black, Color.red,
```

```
                Color.pink, Color.orange, Color.yellow,
                Color.green,Color.magenta,Color.cyan,Color.blue};
        String[] strColor = {"gray", "lightGray", "darkGray",
                        "black", "red", "pink", "orange", "yellow",
                        "green", "magenta", "cyan", "blue"};
        for(int i=0; i<valueColor.length; i++) {
            g.setColor(valueColor[i]);
            if(i<6) {
                g.fillRect(20+i*60, 50, 50, 20);
                g.drawString(strColor[i], 20+i*60, 90);
            }
            else {
                g.fillRect(20+(i-6)*60, 150, 50, 20);
                g.drawString(strColor[i], 20+(i-6)*60, 190);
            }
        }
    }
}
```

程序用不同颜色绘制填充矩形，在绘制前用 setColor()方法设置绘图颜色。

12.2.3 绘图模式

绘制图形后，在屏幕上所看到的图形颜色，不单由当前绘图颜色决定，它还与绘图模式有关。Java 提供两种绘图模式：paint 和 XOR 模式。paint 模式用当前绘图颜色覆盖原有像表的颜色，该模式使屏幕所看见的颜色与当前绘图颜色一样，java 设置的缺省模式就是 paint 模式。XOR 模式采用颜色交换方法（相当位异或操作），在设置 XOR 模式时需要提供颜色参数，这个颜色参数称为交换颜色，它与绘图颜色一起影响屏幕上看见的图形颜色。XOR 模式最突出的特点是：在同一位置使用相同的参数进行第二次绘图时，就会擦除第一次在该地方所绘制的图形。在动画设计中，图形移动后，必须擦除原来绘制的图形，这时往往利用 XOR 模式的这种特点。

例 12.4 下面程序先使用 paint 模式把屏幕分成 7 个矩形区域，每个矩形区用不同的颜色填充，然后用 XOR 模式绘制一个圆，当鼠标移动时，圆形随之而动，圆形移动到不同的矩形区时，显示不同的颜色。

```
/**
    源程序：ModeTest.java
*/
import java.awt.*;
import java.awt.event.*;
import java.applet.*;
```

```
public class ModeTest extends Applet implements ActionListener {
    int curX, curY, newX, newY;
    int w, h;
    public void init() {
        setLayout(new BorderLayout());
        Button button = new Button("Exit");
        button.addActionListener(this);
        add("South", button);
        validate();
        button.requestFocus();
        enableEvents(AWTEvent.MOUSE_MOTION_EVENT_MASK);
        w = getSize().width;
        h = getSize().height;
    }
    public void processMouseMotionEvent(MouseEvent e) {
        if(e.getID() == MouseEvent.MOUSE_MOVED) {
            newX = e.getX();
            newY = e.getY();
            repaint();
        } else super.processMouseMotionEvent(e);
    }
    void drawOvals(Graphics g, int x, int y, int w, int h) {
        g.setXORMode(Color.green);
        g.setColor(Color.red);
        g.fillOval(x-20, y-20, 60, 60);
    }
    public void update(Graphics g) {
        drawOvals(g, curX, curY, w, h);
        drawOvals(g, newX, newY, w, h);
        curX = newX;
        curY = newY;
    }
    public void paint(Graphics g) {
        g.setPaintMode();
        g.setColor(Color.red);
        g.fillRect(0, 0, w/3, h);
        g.setColor(Color.green);
        g.fillRect(w/3, 0, w/3, h);
        g.setColor(Color.blue);
```

```
        g.fillRect(w*2/3, 0, w/3, h);
        g.setColor(Color.lightGray);
        g.fillRect(0, h/3, w, h/3);
        drawOvals(g, newX=curX=w/2, newY=curY=h/2, w, h);
    }
    public void actionPerformed(ActionEvent e) {
        String arg = e.getActionCommand();
        if(arg.equals("Exit")) {
            destroy();
            System.exit(0);
        }
    }
}
```

这个程序主要演示用 XOR 模式和 paint 模式绘制图形时，屏幕上颜色显示的不同效果，但程序设计有两点值得关注：

1．在以前所有程序中，涉及到屏幕显示时，总是采用覆盖 paint()的方法。Java 系统在两种情况下将自动调用 paint()，一种情况是初始化屏幕显示， 第一次生成显示内容时调用 paint()，另一种情况是在显示内容被破坏或被改变时调用 paint()，如应用程序显示窗口被其他窗口覆盖后，覆盖窗口如果被关闭或移开，原应用程序窗口必须恢复显示内容，这时将调用 paint()方法。后一种情况或应用程序使用 repaint()调用 paint()之前，Java 系统将首先调用另一方法 update()，该方法在 Component 类中的缺省实现为：

```
public void update(Graphics g) {
        g.setColor(getBackground());
        g.fillRect(0, 0, width, height);
        g.setColor(getForeground());
        paint(g);
}
```

分析 update()方法可知，它在调用 paint()之前，用背景色清理整个绘图区。再看看上面的例程，圆形随鼠标移动，每次移动后必须清除前一次的圆形，并且 7 个异色矩形背景应该保持不变，显然 update()清除整个绘图区的缺省行为不能满足程序设计要求，所以，程序中覆盖 paint()，用 paint 模式绘制 7 个异色矩形作为圆形移动背景，再覆盖 update()，用 XOR 模式两次绘制圆形，实现圆在新位置显示和旧位置被擦除。 如果不这样处理，而是只覆盖 paint()，简单地把程序中 update()中的程序段移入 paint()中，则将导致屏幕显示图形不停地闪烁。所以在进行图形显示程序的设计中，不但应该学会覆盖 paint()方法，而且应该掌握何时必须覆盖 update()方法。

说明：每次移动鼠标后，程序直接调用 repaint()方法，该方法将调用 update() 方法。由于 repaint()要进行其他相关处理，如生成 Graphics 对象等，因此用户在设计程序时，一般直接调用 repaint()，而不直接调用 update()和 paint()。

2．在 update()方法中使用 XOR 绘图模式，第一次绘制圆将在原来的位置擦除圆形，第二次绘制圆在新位置显示一个圆形，这种方法保证圆在移动过程中不会留下拖痕，保持画面清晰，如果使用 clearRect()擦除原来的圆形，可以做到不留下圆形的拖痕，但同时也将背景的异色矩形给清除了，因此，XOR 模式下二次绘图的方法效果很好，在动画设计中也经常使用这种方法。

警告：在 XOR 模式下不能用 drawString()，drawChars()，drawBytes()绘制文字 。

12.2.4 字体

处理字体有 2 种方法：setFont()和 getFont()分别用于设置和查询当前字体。setFont()要求的参数是一个 Font 对象，Font 类的构造器如下：

```
pulibc void Font(String name, int style, int size)
```

其参数分别为字体名、字型和字号大小，Java 的标准字体名有以下几种：

- ✧ Courier
- ✧ Dialog
- ✧ DialogInput
- ✧ Helvetica
- ✧ Monospaced
- ✧ SansSerif
- ✧ Serif
- ✧ TimesRoman
- ✧ ZapfDinghats

字型有：

- ✧ Font.PLAIN
- ✧ Font.BOLD
- ✧ Font.ITALIC
- ✧ Font.BOLD|Font.ITALIC

字号大小用一个整数来表示字体所占像表的多少。

说明：在 Component 类中也定义了相同的方法 setFont()和 getFont()，它们是用于设置和查询部件的字体，如 Button 部件的标记字体，Choice 部件的选择项字体等。这里介绍的是 Grahpics 类中的两个方法，它们用于设置使用 drawString(),drawChars(),drawBytes()绘制文字时的字体。Component 类中查询和设置字体的方法与 Graphics 类中查询和设置字体的方法互不影响，单独使用。但使用的字体名、字型和字号都一样。

例 12.5 下面的程序显示 Java 的标准字体。

```
/**
    源程序：FontTest.java
*/
```

```
import java.awt.*;
import java.awt.event.*;
import java.applet.*;
public class FontTest extends Applet implements ActionListener {
    String[] fontList;
    Font theFont;
    FontMetrics fm;
    int fontHeight = 20;
    public void init() {
        fontList = Toolkit.getDefaultToolkit().getFontList();
        setLayout(new BorderLayout());
        Button button = new Button("Exit");
        button.addActionListener(this);
        add("South", button);
        validate();
        button.requestFocus();
    }
    public void paint(Graphics g) {
        for(int i=0; i<fontList.length; i++) {
            theFont = new Font(fontList[i], Font.BOLD, 16+i);
            g.setFont(theFont);
            fm = getFontMetrics(theFont);
            fontHeight +=fm.getHeight();
            g.drawString(fontList[i]+" "+(16+i)+"point", 50,
                                fontHeight);
        }
    }
    public void actionPerformed(ActionEvent e) {
        String arg = e.getActionCommand();
        if(arg.equals("Exit")) {
            destroy();
            System.exit(0);
        }
    }
}
```

说明：程序使用了 Toolkit 类中的 getFontList()来取得 Java 的所有字体，有关 Toolkit 类的情况，请查阅 Java 联机文档。

与字体处理有关的类还有 FontMetrics 类，该类提供准确字体的相关尺寸，其定义如下：

```
public abstract class FontMetrics implements Serializable {
```

```
    protected FontMetrics(Font font);
    public Font getFont();
    public int getLeading();
    public int getAscent();
    public int getDescent();
    public int getHeight();
    public int getMaxAscent();
    public int getMaxDescent();
    public int getMaxAdvance();
    public int charWidth(int ch);
    public int charWidth(char ch);
    public int stringWidth(String str);
    public int charsWidth(char data[], int off, int len);
    public int bytesWidth(byte data[], int off, int len);
    public int[] getWidths();
    public String toString();
    //deprecated As of JDK version 1.1.1,
    public int getMaxDecent();
}
```

字体最重要的两个尺寸是字母的高度和宽度，除此外，还有几个尺寸影响字体的显示效果，它们是字母升高、字母降低、行间空隙(leading)、最大字宽、最大升高和最大降低，其含义为：

✧ 字母升高：字母表中多数字母顶端与基准线之间的距离，有些字母可超过该距离。
✧ 字母降低：字母表中多数字母底端与基准线之间的距离，有些字母可超过该距离。
✧ 行间空隙：字母降低线与下一行字母升高线之间的距离。
✧ 字母最大升高：所有字母升高的最大值。
✧ 字母最大降低：所有字母降低的最大值。
✧ 字母最大字宽：所有字母字宽的最大值。

在程序设计中，如果需要用准确的字体尺寸定位，可以使用 FontMetrics 获得每个字母的这些尺寸，限于篇幅，本书不进行更详细的讨论。

12.2.5 绘制文字

Grahpics 类只支持简单的从左到右水平文字绘制，不支持旋转文字绘制。Grahpics 类提供三种方法绘制文字：

```
drawString(String str, int x, int y);
drawChars(char data[], int offset, int length, int x, int y);
drawBytes(byte data[], int offset, int length, int x, int y);
```

这些方法所需参数的含义是：

✧ x, y 表示绘制文字的起始位置，是字体基准线最左边一点的坐标。
✧ str 被绘制字符串。
✧ data[] 字符或字节数据，即被绘制字符。
✧ length 表示绘制文字的字符数
✧ offset 相对于起点坐标(x, y)的偏移距离。

在三种绘制文字的方法中，drawString()是最常用的字符串绘制方法，使用很方便。

12.2.6 坐标转换

当取得 Graphics 对象后，程序绘图区的坐标系统就已经确定，即使用直角坐标系，坐标原点(0, 0)位于程序绘图区的左上角，x 坐标正方向水平向右，y 坐标正方向垂直向下。可以使用 translate()方法改变坐标原点的位置，即相当于沿 x 轴或 y 轴平行移动坐标系统，调用了 translate()后，有关位置的参数都是在新坐标系统中的值。translate()方法定义为：

```
pulibc void translate(int x, int y)
```

坐标(x, y)表示新坐标原点的位置。请看下面的程序

例 12.6 下面的程序调用 translate()后，位置的参数都是在新坐标系统中的值。

```
/**
    源程序：  TranTest.java
*/
import java.awt.*;
import java.applet.*;
public class TranTest extends Applet {
    public void paint(Graphics g) {
        int x, y;
        x = 10;
        y = 10;
        g.drawRect(x, y, 50, 20);
        g.translate(10, 10);
        g.drawRect(x, y, 50, 20);
    }
}
```

程序设 x=10, y=10，在点(x, y)处绘制矩形，然后调用 translate(10, 10) 改变坐标原点，再在(x, y)处绘制矩形，虽然这两个矩形的起始点坐标(x, y)值相同，但它们并没有重叠在一起，因为坐标(x, y)是一个相对坐标，在两次绘图时，由于坐标原点不一样，所以矩形最后显示在屏幕上的不同位置，并不重叠。

警告：用 translate()方法改变坐标原点也是使用相对值，因而转换是不断积累的。如上例中要恢复原来坐标原点，必须调用 translate(-10, -10)，而不是 translate(0, 0)。

12.3 图 像 处 理

图像处理是一项复杂的技术。早期认为图像是通过扫描仪等设备输入计算机的照片，但随着计算机技术的发展，完全可以用计算机来生成图像。这两种方式都有一个共同之处：都是把图像变成数据文件存储在磁盘或光盘上，在图像显示时，由计算机读取图像数据文件，进行分析使图像在计算机屏幕上重现。

图像数据文件的存储格式很多，比较流行的格式有 BMP, GIF, JPEG, PCX 等。Java 目前能够处理的图像格式只有 GIF 和 JPEG 两种，在此我们不能更多地讨论有关 GIF 和 JPEG 的格式定义和存储等技术，只学习如何用 Java 语言编写程序来显示图像。

12.3.1 图像显示

java.applet.Applet 类提供了取得图像数据文件方法 getImage()，其定义为：

```
public Image getImage(URL url, String name);
```

其中 url 是一个 URL 对象。URL 类是 java.net 包中的一个类，它的主要作用是在 Internet 网络上使用统一资源定位器(URL)获得网络上的信息资源。有关 URL 类的详细知识将在第 15 章介绍。使用 URL 参数，getImage()可以取得 Internet 网上任何一个地址的图像文件，现在暂时不考虑 Internet 网上环境，而用 getImage()来取得本地计算机中的图像文件，Applet 类中另一方法 getDocumentBase()返回一个 URL 地址，即嵌入 Applet 程序的 HTML 文档所在处地址，在本地计算机上是一个路径名。参数 name 是图像文件名。

考虑到 Internet 网上的传输延时等因素，Java 让 getImage()执行后立即返回，并未装入图像文件，而是由 drawImage()在显示图像时异步装入，drawImage()启动另一个方法完成实际装入图像的工作。drawImage()在 Grahpics 类中有几种不同的定义形式：

```
drawImage(Image image, int x, int y, ImageObserver observer);
drawImage(Image image, int x, int y, Color color,
                                        ImageObserver observer);
```

其参数含义为：

image 是 Image 对象，可以是 getImage()取得的 Image 对象，也可以是后面将要介绍的 createImage()生成的 Image 对象。

- ✧ x, y 是图像显示的起始位置，它是图像左上角的坐标。
- ✧ color 参数指明图像透明区域的背景颜色，如果没有给出 color 参数， 则表示用当前背景颜色填充图像透明区。
- ✧ observer 对象完成实际的图像装入工作，一般可以指定为 this。

例 12.7 下面的程序演示 getImage()和 drawImage()的使用方法。

```
/**
  源程序： DisplayImage1.java
*/
```

```
import java.awt.*;
import java.awt.event.*;
import java.applet.*;
public class DisplayImage1 extends Applet implements ActionListener {
    Image myImage;
    public void init() {
        myImage = getImage(getDocumentBase(), "duke.gif");
        setLayout(new BorderLayout());
        setBackground(Color.lightGray);
        Button button = new Button("Exit");
        button.addActionListener(this);
        add("South", button);
        validate();
        button.requestFocus();
    }
    public void paint(Graphics g) {
        g.drawImage(myImage, 0, 0, this);
    }
    public void actionPerformed(ActionEvent e) {
        String arg = e.getActionCommand();
        if(arg.equals("Exit")) {
            destroy();
            System.exit(0);
        }
    }
}
```

程序将显示 duke.gif 图像，duke 是 Java 的小卡通形象，读者也可以更改图像文件名，以显示其他图像。程序首先用 getImage()获得图像文件，文件路径由 getDocumentBase() 指明为当前目录，文件名为 duke.gif。再在 paint()方法中用 drawImage()显示图像。程序中还使用 setBackground(Color.lightGray)把整个绘图区背景色设置成常见的浅灰色。

上面两个 drawImage()方法是最基本的图像显示方法，对显示的图像没有更多地进行控制，下面的两个方法可以限制显示图像的大小。

```
drawImage(Image image, int x, int y, int  width, int height, ImageObserver observer)
drawImage(Image image, int x, int y, int  width,
            int height, Color color, ImageObserver observer)
```

这两个方法与前两个方法相比，增加了 width 和 height 两个参数，它的作用是在显示图像时，把图像限制在以(x, y)为起点，宽、高分别为 width 和 height 的矩形区域内，图像如果大于或小于这个尺寸，都将按比例放大或缩小，以保证图像充满给定矩形区，如下面的程序所示：

例 12.8 使用增加了 width 和 height 两个参数 drawImage()方法。

```
/**
    源程序： DisplayImage2.java
*/
import java.awt.*;
import java.awt.event.*;
import java.applet.*;
public class DisplayImage2 extends Applet implements ActionListener {
    Button color, source, in, out, exit;
    Image myImage;
    String gifFile;
    int iDisplay = 0;
    public void init() {
        TextField tf;
        setBackground(Color.lightGray);
        setLayout(new BorderLayout());
        Panel np = new Panel();
        np.setLayout(new GridLayout(1, 2));
        Label label = new Label("GIF Filename:", Label.RIGHT);
        label.setBackground(Color.lightGray);
        np.add(label);
        tf = new TextField("*.gif");
        tf.addActionListener(this);
        np.add(tf);
        add("North", np);
        Panel sp = new Panel();
        sp.setLayout(new GridLayout(1, 2));
        source = new Button("Source");
        color = new Button("Color");
        in = new Button("Zoom In");
        out = new Button("Zoom Out");
        exit = new Button("Exit");
        source.addActionListener(this);
        color.addActionListener(this);
        in.addActionListener(this);
        out.addActionListener(this);
        exit.addActionListener(this);
```

```
        sp.add(source);
        sp.add(color);
        sp.add(in);
        sp.add(out);
        sp.add(exit);
        add("South", sp);
        source.setEnabled(false);
        color.setEnabled(false);
        in.setEnabled(false);
        out.setEnabled(false);
        validate();
        tf.requestFocus();
        tf.selectAll();
    }
    public void paint(Graphics g) {
        switch(iDisplay) {
            case 1:
                g.drawImage(myImage, 50, 50, Color.red, this);
                break;
            case 2:
                g.drawImage(myImage, 50, 50, this);
                break;
            case 3:
                g.drawImage(myImage, 50, 50,
                                myImage.getWidth(this)*2,
                                myImage.getHeight(this)*2, this);
                break;
            case 4:
                g.drawImage(myImage, 50, 50,
                                myImage.getWidth(this)/2,
                                myImage.getHeight(this)/2, this);
                break;
            case 5:
                g.setFont(new Font("TimesRoman", Font.BOLD, 24));
                g.drawString("Please Press Button !", 100, 150);
            default:
                break;
        }
    }
```

```
    public void actionPerformed(ActionEvent e) {
        String arg = e.getActionCommand();
        if(arg.equals("Color")) {
            iDisplay = 1;
        } else if(arg.equals("Source")) {
            iDisplay = 2;
        } else if(arg.equals("Zoom In")) {
            iDisplay = 3;
        } else if(arg.equals("Zoom Out")) {
            iDisplay = 4;
        } else if(arg.equals("Exit")) {
            destroy();
            System.exit(0);
        } else {
            gifFile = arg;
            myImage = getImage(getDocumentBase(), gifFile);
            iDisplay = 5;
            source.setEnabled(true);
            color.setEnabled(true);
            in.setEnabled(true);
            out.setEnabled(true);
            source.requestFocus();
        }
        repaint();
    }
}
```

这个程序使用TextField部件来获得将显示图像的文件名，设置了四个按钮Source, Color, Zoom in和Zoon out来控制显示图像，Source按钮按原图像大小和颜色显示，Color按钮把图像的透明区设置为红色，Zoom in把图像放大一倍显示，Zoom out把图像缩小一半显示。并且为了保证程序执行正确，在没有输入图像文件名时，这四个按钮都处于灰化状态。

在actionPerformed()方法中判断事件如果来自TextField部件，则获取文件名，用getImage()取得Image对象，再使能按钮，并且调用repaint()显示提示信息。按动按钮选择后，在paint()中用drawImage()显示图像，其中case 3、case 4中的程序段使用了Image类中的getWidth(), getHeight()获得原图像的宽度和高度，再进行放大或缩小的显示。

下面的两个drawImage()方法对图像显示能进行更有效地控制显示。

```
drawImage(Image image, int dx1, int dy1, int dx2, int dy2,
                    int sx1, int sy1, int sx2, int sy2,
                    ImageObserver observer)
drawImage(Image image, int dx1, int dy1, int dx2, int dy2,
```

```
                int sx1, int sy1, int sx2, int sy2, Color color,
                                        ImageObserver observer)
```

这两个方法使用了两个矩形区，一个是源图像矩形区，由左上角坐标(sx1, sy1)和右下角坐标(sx2, sy2)限定，它表示显示图像将截取的源图像区域。另一个是目的显示矩形区，由左上角坐标(dx1, dy1)和右下角坐标(dx2, dy2)限定，它表示图像在屏幕上的显示区域。这两个方法可以截取源图像中任意区域的图像，把截取后的图像以任意大小显示在屏幕上的任意位置，使图像显示更加灵活。下面的程序给出示例：

例 12.9 使用了两个矩形区的 drawImage()方法。

```
/**
   源程序：  DisplayImage3.java
*/
import java.awt.*;
import java.awt.event.*;
import java.applet.*;
public class DisplayImage3 extends Applet implements ActionListener {
    Button source, cut, in, out, exit;
    Image myImage;
    String gifFile;
    int iDisplay = 0;
    int width, height;
    public void init() {
        TextField tf;
        setBackground(Color.lightGray);
        setLayout(new BorderLayout());
        Panel np = new Panel();
        np.setLayout(new GridLayout(1, 2));
        Label label = new Label("GIF Filename:", Label.RIGHT);
        label.setBackground(Color.lightGray);
        np.add(label);
        tf = new TextField("*.gif");
        tf.addActionListener(this);
        np.add(tf);
        add("North", np);
        Panel sp = new Panel();
        sp.setLayout(new GridLayout(1, 2));
        source = new Button("Source");
        cut = new Button("Cut Source");
        in = new Button("Cut Zoom In");
```

```
        out = new Button("Cut Zoom Out");
        exit = new Button("Exit");
        source.addActionListener(this);
        cut.addActionListener(this);
        in.addActionListener(this);
        out.addActionListener(this);
        exit.addActionListener(this);
        sp.add(source);
        sp.add(cut);
        sp.add(in);
        sp.add(out);
        sp.add(exit);
        add("South", sp);
        source.setEnabled(false);
        cut.setEnabled(false);
        in.setEnabled(false);
        out.setEnabled(false);
        validate();
        tf.requestFocus();
        tf.selectAll();
    }
    public void paint(Graphics g) {
        switch(iDisplay) {
            case 1:
                g.drawImage(myImage, 0, 0, this);
                width = myImage.getWidth(this);
                height = myImage.getHeight(this);
                if(width >400 && height >300)
                    setSize(new Dimension(width, height));
                cut.setEnabled(true);
                in.setEnabled(true);
                out.setEnabled(true);
                cut.requestFocus();
                break;
            case 2:
                g.drawImage(myImage, 0, 0, width/2, height/2,
                                0, 0, width/2, height/2, this);
                break;
            case 3:
```

```
                g.drawImage(myImage, 0, 0, width, height,
                                0, 0, width/2, height/2, this);
                break;
            case 4:
                g.drawImage(myImage, 0, 0, width/4, height/4,
                                0, 0, width/2, height/2, this);
                break;
            case 5:
                g.setFont(new Font("TimesRoman", Font.BOLD, 24));
                g.drawString("Please Press Button !", 100, 150);
            default:
                break;
        }
    }
    public void actionPerformed(ActionEvent e) {
        String arg = e.getActionCommand();
        if(arg.equals("Source")) {
            iDisplay = 1;
        } else if(arg.equals("Cut Source")) {
            iDisplay = 2;
        } else if(arg.equals("Cut Zoom In")) {
            iDisplay = 3;
        } else if(arg.equals("Cut Zoom Out")) {
            iDisplay = 4;
        } else if(arg.equals("Exit")) {
            setVisible(false);
            destroy();
            System.exit(0);
        } else {
            gifFile = arg;
            myImage = getImage(getDocumentBase(), gifFile);
            iDisplay = 5;
            source.setEnabled(true);
            source.requestFocus();
        }
        repaint();
    }
}
```

程序可以截取一幅图像中左上角(0, 0)到右下角(width/2, height/2)的矩形区域，把截取的图像按三种尺寸显示：截取区原来的大小显示，或者截取区放大一倍显示，或者截取区缩小一半显示。

12.3.2 用算法生成图像

把照片等现成的图像通过扫描仪等设备录入计算机，以图像数据文件形式存储在磁盘或光盘上，这是图像的主要来源。还有另一类图像是计算机用数字式方法动态生成的，它利用某种算法，直接控制每个像表的颜色，从而生成一幅美好的图像。本书不能详细讨论生成图像的各种算法，只介绍与用算法生成图像有关的类和方法。

例 12.10 用算法生成图像有关的类和方法程序。

```
/**
   源程序：  MemoryTest.java
*/
import java.awt.*;
import java.awt.image.*;
import java.applet.*;
public class MemoryTest extends Applet {
    Image image;
    public void paint(Graphics g) {
        MemoryImageSource mis;
        if (image == null ) {
            g.drawString("Calculating...", 150, 150);
            mis = new MemoryImageSource(300, 200,
                                        generateColorModel(),
                                        generatePixels(300, 200),
                                        0, 300);
            image = createImage(mis);
        }
        g.drawImage(image, 0, 0, this);
    }
    IndexColorModel generateColorModel() {
        byte[] r = new byte[16];
        byte[] g = new byte[16];
        byte[] b = new byte[16];
        r[0] = 0; g[0] = 0; b[0] = 0;
        r[1] = 0; g[1] = 0; b[1] = (byte)192;
        r[2] = 0; g[2] = 0; b[2] = (byte)255;
        r[3] = 0; g[3] = (byte)192; b[3] = 0;
        r[4] = 0; g[4] = (byte)255; b[4] = 0;
```

```
            r[5] = 0; g[5] = (byte)192; b[5] = (byte)192;
            r[6] = 0; g[6] = (byte)255; b[6] = (byte)255;
            r[7] = (byte)192; g[7] = 0; b[7] = 0;
            r[8] = (byte)255; g[8] = 0; b[8] = 0;
            r[9] = (byte)192; g[9] = 0; b[9] = (byte)192;
            r[10] = (byte)255; g[10] = 0; b[10] = (byte)255;
            r[11] = (byte)192; g[11] = (byte)192; b[11] = 0;
            r[12] = (byte)255; g[12] = (byte)255; b[12] = 0;
            r[14] = (byte)80; g[14] = (byte)80; b[14] = (byte)80;
            r[14] = (byte)192;g[14] = (byte)192; b[14] = (byte)192;
            r[15] = (byte)255;g[15] = (byte)255; b[15] = (byte)255;
            return new IndexColorModel(4, 16, r, g, b);
        }
        final float xmin = -2.0f;
        final float xmax = 1.2f;
        final float ymin = -1.2f;
        final float ymax = 1.2f;
        byte[] generatePixels(int w, int h) {
            byte[] pixels = new byte[w * h];
            int pIx = 0;
            float[] p = new float[w];
            float q = ymin;
            float dp = (xmax-xmin)/w;
            float dq = (ymax-ymin)/h;
            p[0] = xmin;
            for (int i=1; i<w; i++) {
                p[i] = p[i-1] + dp;
            }
            for (int r=0; r<h; r++) {
                for (int c=0; c<w; c++) {
                    int color = 1;
                    float x = 0.0f;
                    float y = 0.0f;
                    float xsqr = 0.0f;
                    float ysqr = 0.0f;
                    do {
                        xsqr = x*x;
                        ysqr = y*y;
                        y = 2*x*y + q;
```

```
                x = xsqr - ysqr + p[c];
                color++;
            } while (color < 512 && xsqr + ysqr < 4);
            pixels[pIx++] = (byte)(color % 16);
        }
        q += dq;
    }
    return pixels;
  }
}
```

程序中使用算法的主要作用是计算图像中每个像表的颜色值，把计算后的值存放在一个数组中，利用这个数组生成一个 MemoryImageSource 对象，得到在内存中大小为 300×200 的图像，但这时并没有在屏幕上显示出来，还必须使用 createImage()方法和 drawImage()方法来完成图像显示。createImage()方法在 Component 类中定义，它用于生成特殊类型的屏幕外图像。

MemoryImageSource 类在内存中生成图像，图像中每个像表的值放在一个数组中，这是一个一维数组。对数组元素值进行控制可以获得不同的图像。

程序在计算像表颜色值之前，自定义 generateColorModel()方法设置颜色模式。在其中使用了 IndexColorModel 类，该类和 DirectColorModel 类都是 ColorModel 类的子类，用于保证不同的颜色编码方案独立于硬件平台。DirectColorModel 类反映真实颜色型(True Color)的色彩结构，在这种系统中，像表持有自己的颜色值。IndexColorModel 类表示的颜色模型，像表持有一个索引值，用于检索具体的颜色。如果用户没有定义自己的颜色类型，使用 Java 的缺省颜色类型。Java 缺省方案采用 32 位的 ARGB 像表格式：

0 至 7 位　蓝
8 至 15 位　绿
16 至 23 位　红
24 至 31 位　alpha 透明度

有关更详细的 ColorModel 类知识，请查阅 Java 联机文档。

程序中 generatePixels(int w, int h)方法就是用一种算法计算像表的颜色值，存入到一个数组中。

12.3.3 图像处理的其他类

java.awt.image 包组合了生成图像和处理图像的类及颜色模式，其类如图 12-1 所示

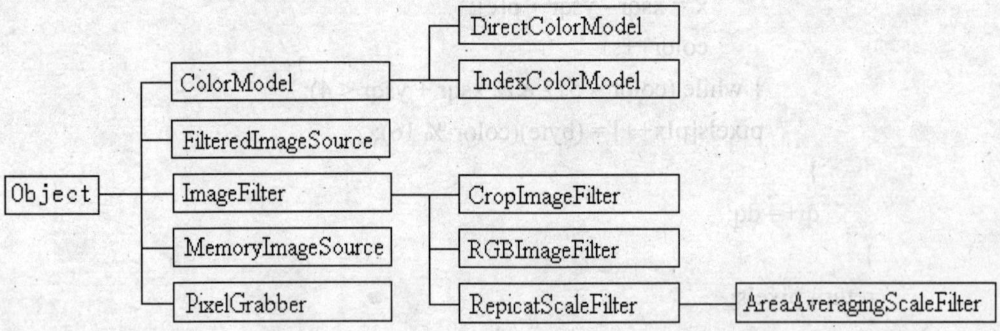

图 12-1 java.awt.image 包中类结构图

这些类的功能简单地概括为：

MemoryImageSource 类用简单的字节数组（每个像表最多 8 位）或 int 数组（每个像表最多 32 位）作为源图像数据，可以容易地通过算法生成图像。

- ✧ FilteredImageSource 类根据用户提供的过滤特性，用源图像生成新的图像。
- ✧ CropImageFilter 类是 ImageFilter 类的子类，可以过滤图像，生成源图像的一个截取子图。
- ✧ RGBImageFilter 类也是 ImageFilter 类的子类，可以改变源图像每个像表的颜色，如对源图像进行灰度处理等。
- ✧ PixelGrabber 类用于提取一个图像矩形区，并存放在 int 数组中供以后处理。
- ✧ ColorModel 类支持不同颜色的编码方案。

12.4 播 放 声 音

java.applet 包有两个类与声音的播放有关，它们是 Applet 类和 AudioClip 类。

有两种播放声音的方法。一种是使用 Applet 类中的 play()方法，其定义为：

```
public void play(URL url);
public void play(URL url, String name);
```

参数 url 与前面获得图像文件的参数一样，它表示 Internet 网上的一个地址。 也可以用 getDocumentBase()来获得音频数据文件的地址，在本地机上则是当前目录名，name 是音频数据文件名。play()在取得音频文件后立即进行播放。

例 12.11 使用 play()方法程序。

```
/**
  源程序：AudioTest1.java
*/
import java.awt.*;
import java.awt.event.*;
import java.applet.*;
public class AudioTest1 extends Applet implements ActionListener {
```

```
    Button play, exit;
    String auFile;
    public void init() {
        setLayout(new BorderLayout());
        Panel np = new Panel();
        np.setLayout(new GridLayout(1, 2));
        Label label = new Label( "Input file name: ", Label.RIGHT);
        np.add(label);
        TextField tf = new TextField("*.au");
        tf.addActionListener(this);
        np.add(tf);
        add("North", np);
        Panel sp = new Panel();
        sp.setLayout(new GridLayout(1, 3));
        play = new Button("Play");
        exit = new Button("Exit");
        play.addActionListener(this);
        exit.addActionListener(this);
        sp.add(play);
        sp.add(exit);
        add("South", sp);
        play.setEnabled(false);
        validate();
        tf.requestFocus();
        tf.selectAll();
    }
    public void actionPerformed(ActionEvent e) {
        String arg = e.getActionCommand();
        if(arg.equals("Play")) {
            play(getDocumentBase(), auFile);
        } else if(arg.equals("Exit")) {
            destroy();
            System.exit(0);
        } else {
            auFile = arg;
            play.setEnabled(true);
            play.requestFocus();
        }
    }
```

```
}
```

程序用 TextField 部件取得音频文件名，然后用 play()从头至尾地播放该文件。

另一种更加灵活的方法是使用 AudioClip 类中的方法，它提供了与播放声音有关的三个方法，它们是：

```
public abstract void play()
public abstract void loop()
public abstract void stop()
```

play()开始播放声音，stop()停止播放声音，loop()同一音频文件循环重复播放，如果程序中需要背景音乐，经常使用 loop()方法重复播放声音。

在播放声音之前必须使用 Applet 类中的 getAudioClip()方法取得音频数据文件，定义了两个过载方法：

```
public void getAudioClip(URL url)
public void getAudioClip(URL url, String str)
```

url 参数是 URL 对象，利用它可以取得 Internet 上音频数据文件。如果希望获取本地计算机上的音频数据文件，使用 getDocumentBase()可获得本地机路径名，再指定数据文件名即可。getAudioClip()并没有下载音频数据文件，当实际需要播放声音时，才进行实际的下载工作。

例 12.12 下面的程序演示 AudioClip()类的使用。

```
/**
    源程序：AudioTest2.java
*/
import java.awt.*;
import java.awt.event.*;
import java.applet.*;
public class AudioTest2 extends Applet implements ActionListener {
    AudioClip audio = null;
    String auFile;
    Button loop, play, stop, exit;
    public void init() {
        TextField tf;
        setLayout(new BorderLayout());
        Panel np = new Panel();
        np.setLayout(new GridLayout(1, 2));
        Label label = new Label( "Input file name: ", Label.RIGHT);
        np.add(label);
        tf = new TextField("*.au");
        tf.addActionListener(this);
        np.add(tf);
```

```
        add("North", np);
        Panel sp = new Panel();
        sp.setLayout(new GridLayout(1, 3));
        loop = new Button("Loop");
        play = new Button("Play");
        stop = new Button("Stop");
        exit = new Button("Exit");
        loop.addActionListener(this);
        play.addActionListener(this);
        stop.addActionListener(this);
        exit.addActionListener(this);
        sp.add(loop);
        sp.add(play);
        sp.add(stop);
        sp.add(exit);
        add("South", sp);
        loop.setEnabled(false);
        play.setEnabled(false);
        stop.setEnabled(false);
        validate();
        tf.requestFocus();
        tf.selectAll();
    }
    public void actionPerformed(ActionEvent e) {
        String arg = e.getActionCommand();
        if(arg.equals("Loop")) {
            audio.loop();
        } else if(arg.equals("Play")) {
            audio.play();
        } else if(arg.equals("Stop")) {
            audio.stop();$EFX$
        } else if(arg.equals("Exit")) {
            destroy();
            System.exit(0);
        } else {
            auFile = arg;
            audio = getAudioClip(getDocumentBase(), auFile);
            loop.setEnabled(true);
            play.setEnabled(true);
```

```
                stop.setEnabled(true);
                loop.requestFocus();
            }
        }
    }
```

程序中设置了三个按钮Loop, Play和Stop分别对应地执行loop(), play(), stop()三个方法，对声音的播放进行控制。在播放声音之前，需先用getAudioClip()获取音频数据文件。

12.5 动画基础

动画是快速连续地显示一系列静止的图像，造成画面运动的假象。动画可以分成三种：BITBLT动画、实时动画和帧动画。

1．BITBLT动画

又称为块图形动画，其特点就是运动的画面只有一幅图像，让这幅图像在不同的位置显示，而产生动画的效果。在图像尺寸较小时，画面的刷新速度可以很快，动画效果较好。但它不能实现一系列相关动作的动画。

2．实时动画

动态地生成图像。这种动画将涉及到生成图像的算法，好的算法应该使图像美观，计算量小，保证画面平滑变化。在实现过程中，每一时刻只改变部分区域的内容，避免刷新整个屏幕，这样来实现较好的动画效果。

3．帧动画

是效果最逼真、最复杂的一种动画，其实现步骤是：

✧ 把一系列相关动作分解成若干个图像，再生成这些图像，以文件的形式保存起来。

✧ 以某种特定的顺序依次显示这些图像，从而产生连续相关动作的动画。

这种动画涉及到动作的分解和图像生成，因而比前两种动画复杂。但从编程角度看它们使用的技术和技巧都大同小异，下面我们主要针对前两种动画进行编程讲解。

12.5.1 实时动画

动画最基本的要求就是必须连续不断地显示，这种连续显示非常容易耗尽CPU资源，使其他工作无法进行，所以，为了保证不让动画独占CPU资源，程序应该使用多线程的编程方法，在一个线程中专门负责动画工作，且往往分配较低的优先级，以保证其他重要任务能够很快地执行。

例12.13 下面的程序设计了一个线程来生成实时动画。

```
/**
   源程序：QixTest.java
*/
import java.awt.*;
import java.applet.*;
import java.util.*;
```

```
public class QixTest extends Applet implements Runnable {
    Thread imageThread = null;
    Random rnd = new Random();
    Rectangle bounceRect;
    Rectangle colorBounce;
    BouncyPoint endPoint1, endPoint2;
    BouncyPoint R_Bouncer, G_Bouncer, B_Bouncer;
    int x1, x2, y1, y2;
    public void init() {
        bounceRect = getBounds();
        bounceRect.x = 0;
        bounceRect.y = 0;
    }
    public void start() {
        sowSeed();
        if(imageThread == null) {
            imageThread = new Thread(this);
            imageThread.start();
        }
    }
    public void stop() {
        if((imageThread != null) && imageThread.isAlive()) {
            imageThread.stop();
        }
        imageThread = null;
    }
    public void run() {
        int i = 0;
        Thread me = Thread.currentThread();
        me.setPriority(Thread.MIN_PRIORITY);
        while(imageThread == me) {
            repaint();
            try {
                Thread.sleep(10);
            } catch(InterruptedException e) {}
            i ++;
            if(i == 1000) {
                sowSeed();
                i = 0;
```

```
            }
        }
    }
    public void update (Graphics g) {
        endPoint1.carryOnBouncing();
        endPoint2.carryOnBouncing();
        R_Bouncer.carryOnBouncing();
        G_Bouncer.carryOnBouncing();
        B_Bouncer.carryOnBouncing();
        g.setColor(new Color(R_Bouncer.x, G_Bouncer.x, B_Bouncer.x));
        g.drawLine(endPoint1.x, endPoint1.y, endPoint2.x, endPoint2.y);
    }
    public void sowSeed() {
        x1 = 4 + ((rnd.nextInt() & 1023) % (bounceRect.width-8));
        x2 = 4 + ((rnd.nextInt() & 1023) % (bounceRect.width-8));
        y1 = 4 + ((rnd.nextInt() & 1023) % (bounceRect.height-8));
        y2 = 4 + ((rnd.nextInt() & 1023) % (bounceRect.height-8));
        endPoint1 = new BouncyPoint(bounceRect, x1, y1, -1.0,    1.5);
        endPoint2 = new BouncyPoint(bounceRect, x2, y2, 1.0, -2.5);
        colorBounce = new Rectangle(0, 0, 255, 255);
        R_Bouncer = new BouncyPoint(colorBounce, 200, 0, 1.0, 0.0);
        G_Bouncer = new BouncyPoint(colorBounce, 200, 0, -1.0, 0.0);
        B_Bouncer = new BouncyPoint(colorBounce, 200, 0, -2.0, 0.0);
    }
}
class BouncyPoint extends Point {
    Rectangle boundingBox;
    double x_direction;
    double y_direction;
     BouncyPoint(Rectangle limits, int startx, int starty, double dx, double dy) {
        super(startx, starty);
        boundingBox = limits;
        x_direction = dx;
        y_direction = dy;
    }
    public void carryOnBouncing() {
        x += (int)x_direction;
        if(!boundingBox.contains(x, y)) {
            x -= (int)x_direction;
```

```
                x_direction = -x_direction;
            }
            y += (int)y_direction;
            if(!boundingBox.contains(x, y)) {
                y -= (int)y_direction;
                y_direction = -y_direction;
            }
        }
    }
```

程序生成图像的算法很简单，就是让直线的两个端点在一个矩形内跳动，即如果 dx 是正数，则 x 坐标每次递增 dx，递增后的 x 值如果处于矩形的外面，则取消这次递增，同时使 dx 变为负数，这样 x 坐标又按递减变化，x 每次改变后都进行是否在矩形框内的判断，如果在外，则取消改变，同时 dx 取反。这样，x 总是按这种规律变化：递增至矩形边框后，就递减变化，再至矩形边框后，又作递增变化，这样循环不断地改变其值，就好象在矩形框内跳动一样。y 坐标也按相同的规律变化。

绘制直线使用的颜色也使用相同的算法，把颜色的红、绿、蓝三色值限制的 0 至 255 之间，只是在生成 BouncyPoint 对象时，认为其值是 x 坐标，而 y 坐标和步长 dy 都为零而已。

程序在每一时刻只绘制一条直线。为了让前一时刻绘制的直线保持不变，update()清除整个绘图区的缺省行为就不符合程序要求，所以程序覆盖了 update()方法。在绘制了大量的直线后，可能所有的绘图参数完全一样，看起来画面不再变化，所以程序中每绘制 1000 条直线后，重新设置初始点，进行新一轮变化。

12.5.2 块动画

实现动画必须提高刷新速度和消除闪烁。提高刷新速度从编程上来说主要是尽量减少刷新的区域。消除闪烁可以使用双缓存技术。它们都可以用 createImage() 方法进行屏外作图来实现，用 createIamge()生成与显示图像相同大小的缓存区， 在该区完成所有绘图工作，然后一次显示在屏幕上，这样不但可以消除闪烁，而且可以提高刷新速度。

例 12.14 下面的程序实现一幅小图像从左向右移动。

```
/**
    源程序：ScrollImage.java
*/
import java.awt.*;
import java.applet.*;
public class ScrollImage extends Applet implements Runnable {
    Thread scrollThread = null;
    int bannerHeight = 60, maxWidth, maxHeight;
    int imageX, imageY = 1, scrollUnit = 5;
```

```
    Image offScreen, image;
    Graphics offScreenGC;
    static boolean loaded = false;
    public void init() {
        Dimension d = getSize();
        maxWidth = d.width-4;
        maxHeight = d.height;
        imageX = - bannerHeight;
        setBackground(Color.lightGray);
    }
    public void start() {
        if(scrollThread == null) {
            scrollThread = new Thread(this);
            scrollThread.start();
            loaded = true;
        }
    }
    public void stop() {
        if((scrollThread != null) && scrollThread.isAlive()) {
            scrollThread.stop();
        }
        loaded = false;
        imageX = -bannerHeight;
        scrollThread = null;
    }
    public void run() {
        Thread me = Thread.currentThread();
        me.setPriority(Thread.MIN_PRIORITY);
        image = getImage(getDocumentBase(), "duke.gif");
        offScreen = createImage(maxWidth, bannerHeight);
        offScreenGC = offScreen.getGraphics();
        repaint();
            while(scrollThread == me) {
            while(loaded){
                nextPos();
                try {
                    Thread.sleep(200);
                } catch(InterruptedException e) {}
            }
```

```
        }
    }
    public void create3D(Graphics g) {
        g.setColor(Color.white);
        g.drawLine(0, 0, 0, bannerHeight);
        g.drawLine(0, 0, maxWidth, 0);
        g.setColor(Color.black);
        g.drawLine(maxWidth+1, bannerHeight+1, maxWidth+1, 0);
        g.drawLine(maxWidth+1, bannerHeight+1, 0, bannerHeight+1);
    }
    public synchronized void update(Graphics g) {
        if(loaded) {
            offScreenGC.setColor(Color.blue);
            offScreenGC.fillRect(1, 1, maxWidth-1, bannerHeight-1);
            offScreenGC.drawImage(image, imageX, imageY,
                        bannerHeight-1 , bannerHeight-1, this);
            g.drawImage(offScreen, 0, 0, this);
            create3D(g);
        }
    }
    public synchronized void nextPos() {
        imageX += scrollUnit;
        if(imageX > maxWidth) {
            imageX = -bannerHeight;
        }
        repaint();
    }
}
```

程序用 createImage()生成了一个高 bannerHeight 的屏外作图区，把图像限制在这个区中从左向右移动，这样就把刷新区域从整个 Applet 程序的绘图区缩小到这个作图区内。这个区域有别于 Applet 程序的绘图区，应该为它生成自己的绘图情景，所以程序使用了 Image 类的方法 getGraphics()生成 offScreenGC 绘图情景，它包含了绘图所需参数。在 update()中先使用 offScreenGC 清除背景，显示图像，再用 Applet 程序的绘图情景 g 使屏外图形显示出来。

程序中 imageX 和 imageY 是图像每次显示的位置，scrollUnit 是图像移动的步长，其值越大图像移动越快。

例 12.15 下面再看一个程序，它使一字符串从右向左水平移动，是 HTML 文档中经常使用的技巧。

```
/**
    源程序：ScrollText.java
*/
import java.awt.*;
import java.applet.*;
public class ScrollText extends Applet implements Runnable {
    Thread scrollThread = null;
    int bannerHeight = 20, maxWidth, maxHeight;
    public String message;
    int messageX = 0,messageY = 0,messageW = 0,scrollUnit = 5;
    public Font messageF;
    Image textImage;
    Graphics textGC;
    static boolean loaded = false;
    public void init() {
        Dimension d = getSize();
        maxWidth = d.width-4;
        maxHeight = d.height;
        setBackground(Color.lightGray);
        try {
                message = getParameter("ScrollText");
        } catch (Exception e) {
                System.out.println(e);
        }
        createBannerParams();
    }
    public void start() {
        if(scrollThread == null) {
            scrollThread = new Thread(this);
            scrollThread.start();
            loaded = true;
        }
    }

    public void stop() {
        if((scrollThread != null) && scrollThread.isAlive()) {
            scrollThread.stop();
        }
        loaded = false;
```

```
        messageX = maxWidth;
        scrollThread = null;
    }
    public void run() {
        Thread me = Thread.currentThread();
        me.setPriority(Thread.MIN_PRIORITY);
        textImage = createImage(maxWidth, bannerHeight);
        textGC = textImage.getGraphics();
        repaint();
        while(scrollThread == me) {
            while(loaded){
                nextPos();
                try {
                    Thread.sleep(200);
                } catch(InterruptedException e) {}
            }
        }
    }
    public void create3D(Graphics g) {
        g.setColor(Color.white);
        g.drawLine(0, 0, 0, bannerHeight);
        g.drawLine(0, 0, maxWidth, 0);
        g.setColor(Color.black);
        g.drawLine(maxWidth+1, bannerHeight+1, maxWidth+1,0);
        g.drawLine(maxWidth+1, bannerHeight+1, 0, bannerHeight+1);
    }
    public synchronized void update(Graphics g) {
        if(loaded) {
            textGC.setColor(Color.blue);
            textGC.fillRect(1, 1, maxWidth-1, bannerHeight-1);
            textGC.setColor(Color.black);
            textGC.drawString(message, messageX+2, messageY+2);
            textGC.setColor(Color.white);
            textGC.setFont(messageF);
            textGC.drawString(message, messageX, messageY);
            g.drawImage(textImage, 0, 0, this);
            create3D(g);
        }
    }
```

```
    public synchronized void nextPos() {
        messageX -= scrollUnit;
        if((messageX + messageW) < 0) {
            messageX = maxWidth;
        }
        repaint();
    }
    public void createBannerParams() {
        int w, h, refH = 14;
        w = maxWidth;
        h = bannerHeight;
        Font tf = new Font("TimesRoman", Font.BOLD, refH);
        setFont(tf);
        FontMetrics tfm = getFontMetrics(tf);
        int fh = tfm.getHeight();
        fh = refH*(h-2)/fh;
        messageF = new Font("TimesRoman", Font.BOLD, fh);
        FontMetrics fm = getFontMetrics(messageF);
        fh = fm.getHeight();
        messageX = w;
        messageY = ((h-fh) >> 1) + fm.getAscent();
        messageW = fm.stringWidth(message);
    }
}
```

该程序使用与上一程序相同的技术移动字符串，只是增加了获取字符串的方法。程序用getParameter()方法从 HTML 文档中获取字符串，文档中<applet>标签的参数名为 ScrollText。为了便于理解下面给出对应的 HTML 文档。

```
<html><body><center>
<applet code="ScrollText.class" width = 500 height = 75>
<param name="ScrollText" value="Hello World!...Welcome to Java World"></applet>
</center></body></html>
```

小结：Java 的类提供了对多媒体应用的支持。本章介绍了 Graphics 类，它提供了基本的二维绘图方法，还提供了方法来设置绘图颜色、绘图模式和绘图坐标等参数，这些参数都直接影响绘图的效果。

利用 Grahpics 类的几个 drawImage()方法可以非常灵活地控制图像显示。利用计算机也可以生成图像，这时涉及到 MemoryImageSource 类和 createImage()方法。图像处理的其他技术，如图像过滤等技术与 java.awt.image 包有关。

声音的播放方法比较简单，在 Applet 类和 AudioClip 类中都定义了播放声音的方法，但 AudioClip 类中提供的方法可以更加方便地控制播放方式。

讨论了实现动画的基本技术，使用双缓存技术，进行屏外作图不但可以消除动画的闪烁现象，而且还可以提高动画的刷新速度。

讨论了参数，这些参数都直接影响绘图的效果。

Grahpics 类中几个 drawImage()方法可以非常灵活地控制图像显示。利用计算机也可以生成图像，这时涉及到 MemoryImageSource 类和 createImage()方法。图像过滤就是修改源图像的各个像表而得到新的图像，这与 FilteredImageSource 类及其子类有关。

声音的播放方法比较简单，Applet 类和 AudioClip 类都有播放声音的方法，但 AudioClip 类提供的方法控制更加方便。

最后讨论了实现动画的基本技术，使用双缓存技术，进行屏外作图不但可以消除动画的闪烁现象，而且还可以提高动画的刷新速度。

习　题

1．对于一个已经存在的 Image 对象，如何得到它的一个局部图像。

2．对于一个已经存在的 Image 对象，如何得到它的一个缩放的 Image 对象。

3．编写程序，对一个彩色图像进行灰度变换。

4．搜集资料，写一篇关于 java3D 技术的小综述。

5．用以下程序绘制图片失败，请找出原因。

```
/**
    源程序：TestGraphics.java
*/
import java.awt.*;
import java.awt.image.*;
import javax.swing.*;
public class TestGraphics extends Canvas {
        Graphics gra;
        Toolkit kit;
        JFrame frame;
        Image image,img;
        int width=500, height=500;
        public testGraphics(){
        frame = new JFrame("test graphics");
        frame.add(this);
        frame.setSize(width,height);
        frame.setDefaultCloseOperation(JFrame.EXIT_ON_CLOSE);
        kit = Toolkit.getDefaultToolkit();
        img = kit.getImage("1.gif");
        frame.setVisible(true);
        image = createImage(width, height); //创建一副图片
        try {
            gra = image.getGraphics(); //获得此图片绘制对象
            gra.setColor(Color.red);
            gra.fillRect(0, 0, width, height);
            gra.setColor(Color.black);
            gra.drawString("此处绘制图片!",120,120);
            gra.drawImage(img,120,210,this);
        }
        finally {
            gra.dispose();
```

```
        }
        }
        public void paint(Graphics g){
        g.drawImage(image,0,0,this); //绘制指定图片
    }
    public static void main(String args[]){
        TestGraphics t = new TestGraphics();
    }
}
```

第 13 章　AWT 事件处理

在基于 AWT 的 GUI 程序中，用户可以对 Java 部件直接进行操作，从而发出命令，控制程序的执行流向。要实现这种目的，应用程序必须捕获事件，进行相应处理。不同的 Java 部件可以产生不同事件，本章将介绍部件与事件之间的关系和有关事件的处理方法。

13.1　事 件 定 义

13.1.1　事件

当用户对 GUI 界面进行操作时，就将引发一个事件。事件直接来源于用户对 AWT 部件的操作，不同的部件将产生不同的事件。如鼠标单击按钮部件，将产生一个 ActionEvent 事件，该事件是一个对象，它包含了该事件的状态信息：

- ✧ 动作命令　与该动作相关的命令名；
- ✧ 修饰符　在动作期间是否有 shift, ctrl, alt 等修饰键被按下。

这些信息是进行事件处理，实现程序与用户交互性所必须的基本信息。Java 对用户动作引发的事件进行分类，为不同的事件定义相应的类，这些类封装了对事件的描述信息，为进行事件处理作好准备。一旦引发了事件，就必须进行相应事件的处理，以完成程序与用户的交互作用。

在以前的版本中，使用等级事件模型(Hierarchal Event Model)。这种模型以容器为基础，事件产生后，首先被传递给相关的部件，如果部件没有处理该事件，则事件被自动传递给部件的上层容器，如果仍然没有被处理，则继续传递给再上一层的容器，直到事件被某一容器处理或达到最外层容器而被丢弃。如图 13-1 所示，图中有一个 Frame 窗口容器，其中放置了一个 Panel，再在 Panel 上放置了一个 Button 部件，当鼠标单击按钮后，将产生一个动作事件，该事件首先被传递给按钮部件，如果事件没有被处理，则被传递给按钮的上层容器 Panel，如果仍然没有被处理，则事件将传递给 Frame 窗口，如果窗口也没有处理该事件，则事件将被丢弃。

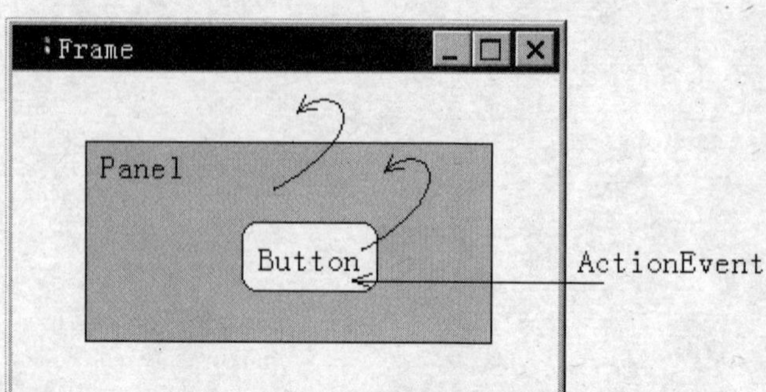

图 13-1　等级事件模型示意图

等级事件模型符合纯面向对象的事件处理思想。在纯面向对象的事件处理方法中，事件处理被分布在 GUI 程序中，每一个产生事件的部件自己负责处理事件。但这样带来两个缺点：

- ✧ 为了处理事件，必须生成部件的子类来捕获事件，或者把事件交给上层容器处理，这样上层容器不得不设计一个庞大的方法来处理众多的事件。
- ✧ 不能用非常简单的方法来筛选事件。

13.1.2 事件源和事件处理器

事件源：产生事件的对象；

事件处理器（监听器）：负责处理事件的方法。

而事件对象用于在事件源与事件处理器间传递信息的桥梁。它们之间的关系是：当事件源产生事件时，通过事件调用监听器相应的事件处理方法。

现在的 JDK 版本使用委托事件模型(Delegation Event Model)。在委托事件模型中，事件不但被传送给产生事件的部件，而且还传送给所有希望收到事件的其他部件或容器，这些部件或容器已注册为事件处理者，又称这些部件或容器为事件监听者(listener)。任何一个部件或容器都可以声明是某种事件的监听者，即任何一个部件或容器都可以处理某种事件，这样，产生事件的部件就可以把事件托付给另一个类处理。委托事件模型有几个好处：

- ✧ 容易生成过滤类来对事件进行分类。
- ✧ 更有利于在类之间分配事件处理工作。
- ✧ 事件处理者明确。在等级模型中，事件从部件向上层容器传递，不能预见事件将在哪一级被处理，即事件处理具有偶然性。
- ✧ 委托模型支持 JavaBeans。

说明：JavaBeans 是 Java 的另一个项目，其目的是连接 Java 部件到其他基于部件的结构中，如 Microsoft 的 ActiveX 和 Netscape 的 LiveConnect 等。JavaBeans 使 Java 程序可以集成到非 Java 应用程序中，从而扩展 Java 的用途。

当然委托模型也有不利的因素：

- ✧ 更加复杂，理解更困难，特别是刚开始的时候。
- ✧ 把旧版事件处理的代码改成新版事件处理的代码很困难。
- ✧ 新版本除支持委托事件模型外，仍然支持等级事件模型，但是两种事件模型不混在一起使用。

下面一节将详细介绍委托事件模型的机制。

13.2 委托事件模型

委托事件模型包括建立监听器，注册事件源并进行事件处理三个操作。事件源产生一个事件，并把这个事件发送到一个或多个监听程序，监听程序只是等待这个事件并处理它，然后返回。即程序把事件的处理“委托”给一段“代码”。监听程序必须注册一个事件源，才能接收这个事件，这个过程是自动的。监听程序必须实现接收和处理这个事件的方法。

例 13.1 以下例程实现了委托事件模型的操作过程。

```
/**
   源程序： MyWin.java
*/
importjava.awt.*;
importjava.awt.event.*;//事件包
importjavax.swing.*;
public class MyWin extends JFrame{
    public MyWin(Stringtitle){
        super(title);
        addWindowListener(new MywinEvent(this));
        //注册窗口监听程序
        /**
           new MywinEvent()是继承了 WindowAdapter 适配器
           WindowAdapter 实现了 WindowListener 接口
        */
    }
    JButton jbt;
    Color cl=Color.RED;
    void setMyMenu(){
        JMenuBar jmb=new JMenuBar();
        JMenu jmn=new JMenu("文件");
        JMenuItem jmi=new JMenuItem("退出");
        jmn.add(jmi);
        jmb.add(jmn);
        setJMenuBar(jmb);
        jmi.addActionListener(new MyactionEvent(this));
        //注册动作事件
    }
    voidsetMybutton(){
        Containerct=super.getContentPane();
        jbt=new JButton("单击");
        jbt.setBackground(cl);
        ct.add(jbt,BorderLayout.CENTER);
        jbt.addMouseListener(newMymouseEvent(this));
        //注册鼠标事件
    }
    public void main(Stringargs[]){
```

```
            MyWinmw=new MyWin("事件--演示");
            mw.setMyMenu();
            mw.setMybutton();
            mw.pack();
            mw.setVisible(true);
        }
    }
    //定义窗口监听程序
    //Program MywinEvent.java
    class MywinEvent extends WindowAdapter{
        MyWinmywin;
        public MywinEvent(MyWinmywin){
            this.mywin=mywin;
        }
        public void windowClosing(WindowEvent we){
            System.exit(0);
        }
    }
    //定义动作监听程序
    //Program MyactionEvent.java
    class MyactionEvent implements ActionListener{
        MyWinmywin;
        public MyactionEvent(MyWinmywin){
            this.mywin=mywin;
        }
        public void action Performed(ActionEvent ae){
            System.exit(0);
        }
    }
    //定义鼠标监听程序
    //MymouseEvent.java
    class MymouseEvent implements MouseListener{
        MyWinmywin;
        public MymouseEvent(MyWinmywin){
            this.mywin=mywin;
        }
        public void mouseClicked(MouseEvent me){
            if(me.getSource==mywin.jbt)
                if(mywin.jbt.getBackground()!=Color.BLUE){
```

```
                mywin.jbt.setBackground(Color.BLUE);
                mywin.repaint();
            }else{
                mywin.jbt.setBackground(Color.RED);
                mywin.repaint();
            }
        }
        public void mouseEntered(MouseEvent me){}
        public void mouseExited(MouseEvent me){}
        public void mousePressed(MouseEvent me){}
        public void mouseReleased(MouseEvent me){}
}
```

13.3 事件类型

Java 的事件处理机制既可分布处理事件，也可集中处理事件。

Java 定义了 AWTEvent 类，它是 AWT 中所有事件的根类，这些类的层次关系如图 13-2 所示。

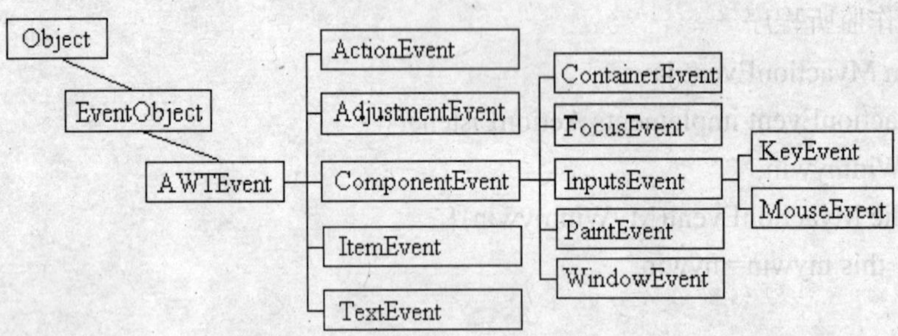

图 13-2 AWTEvent 类及其子类关系图

图中包含了 AWT 的所有事件类，这些事件类的定义都在新引入的 java.awt.event 包中，其中 ComponentEvent 类是所有部件级事件的根类，除定义了部件级事件的共同行为外，还能产生部件移动和部件尺寸变化事件，但这些事件一般不由应用程序处理，而由 Java 内部自动完成处理工作。与 ComponentEvent 类相似的还有其他几个部件级事件，如 ContainerEvent、PaintEvent、WindowEvent 和 InputEvent，应用程序一般不处理这些事件。应用程序需要处理的事件有：ActionEvent 类、ItemEvent 类、TextEvent 类、AdjustmentEvent 类、FocusEvent 类及 KeyEvent 类和 MouseEvent 类，在这些事件类中还定义有更详细的各种事件，如键盘事件在 KeyEvent 类中还定义有键被按下和释放事件等。下面我们分别进行介绍。

13.3.1 ActionEvent 事件

即动作事件。Button、TextField 和 List 部件都可以产生 ActionEvent 事件。

ActionEvent 类封装了处理事件的信息，其中常量 ACTION_PERFORMED 是 ActionEvent 事件的识别码(ID)，Java 中每个 AWT 事件都有一个唯一的识别码，它是区别不同事件类型的依据。还定义了常量 SHIFT_MASK、CTRL_MASK、ALT_MASK 和 META_MASK，统称为修饰符(Modifiers)，表示在产生 ActionEvent 事件时是否同时按动了这些键，其中 meta 是特殊平台按键，如鼠标右键。

ActionEvent 类还定义了一些处理事件的方法，其中 getActionCommand()是一个常用方法，它获取与部件相关的命令字，其含义就是：部件产生一个 ActionEvent 事件等同于发布了一个动作命令。命令字使用与部件密切相关的字符串，这样可以保证命令字具有唯一性。如果 Button 部件产生一个 ActionEvent 事件，则命令字就是 Button 部件的标签，如果是 List 和 TextField 部件，则命令字分别是选择项和输入字符串。

所有的事件类都定义了 paramString()方法，它返回事件种类和命令字。

13.3.2 ItemEvent 事件

即可选项目事件，Checkbox, Choice 和 List 部件都可以产生 ItemEvent 事件。常量 ITEM_STATE_CHANGED、SELECTED 和 DESELECTED，分别表示选项状态改变、被选中状态和选中状态被取消。

getItem() 返回一个 Object 对象，一般为选中项目字符串或索引号等。

getItemSelectable() 返回具有可选项目的对象，可用它来区别事件是由 Checkbox,Choice 部件产生，还是由 List 部件产生。

getStateChange() 返回状态改变的类型。

13.3.3 TextEvent 事件

即文字事件，由 TextComponent、TextArea 和 TextField 部件产生。

TextEvent 类只定义了 TEXT_VALUE_CHANGED 事件，在 TextArea 和 TextField 部件中每次输入或编辑一个字符都将产生 TEXT_VALUE_CHANGED 事件。

TextEvent 类只定义了 paramString()方法。

13.3.4 键盘事件

即 KeyEvent 事件，所有部件都可以产生键盘事件。键盘事件和鼠标事件都是 InputEvent 事件的子类，在 InputEvent 类中定义了键盘事件和鼠标事件的共同行为，所以先了解 InputEvent 类，这定义了一些常用方法：

isShiftDown(), isControlDown(), isMetaDown(), isAltDown()返回某个特定修饰符是否被按下。

getModifiers() 返回修饰符。

getWhen() 返回产生输入事件的时间，以毫秒单位。

KeyEvent 类在 InputEvent 类上扩展了很多常量和方法，它除定义了 KEY_PRESSED、KEY_RELEASED 和 KEY_TYPED 事件外，还定义了与键盘对应的每个按键的键值，由于数量众多，不能一一说明。下面是常用方法：

getKeyCode() 返回按键的 Unicode 码，所有按键都有对应的 Unicode 码。

getKeyChar() 返回字符，有些按键没有可显示字符，如功能键。
getKeyText() 返回对按键描述的字符串，如"HOME", "F1", "A"等
getKeyModifiersText() 返回对修饰符的描述字符串，如"Shift", "Alt"等。

13.3.5 鼠标事件

即 MouseEvent 事件，所有部件都可以产生鼠标事件。
MouseEvent 类定义的常量含义如下：

- ✧ MOUSE_CLICKED 指按动鼠标按键，按动数可用 getClickCount()方法获得。
- ✧ MOUSE_PRESSED 表示按下鼠标键。
- ✧ MOUSE_RELEASED 表示释放鼠标按键。
- ✧ MOUSE_MOVED 表示移动鼠标。
- ✧ MOUSE_ENTERED 表示鼠标移入部件
- ✧ MOUSE_EXITED 表示鼠标离开部件
- ✧ MOUSE_DRAGGED 表示拖动鼠标，即按下鼠标键，在不释放的情况下，移动鼠标。

用方法 getX(), getY()和 getPoint()可以获得产生鼠标事件时，鼠标所在位置的坐标。

13.3.6 AdjustmentEvent 事件

即可调整事件，Scrollbar 部件产生该事件。

主要常量的含义为：

- ✧ ADJUSTMENT_VALUE_CHANGED 表示游标位置发生变化。
- ✧ UNIT_INCREMENT,UNIT_DECREMENT 表示鼠标单击滚动条增加或减少按钮。
- ✧ BLOCK_DECREMENT, BLOCK_INCREMENT 表示鼠标单击滚动条上非游标及非按钮的地方。
- ✧ TRACK 表示用鼠标拖动游标。

定义的主要方法有：
getAdjustable() 返回滚动条对象
getValue() 返回游标的位置

13.3.7 焦点事件

即 FocusEvent 事件。焦点的含义就是当一个部件获得焦点后，可以接受键盘操作。在整个 GUI 中，任一时刻只有一个部件处于焦点状态，使用 Tab 键可以让焦点在部件之间移动，也可以用鼠标单击，让某个部件获得焦点。

焦点事件有两种变化情况，即焦点的永久变化和暂时变化。永久变化指焦点从一个部件直接移动到另一个部件，这时焦点发生永久变化，如部件使用 requestFocus()方法请求焦点，或者用户使用 Tab 键改变焦点，这时都发生永久变化。焦点暂时变化指对部件进行非直接操作，而导致部件获得或失去焦点，如窗口因为被覆盖而变成非活动状态时，窗口中原来处于焦点状态的部件将失去焦点，当窗口又成为活动窗口时，Java 系统负责使该部件获得焦点。

焦点事件也往往由系统负责它的传递和处理，如用户按动 Tab 键时，焦点依次在各部件之间移动，这些工作都自动完成。对于应用程序来说，一般是在初始化或进行某些操作后，使用 requstFocus()方法来确定焦点的位置。

13.3.8 事件接口

Java 用两种不同的方法来处理事件，即：

- ✧ 生成部件的子类，覆盖 processEvent()方法或其他方法来处理事件（与等级事件模型中处理事件的方法类似）。
- ✧ 声明实现某种事件接口，使该类成为收听者，再由产生事件的部件指定收听者处理该事件。

下面分别进行介绍。

(1) 用覆盖方法处理事件

在 Component 类中定义了很多与事件处理有关的方法，其中 processEvent() 方法最为重要，因为它是事件产生后，最先调用的方法。在 processEvent()方法中并没有具体处理事件，只是经简单事件判断后，再调用相应的处理方法，如判断是鼠标事件后，则调用 processMouseEvent()方法来处理事件。在 processMouseEvent()方法中，如果发现存在事件收听者就把事件交给收听者处理，否则不进行任何处理工作。

键盘事件处理 processKeyEvent()和鼠标事件 processMouseMotionEvent()处理方法在 processEvent()方法中被调用，它们是与键盘事件和鼠标事件有关的方法都不处理这些事件。所以应用程序可以覆盖上述方法中的某一个方法，完成事件处理。

在 processEvent()中，根本就没有涉及到事件 ActionEvent, ItemEvent, AdjustmentEvent 和 TextEvent，也没有定义相应的处理方法，所以对这些事件的处理方法与键盘和鼠标事件稍有差别。事件的处理方法归纳为三步：

1．用 Component 类的方法 enableEvents()让上述几种事件使能（即处于可处理状态）。

2．生成部件的子类，选择覆盖方法，完成具体事件处理。

对于 KeyEvent 和 MouseEvent 事件，覆盖方法可以选择如下两种：

- ✧ 覆盖 porcessEvent()
- ✧ 或者覆盖 processKeyEvent()键盘事件方法，覆盖 processMouseEvent()鼠标事件和 processMouseMotionEvent()鼠标事件方法。

对于 ActionEvent,ItemEvent,AdjustmentEvent 和 TextEvent，只能覆盖 processEvent()

3．在覆盖的方法中，必须进行判断，如果不是应用程序需要处理的事件，则必须调用父类的相应方法，来保证该事件能被正确处理。例如在覆盖 processEvent()时，不是需要的事件，则调用 super.processEvent()。

enableEvents()方法需要的参数是 AWTEvent 类中定义的常量定义如下：

COMPONENT_EVENT_MASK	CONTAINER_EVENT_MASK
FOCUS_EVENT_MASK	KEY_EVENT_MASK
MOUSE_EVENT_MASK	MOUSE_MOTION_EVENT_MASK

WINDOW_EVENT_MASK	ACTION_EVENT_MASK
ADJUSTMENT_EVENT_MASK	ITEM_EVENT_MASK
TEXT_EVENT_MASK	RESERVED_ID_MAX

说明：从 AWTEvent 类中定义常量可知，用覆盖 processEvent()的方法不但可以处理上述事件，还可以处理 WindowEvent, ComponentEvent, ContainerEvent, FocusEvent 等事件。但前面分析指出，这些事件一般由系统处理，如有必要也可以覆盖 processEvent()来处理。

例 13.2 下面我们用实例程序来说明键盘事件和鼠标事件的处理方法。

```
/**
    源程序： KeyMouse.java
*/
import java.awt.*;
import java.awt.event.*;
import java.applet.*;
public class KeyMouse extends Applet {
    public void init() {
        MyButton b = new MyButton("Button");
        setLayout(new BorderLayout());
        add("North",b);
        validate();
        b.requestFocus();
    }
}
class MyButton extends Button {
    MyButton(String b) {
        super(b);
        enableEvents(AWTEvent.KEY_EVENT_MASK);
        enableEvents(AWTEvent.MOUSE_EVENT_MASK);
        enableEvents(AWTEvent.MOUSE_MOTION_EVENT_MASK);
    }
    public void processKeyEvent(KeyEvent e) {
      if(e.getID() == KeyEvent.KEY_PRESSED) {
        int code = e.getKeyCode();
        int m = e.getModifiers();
        System.out.println("\n----------------------- Key");
        System.out.println("getKeyChar():\t"+e.getKeyChar());
        System.out.println("getKeyCode():\t" + code);
        System.out.println("getKeyText():\t" + e.getKeyText(code));
```

```
            System.out.println("getModifiers():\t" + m);
            System.out.println("getKeyModifiersText():\t" + e.getKeyModifiersText(m));
        } else super.processKeyEvent(e);
    }
    public void processMouseEvent(MouseEvent e) {
        System.out.println("\n---------------------- Mouse");
        System.out.println(e.paramString());
        super.processMouseEvent(e);
    }
    public void processMouseMotionEvent(MouseEvent e) {$EFX$
        System.out.println("\n------------------ MouseMotion");
        System.out.println(e.paramString());
        super.processMouseMotionEvent(e);
    }
}
```

程序定义了一个新类 MyButton，它使能了键盘和鼠标事件，覆盖了 processKeyEvent()方法捕获并处理 KEY_PRESSED 事件，用来显示被按下的键值或修饰符等，为了说明 KeyEvent 类中方法的不同含义，程序使用了不同的方法来显示按键信息。程序还要处理鼠标事件，所以覆盖了 processMouseMotionEvent()方法和 processMouseEvent()方法，前一种方法只处理 MOUSE_MOVED 和 MOUSE_DRAGGED 两种鼠标事件，其余鼠标事件由后一种方法处理。

提示：这些事件类在 java.awt.evnet 包中定义，所以程序用 import 引入该包的所有类。

例 13.3 以它为 Button 按钮可以产生 ActionEvent 事件例来说明这类事件的处理方法。

```
/**
    源程序：EventTest1.java
*/
import java.awt.*;
import java.awt.event.*;
import java.applet.*;
public class EventTest1 extends Applet {
    public void init() {
        add(new MyButton("Left Button"));
        add(new MyButton("Right Button"));
    }
}

class MyButton extends Button {
    public MyButton(String b) {
```

```
            super(b);
            enableEvents(AWTEvent.ACTION_EVENT_MASK);
        }
        public void processEvent(AWTEvent e) {
            ActionEvent ae;
            String arg;
            if(e instanceof ActionEvent) {
                ae = (ActionEvent) e;
                arg = ae.getActionCommand();
                if ("Left Button".equals(arg)) {
                    System.out.println("Press Left Button");
                    return;
                } else if ("Right Button".equals(arg)) {
                    System.out.println("Press Right Button");
                    return;
                }
            }
            super.processEvent(e);
        }
    }
```

程序生成左右两个按钮，当用户单击按钮时，将显示按动的是左按钮还是右按钮。程序定义一个全新的 Button 子类，且覆盖了 processEvent()方法。在 MyButton 类的构造方法中除调用父类构造方法外，还调用了 enableEvents()使 ActionEvent 事件使能。在 processEvent()方法中首先用 instanceof 判断是否为 ActionEvent 事件，如果是，则用 getActionCommand()获得命令字串，再进一步处理事件，然后返回。如果不是，则用 super.processEvent()调用父类的处理方法，保证其他事件也能被正确处理。

(2) 实现接口处理事件

在 JDK 现在的事件处理机制中，引入了收听者(listener)的概念，一个收听者就是某个事件的处理者。一个部件或容器要成为收听者，只需在定义该部件或容器的子类时，声明实现某个事件收听接口即可。一个类可以声明实现多个收听接口，即它可以是多个事件的收听者。然后，部件就可以为某种事件指定一个收听者，一旦建立了事件与收听者的联系，即意味着：该部件产生的事件将由它指定的收听者来处理。收听者实现的接口与事件是一一对应的，其关系如表 13-1 所示。

收听者必须实现接口定义的方法，在这个方法进行具体的事件处理工作。

接下来说明部件与收听者如何建立或撤消联系。在部件类中定义有增加收听者的方法，这些方法名是在收听接口名称前加上 add 前缀，而撤消则是加上 remove 前缀。如在 Button 类中定义的方法为：

public synchronized void addActionListener(ActionListener l);

public synchronized void removeActionListener(ActionListener l);

至于其他部件定义的方法，在讲解程序时进行说明。

表 13-1 事件与接口

事件	接口名	接口定义的方法
Action	ActionListener	actionPerformed(ActionEvent)
Item	ItemListener	itemStateChanged(ItemEvent)
Mouse Motion	MouseMotionListener	mouseDragged(MouseEvent) mouseMoved(MouseEvent)
Mouse Button	MouseListener	mousePressed(MouseEvent) mouseReleased(MouseEvent) mouseEntered(MouseEvent) mouseExited(MouseEvent) mouseClicked(MouseEvent)
Key	KeyListener	keyPressed(KeyEvent) keyReleased(KeyEvent) keyTyped(KeyEvent)
Focus	FocusListener	focusGained(FocusEvent) focusLost(FocusEvent)
Adjustment	AdjustmentListener	adjustmentValueChanged(AdjustmentEvent)
Component	ComponentListener	componentMoved(ComponentEvent) componentHidden(ComponentEvent) componentResized(ComponentEvent) componentShown(ComponentEvent)
Window	WindowListener	windowClosing(WindowEvent) windowOpened(WindowEvent) windowIconified(WindowEvent) windowDeiconified(WindowEvent) windowClosed(WindowEvent) windowActivated(WindowEvent) windowDeactivated(WindowEvent)
Container	ContainerListener	componentAdded(ContainerEvent) componentRemoved(ContainerEvent)
Text	TextListener	textValueChanged(TextEvent)

这种处理事件的方法非常灵活。下面仍然以 Button 为例来说明如何灵活地进行事件处理。

例 13.4 以 Button 为例来说明如何灵活地进行事件处理。

```
/**
    源程序：EventTest2.java
*/
import java.awt.*;
import java.awt.event.*;
import java.applet.*;
public class EventTest2 extends Applet {
    public void init() {
        add(new MyButton("Left Button"));
        add(new MyButton("Right Button"));
    }
}
class MyButton extends Button implements ActionListener{
    public MyButton(String b) {
        super(b);
        addActionListener(this);
    }
    public void actionPerformed(ActionEvent e) {
        String arg = e.getActionCommand();
        if ("Left Button".equals(arg)) {
            System.out.println("Press Left Button");
        } else if ("Right Button".equals(arg)) {
            System.out.println("Press Right Button");
        }
    }
}
```

这个程序让按钮部件自己处理事件。程序中定义了一个 Button 的子类，该类声明实现接口 ActionListener，并且用 addActionListener()指定本身就是事件的收听者，即 MyButton 类既是 ActionEvent 事件的产生者，又是 ActionEvent 事件的处理者。MyButton 类实现了 actionPerformed()，在其中进行了事件处理。

说明：当声明实现 ActionListener 接口后，系统自动使能 ActionEvent 事件，不必调用 enableEvents()方法，同时，在 actionPerformed()方法也不必调用其父类的方法。其他事件处理与此类似。

例 13.5 下面的程序由按钮的上层容器处理事件。

```
/**
   源程序：EventTest3.java
*/
import java.awt.*;
import java.awt.event.*;
import java.applet.*;
public class EventTest3 extends Applet implements ActionListener{
    Button left, right;
    public void init() {
        left = new Button("Left Button");
        right = new Button("Right Button");
        left.addActionListener(this);
        right.addActionListener(this);
        add(left);
        add(right);
    }
    public void actionPerformed(ActionEvent e) {
        String arg = e.getActionCommand();
        if ("Left Button".equals(arg)) {
            System.out.println("Press Left Button");
        } else if ("Right Button".equals(arg)) {
            System.out.println("Press Right Button");
        }
    }
}
```

EventTest3 类在定义中声明实现 ActionListener，则成为 ActionEvent 事件的收听者，程序只有部件 Button 产生 ActionEvent 事件，所以 Button 产生的事件将交给它的容器来处理。

通过对两种事件处理方法的分析，后一种方法更具优点，因此，以后的程序将更多地采用后一种事件处理方法。

13.4 事件处理

不同的部件可以产生不同的事件，对于事件的处理方法不外乎上面介绍的两种，但针对具体的部件，还是有一些细微的差别。下面我们针对每个部件详细介绍各自的事件处理方法。

13.4.1　GUI 行动

1．Button 部件与事件

虽然在讲解事件处理时已经懂得了对 Button 产生事件的处理方法，但我们仍然坚持再给出一个稍微复杂点的程序，来帮助读者把事件综合起来。

例 13.6 以 Button 为例来说明如何综合地进行事件处理。

```
/**
    源程序：ButtonEvent.java
*/
import java.awt.*;
import java.awt.event.*;
import java.applet.*;
public class ButtonEvent extends Applet implements ActionListener {
    Label NumDisp = new Label("    0    ", Label.CENTER);
    int num = 0;
    Button btReset, btStart;
    public void init() {
        setLayout(new BorderLayout());
        Panel p = new Panel();
        p.setLayout(new GridLayout(1,2));
        btReset = new Button("Reset");
        btStart = new Button("Start");
        btReset.addActionListener(this);
        btStart.addActionListener(this);
        btReset.setEnabled(false);
        p.add(btReset);
        p.add(btStart);
        add("South", p);
        validate();
        btStart.requestFocus();
        NumDisp.setFont(new Font("Courier", Font.BOLD, 60));
        add("Center", NumDisp);
    }
    public void actionPerformed(ActionEvent e) {
        String arg = e.getActionCommand();
        if ("Reset".equals(arg)) {
            NumDisp.setText("0");
            num = 0;
```

```
                btReset.setEnabled(false);
                btStart.setEnabled(true);
            }else if ("Start".equals(arg)) {
                btReset.setEnabled(true);
                btStart.setEnabled(false);
                btStart.invalidate();
                numstart();
            }
        }
        public void numstart() {
            for(int i=0;i<=100;i++){
                NumDisp.setText(Integer.toString(num));
                num++;
                try { Thread.sleep(100); } catch (Exception e) {};
            }
        }
    }
```

程序设计了两个按钮 start 和 reset，按动 start 程序开始计数到 100，可再用 reset 复位后重新计数。用 Label 部件来显示计数信息。程序初始化时用 requestFocus()请求焦点，使该程序可以用键盘操作两个按钮。

说明：当按键处于焦点状态时，按空格键（不是回车键）与鼠标单击按钮一样，都将产生 ActionEvent 事件。

2．Checkbox 部件与事件

Checkbox 部件有普通检查框和互斥检查框两种，它们都产生 ItemEvent 事件。 声明实现 ItemListener 接口即可处理两种检查框产生的事件。

例 13.7 下面的程序演示对 ItemEvent 的处理。

```
/**
    源程序：CheckboxEvent.java
*/
import java.awt.*;
import java.awt.event.*;
import java.applet.*;
public class CheckboxEvent extends Applet implements ItemListener {
    Label Display = new Label("Hello World", Label.CENTER);
    CheckboxGroup cbg;
    Checkbox cbFancy, cbTimes, cbItalic, cbBold;
    boolean bTimes = false;
    boolean bItalic = false;
```

```
    boolean bBold = false;
    public void init() {
        cbg = new CheckboxGroup();
        cbFancy = new Checkbox("Fancy Font", cbg, true);
        cbTimes = new Checkbox("TimesRoman Font", cbg, false);
        cbFancy.addItemListener(this);
        cbTimes.addItemListener(this);
        cbItalic = new Checkbox("Italic");
        cbBold = new Checkbox("Bold");
        cbItalic.addItemListener(this);
        cbBold.addItemListener(this);
        setLayout(new BorderLayout());
        Panel p = new Panel();
        p.setLayout(new GridLayout(2, 2));
        p.add(cbFancy);
        p.add(cbTimes);
        p.add(cbItalic);
        p.add(cbBold);
        add("South", p);
        validate();
        cbFancy.requestFocus();
        Display.setFont(new Font("Fancy", Font.PLAIN, 60));
        add("Center", Display);
    }
    public void itemStateChanged(ItemEvent e) {
        String str = (String)e.getItem();
        Checkbox cb =   (Checkbox)e.getItemSelectable();
        if(str.equals("Fancy Font")) {
            bTimes = false;
        } else if(str.equals("TimesRoman Font")) {
            bTimes = true;
        } else if(str.equals("Italic")) {
            bItalic = cb.getState();
        } else if(str.equals("Bold")) {
            bBold = cb.getState();
        }
        DisplayChange();
    }
    public void DisplayChange() {
```

```
        String strFont;
        int[] styleValues = {Font.PLAIN, Font.ITALIC,
                            Font.BOLD, Font.ITALIC|Font.BOLD};
        int i=0;
        if(bTimes) strFont = "TimesRoman";
        else strFont = "Fancy";
        if(bItalic) {
            if(bBold) i = 3;
            else i = 1;
        } else if(bBold) i = 2;
            else i = 0;
        Display.setFont(new Font(strFont,styleValues[i],60));
        Display.setText("Hello World");
    }
}
```

程序在容器的下部放置了两组 Checkbox，一组用于选择显示字体，是互斥选项；另一组用于选择显示风格，是非互斥选项。类 CheckboxEvent 定义中声明实现 ItemListener 接口，并且在生成 Checkbox 对象后，使用 addItemListener()方法指定了收听者， 因此建立了事件产生者与收听者的联系。itemStateChanged()方法是 ItemListener 接口定义的方法，即成为本程序处理 ItemEvent 事件的地方。在处理字体选项（互斥检查框）时，如获得选项字符串为"Fancy Font"，则可确定该选项被选中，所以用 getItem()获得选项即可。但对于字体风格（普通检查框）的处理则复杂一些，因为获得选项字符串后，还必须区别该选项是处于选中状态还是非选中状态，所以，程序中首先用 ItemEvent 类的 getItemSelectable( ) 确定 Checkbox 对象，再用 Checkbox 类的 getState()确定该选项处于的状态。这也是互斥检查框与普通检查框在处理上的区别。

3．Choice 部件与事件

Choice 部件将产生 ItemEvent 事件，因此处理上与 Checkbox 部件相似。

例 13.8 下面的程序演示对 Choice 部件将产生 ItemEvent 事件的处理。

```
/**
    源程序：ChoiceEvent.java
*/
import java.awt.*;
import java.awt.event.*;
import java.applet.*;
public class ChoiceEvent extends Applet implements ItemListener {
    Label Display = new Label("Hello World", Label.CENTER);
    public void init() {
        String[] strFont = {"Fancy", "TimesRoman", "Courier",
```

```
                                    "Sanserif", "Serif", "Monospaced"};
        setLayout(new BorderLayout());
        Choice fontChoice = new Choice();
        for(int i=0; i<6; i++) {
            fontChoice.addItem(strFont[i]);
        }
        fontChoice.select(strFont[0]);
        fontChoice.addItemListener(this);
        add("East", fontChoice);
        validate();
        fontChoice.requestFocus();
        Display.setFont(new Font(strFont[0], Font.ITALIC, 40));
        add("Center", Display);
    }
    public void itemStateChanged(ItemEvent e) {
        Display.setFont(new Font((String)e.getItem(),Font.ITALIC, 40));
        Display.setText("Hello World");
    }
}
```

程序中的 Choice 部件用于选择显示字体，每次进行选择都将产生 ItemEvent 事件，这个事件由 Choice 部件的容器来处理，它用 getItem()获得选择项，设置显示字体。

4．List 部件与事件

List 部件是一个比较特殊的部件，它可以产生 ActionEvent 和 ItemEvent 事件，当鼠标双击选择项时，产生 ActionEvent 事件，当用键盘或鼠标单击选择时，产生 ItemEvent 事件。

例 13.9 下面的程序针对 ItemEvent 进行处理。

```
/**
    源程序：ListEvent1.java
*/
import java.awt.*;
import java.awt.event.*;
import java.applet.*;
public class ListEvent1 extends Applet implements ItemListener {
    String[] itemStr;
    boolean bDisplay = false;
    public void init() {
        setLayout(new BorderLayout());
        List listItem = new List(5, true);
        for(int i=0; i < 10; i++) {
```

```
            listItem.addItem("Item" + i);
        }
        listItem.addItemListener(this);
        add("East", listItem);
        validate();
        listItem.requestFocus();
    }
    public void itemStateChanged(ItemEvent e) {
        List lt = (List)e.getItemSelectable();
        itemStr = lt.getSelectedItems();
        bDisplay = true;
        repaint();
    }
    public void paint(Graphics g) {
        if(bDisplay) {
            g.setFont(new Font("TimesRoman", Font.PLAIN, 24));
            for(int i=0; i<itemStr.length; i++) {
                g.drawString("Selected " +itemStr[i], 50, 50+i*20);
            }
        }
    }
}
```

对于 List 部件来说，它的类定义了很多方法，如果仅用 ItemEvent 提供的方法很难实现对 List 的所有操作，如返回多项选择的所有选择项，就必须使用 List 类定义的方法。所以，程序中首先用 getItemSelectable()获得 List 对象，然后用 List 类的方法来进行有关处理。程序中 List 定义为多项选择，每次选择后，都显示选中项目。

例 13.10 程序演示对 ActionEvent 事件的处理，执行该程序，List 部件只对鼠标双击进行响应。

```
/**
   源程序：ListEvent2.java
*/
import java.awt.*;
import java.awt.event.*;
import java.applet.*;
public class ListEvent2 extends Applet implements ActionListener {
    Label Display = new Label("No Item", Label.CENTER);
    String[] fontSize = {"10", "16", "20", "24", "28", "32", "40", "48"};
    int size;
```

```
        public void init() {
            setLayout(new BorderLayout());
            List listItem = new List(5, false);
            for(int i=0; i < fontSize.length; i++) {
                listItem.addItem(fontSize[i]);
            }
            listItem.addActionListener(this);$EFX$
            add("East", listItem);
            validate();
            listItem.requestFocus();
            Display.setFont(new Font("Courier", Font.BOLD, 20));
            add("South", Display);
        }
        public void actionPerformed(ActionEvent e) {
            String arg = e.getActionCommand();
            size = (new Integer(arg)).intValue();
            Display.setFont(new Font("Courier", Font.BOLD, size));
            Display.setText("Selected " + size);
        }
    }
```

对 ActionEvent 和 ItemEvent 的处理方法，它们与 Button,Checkbox, Choice 和 List 部件有关，但是当程序中同时存在这些部件，将如何来区分同一事件是由哪个部件产生的呢？如果 Checkbox, Choice 和 List 部件中选择项各不相同，则即使是同一 ItemEvent 事件，从它们的选项字符串上即可区分开来，否则必须用下面程序的区分方法，即用 getItemSelectable() 方法返回产生事件的部件，用它来判断哪一个部件产生了 ItemEvent 事件。对 Button 和 List 产生的 ActionEvent，则只能从不同的标签字符串和选项字符串上来区别。下面的程序包含了上述四种部件。

例 13.11 程序包含了 Button,Checkbox,Choice 和 List 四种部件事件的处理。

```
/**
    源程序：ListBoxChoice.java
*/
import java.awt.*;
import java.awt.event.*;
import java.applet.*;
public class ListBoxChoice extends Applet implements ActionListener, ItemListener {
    Label Disp = new Label("No Selection", Label.CENTER);
    String[] fName = {"Fancy", "TimesRoman", "Courier", "Sanserif"};
    int[] fStyle = {Font.PLAIN, Font.ITALIC, Font.BOLD};
```

```
int size = 10, style = 0;
String name = "Fancy";
boolean bChange = false;
Button b;
    public void init() {
    setLayout(new BorderLayout());
    Panel ep = new Panel();
    GridBagLayout gb = new GridBagLayout();
    GridBagConstraints gbc = new GridBagConstraints();
    ep.setLayout(gb);
    Choice fontChoice = new Choice();
    for(int i=0; i<fName.length; i++) {
        fontChoice.addItem(fName[i]);
    }
    fontChoice.select(fName[0]);
    fontChoice.addItemListener(this);
    gbc.gridwidth = 1;
    gbc.gridheight = 1;
    gbc.gridx = 0;
    gbc.gridy = 0;
    gbc.fill = GridBagConstraints.HORIZONTAL;
    gb.setConstraints(fontChoice,gbc);
    ep.add(fontChoice);
    List listItem = new List(5, false);
    for(int i=0; i < 6; i++) {
        listItem.addItem(Integer.toString(10+i*4));
    }
    listItem.addItemListener(this);
    listItem.addActionListener(this);
    gbc.gridy ++;
    gb.setConstraints(listItem,gbc);
    ep.add(listItem);
    CheckboxGroup cbg;
    Checkbox cbPlain, cbItalic, cbBold;
    cbg = new CheckboxGroup();
    cbPlain = new Checkbox("Plain", cbg, true);
    cbItalic = new Checkbox("Italic", cbg, false);
    cbBold = new Checkbox("Bold", cbg, false);
    cbPlain.addItemListener(this);
```

```
            cbItalic.addItemListener(this);
            cbBold.addItemListener(this);
            Panel pp = new Panel();
            pp.setLayout(new GridLayout(1, 3));
            pp.add(cbPlain);
            pp.add(cbItalic);
            pp.add(cbBold);
            gbc.gridy ++;
            gb.setConstraints(pp,gbc);
            ep.add(pp);
            add("East", ep);
            b = new Button("Display");
            add(b);
            b.addActionListener(this);
            add("South", b);
            b.setEnabled(false);
            validate();
            fontChoice.requestFocus();
            Disp.setFont(new Font("Courier", Font.BOLD, 20));
            add("Center", Disp);
        }
        public void itemStateChanged(ItemEvent e) {
            if(e.getItemSelectable() instanceof List) {
                List lt = (List)e.getItemSelectable();
                String itemStr = lt.getSelectedItem();
                size = (new Integer(itemStr)).intValue();
                bChange = true;
                b.setEnabled(true);
            } else if(e.getItemSelectable() instanceof Choice){
                name = (String)e.getItem();
                bChange = true;
                b.setEnabled(true);
            } else if(e.getItemSelectable() instanceof Checkbox) {
                String cb = (String)e.getItem();
                if(cb.equals("Plain")) {
                    style = 0;
                } else if(cb.equals("Italic")) {
                    style = 1;
                } else if(cb.equals("Bold")) {
```

```
                style = 2;
            }
            bChange = true;
            b.setEnabled(true);
        }
    }
    public void actionPerformed(ActionEvent e) {
        String arg = e.getActionCommand();
        if (arg.equals("Display")) {
            if(bChange) {
                Disp.setFont(new Font(name, fStyle[style], size));
                Disp.setText(name + " " + size);
                bChange = false;
                b.setEnabled(false);
            }
        } else   {
            size = (new Integer(arg)).intValue();
            Disp.setFont(new Font(name, fStyle[style], size));
            Disp.setText(name + " " + size);
        }
    }
}
```

5．TextArea 部件与事件

TextArea 部件可以产生 TextEvent 事件。TextArea 部件用于进行文字处理，要大量地录入或编辑字符工作，而每改变一个字符都将产生一个 TextEvent 事件，所以下面程序用于对改变字符进行计数。

例 13.12 程序演示每改变一个字符产生 TextEvent 事件，程序对改变字符进行计数的事件处理。

```
/**
    源程序：TextAreaEvent
*/
TextAreaEvent.java
import java.awt.*;
import java.awt.event.*;
import java.applet.*;
public class TextAreaEvent extends Applet implements ActionListener, TextListener {
    Label display = new Label("    0    ", Label.CENTER);
    int count = 0;
```

```
    public void init() {
        setLayout(new BorderLayout());
        TextArea ta = new TextArea("Please edit a file");
        ta.addTextListener(this);$EFX$
        add("Center", ta);
        Panel p = new Panel();
        p.setLayout(new GridLayout(2, 1));
        display.setFont(new Font("TimesRoman", Font.BOLD, 20));
        p.add(display);
        Button button = new Button("Count edit chars");
        button.addActionListener(this);
        p.add(button);
        add("South", p);
        validate();
        ta.requestFocus();
    }
    public void actionPerformed(ActionEvent e) {
        display.setText(Integer.toString(count));
    }
    public void textValueChanged(TextEvent e) {
        if(e.getID() == TextEvent.TEXT_VALUE_CHANGED)
            count ++;
    }
}
```

接口 TextListener 定义的方法是 textValueChanged()，程序中实现了该方法，用于统计 TextArea 部件中字符被修改的次数。

6．TextField 部件与事件

TextField 部件可以产生 ActionEvent 和 TextEvent 事件，TextField 部件用于接受输入字符串，用回车键表示输入结束，这时产生 ActionEvent 事件； 在输入字符过程中每输入或修改一个字符都将产生 TextEvent 事件。

例 13.13 程序响应 ActionEvent 事件，用 getActionCommand()获得用户输入字符串。

```
/**
    源程序：TextFieldEvent.java
*/
import java.awt.*;
import java.awt.event.*;
import java.applet.*;
public class TextFieldEvent extends Applet implements ActionListener {
```

```
    String strMessage = "Hello";
    TextField textfield = new TextField("Hello",20);
    public void init() {
        setLayout(new BorderLayout());
        Panel p = new Panel();
        p.setLayout(new GridLayout(1,2));
        p.add(new Label("Please input message: ",Label.RIGHT));
        p.add(textfield);
        textfield.addActionListener(this);
        add("South", p);
        validate();
        textfield.requestFocus();
    }
    public void actionPerformed(ActionEvent e) {
        strMessage = e.getActionCommand();
        repaint();
    }
    public void paint(Graphics g) {
        g.setFont(new Font("TimesRoman", Font.BOLD, 40));
        g.drawString(strMessage, 50, 150);
        textfield.setText("");
    }
}
```

7．Scrollbar 部件与事件

例 13.14 程序响应 Scrollbar 部件产生 AdjustmentEvent 事件。

```
/**
    源程序：ScrollbarEvent.java
*/
import java.awt.*;
import java.awt.event.*;
import java.applet.*;
public class ScrollbarEvent extends Applet implements AdjustmentListener {
    Scrollbar eastscroll, southscroll;
    Label horlabel = new Label("Horizontal: 0", Label.CENTER);
    Label verlabel = new Label("Vertical: 0", Label.CENTER);
    public void init() {
        setLayout(new BorderLayout());
        eastscroll = new Scrollbar(Scrollbar.VERTICAL, 0, 10, 0, 100);
        southscroll = new Scrollbar(Scrollbar.HORIZONTAL, 0, 10, 0, 100);
```

```
            eastscroll.addAdjustmentListener(this);
            southscroll.addAdjustmentListener(this);
            add("East", eastscroll);
            add("South",southscroll);
            Panel p = new Panel();
            p.setLayout(new GridLayout(2,1));
            verlabel.setFont(new Font("TimesRoman", Font.BOLD, 24));
            horlabel.setFont(new Font("TimesRoman", Font.BOLD, 24));
            p.add(horlabel);
            p.add(verlabel);
            add("Center", p);
        }
        public void adjustmentValueChanged(AdjustmentEvent e) {
            Scrollbar scroll = (Scrollbar)e.getAdjustable();
            if(scroll == eastscroll) {
                verlabel.setText("Vertiacl: " + scroll.getValue());
            } else if(scroll == southscroll) {
                horlabel.setText("Horizontal: " + scroll.getValue());
            } else return;
        }
    }
```

程序显示滚动条改变时游标的位置数值。程序实现接口 AdjustmentListener 所定义的成员方法 adjustmentValueChanged()。使用 AdjustmentEvent 类的方法 getAdjustable()来获得滚动条对象，从而区分不同的滚动条，进行进一步的处理。

8．Canvas 部件与事件

例 13.15 程序响应 Canvas 部件可以产生 KeyEvent 和 MouseEvent。程序针对这两种事件进行处理。

```
    /**
        源程序：CanvasEvent.java
    */
    import java.awt.*;
    import java.awt.event.*;
    import java.applet.*;
    public class CanvasEvent extends Applet implements ActionListener {
        MyCanvas mc;
        public void init() {
            Button text, point;
            setLayout(new BorderLayout());
            mc = new MyCanvas();
```

```
        add("Center", mc);
        Panel sp = new Panel();
        sp.setLayout(new GridLayout(1, 2));
        text = new Button("Text");
        point = new Button("Point");
        text.addActionListener(this);
        point.addActionListener(this);
        sp.add(text);
        sp.add(point);
        add("South", sp);
        validate();
        point.requestFocus();
    }
    public void actionPerformed(ActionEvent e) {
        String arg = e.getActionCommand();
        if(arg.equals("Text")) {
            mc.setEnablePoint(false);
            mc.setEnableText(true);
        } else if(arg.equals("Point")) {
            mc.setEnableText(false);
            mc.setEnablePoint(true);
        }
    }
}
class MyCanvas extends Canvas implements KeyListener,
                              MouseListener, MouseMotionListener{
    boolean bText = false;
    boolean bPoint = true;
    boolean bOver = false;
    int x, y;
    int yy = 0;
    String str;
    MyCanvas() {
        super();
        addKeyListener(this);
        addMouseListener(this);
        addMouseMotionListener(this);
    }
    public void keyPressed(KeyEvent e) {
```

```
        if(bText) {
            str = e.getKeyText(e.getKeyCode());
            getGraphics().drawString(str, x, yy);
            yy += 14;
        }
    }
    public void mouseClicked(MouseEvent e) {
        x = e.getX();
        y = e.getY();
        if(bText) {
            requestFocus();
            yy = y;
        }
        if(bPoint) {
            bOver = !bOver;
        }
    }
    public void mouseMoved(MouseEvent e) {
        if(bOver) {
            int nx, ny;
                nx = e.getX();
            ny = e.getY();
            getGraphics().drawLine(nx, ny, x, y);
            x = nx;
            y = ny;
        }
    }
    public void setEnablePoint(boolean b) {
        bPoint = b;
    }
    public void setEnableText(boolean b) {
        bText = b;
    }
    public void keyTyped(KeyEvent e){}
    public void keyReleased(KeyEvent e){}
    public void mousePressed(MouseEvent e){}
    public void mouseReleased(MouseEvent e){}
    public void mouseEntered(MouseEvent e){}
    public void mouseExited(MouseEvent e){}
```

```
    public void mouseDragged(MouseEvent e){}
}
```

程序实现两种功能：一是在画布上显示通过键盘输入的字符，二是移动鼠标在画布上随手画线。操作方法是：需要输入字符时，先按动 Text 按钮，再用鼠标单击画布区，确定输入字符的显示位置，然后输入字符；需要随手画线时，则按动 Point 按钮，再用鼠标单击画布区，表示开始画线，然后移动鼠标随手画线，当再次按动鼠标时，则表示画线结束。

在程序中新定义了 MyCanvas 类，它声明实现了三个接口 KeyListener, MouseListener 和 MouseMotionListener，则必须实现这些接口定义的所有方法。根据程序要求，实际上只需要实现三个方法 keyPressed(), mouseCLicked()和 mouseMoved()，接口定义的其他方法没有任何代码，不进行相应事件的处理。为了传递两个布尔变量，getEnableText()和 getEnabledPoint()两个方法是 MyButton 类专门定义的，这是一种良好的设计风格。

说明：程序中用到方法 drawLine(), drawString()分别用于画直线和显示字符。

13.4.2 事件适配器

Java 中经常使用适配器和内部类来处理事件。

适配器模式(Adapter Pattern)：把一个类的接口变换成客户端所期望的另一种接口，从而使原本因接口不匹配无法在一起工作的两个类能够在一起工作。

适配器模式所涉及到的角色有：

Target：目标接口，客户所期待的接口
Adaptee：源接口，已有的需要被适配的接口
Adapter：适配器，用于把源接口转化成为目标接口

适配器模式有两种形式：

✧ 类的适配器模式：适配器继承了源接口类 Adaptee。
✧ 对象的适配器模式：适配器没有继承源接口类 Adaptee，而是使用了委派关系连接到 Adaptee 类。

在很多情况下，让一个具体类实现某一个接口，但是这个类有用不到接口所规定的所有的方法，但是又必须实现所有的方法才行，通常的做法是实现有用的方法，没有用的方法给它一个空实现。如果这种空方法多了，会造成一定的浪费和混乱。

小结：本章学习了 Java 的事件处理机制。它采用全新的受托事件模型，该模型比等级事件模型使用更加灵活，有更多的优点。

受托事件模型中，一个类可以声明实现某种接口而成为事件收听者，这样部件产生的事件就可以交给任何一个收听者处理。

具体对事件的处理方法有两种：一种是生成部件的子类，然后覆盖 porcessEvent()或其他方法来完成对事件的处理工作。这种方法本质上与等级事件模型中的处理方法一样。另一种方法是让收听者来处理事件，产生事件的部件可以任意指定该类事件收听者来处理事件。任何一个部件或容器只要声明实现某种事件收听接口，就成为一个收听者，就可能处理某种事件。

习　题

1．什么是“事件”？
2．请说明 java 如何进行事件捕获。
3．请编写程序实现 java 事件的回放。
4．编程实现组合键操作。
5．ActionEvent 中触发动作为“在文本框中输入回车”的代码怎么写？（给出核心代码片段即可）

参 考 文 献

1．虞万荣，王玉峰等. Java 编程语言（第三版）. 北京：中国电力出版社，2003

2．江春华，蔡洪斌. Java 程序设计基础与提高. 成都：电子科技大学出版社，1998

3．耿祥义. Java 2 实用教程（第三版）. 北京：清华大学出版社，2006

4．刘晓冬. Java 与 UML 面向对象程序设计教程. 北京：清华大学出版社，2008

5．Y. Daniel Liang. Introduction to Java Programming(Sixth Edition). 北京：机械工业出版社，2008